辫状河地质统计学建模

黄文松　王家华　陈和平　李辉峰　吴少波　著

科学出版社

北　京

内 容 简 介

本书以辫状河沉积构型特点与地质统计学建模为主线，在充分调研辫状河国内外研究状况的基础上，重点论述了辫状河岩相单元与砂体定量研究、多点地质统计学的算法与辫状河储层建模、地震数据约束建模的可变影响比算法及水平井建模研究等内容。

本书可供从事储层沉积学、油气资源勘查、油气田开发地质学研究的专业人员与相关的高等院校师生参考阅读。

图书在版编目(CIP)数据

辫状河地质统计学建模 / 黄文松等著. —北京：科学出版社，2022.12

ISBN 978-7-03-063796-3

Ⅰ. ①辫… Ⅱ. ①黄… Ⅲ. ①辫状河-油气储层-石油地质学-地质统计学-统计模型-研究 Ⅳ. ①P618.130.8②P628

中国版本图书馆 CIP 数据核字（2019）第 280495 号

责任编辑：焦 健 罗 娟 韩 鹏 / 责任校对：何艳萍

责任印制：吴兆东 / 封面设计：北京图阅盛世

科学出版社 出版

北京东黄城根北街 16 号

邮政编码：100717

http://www.sciencep.com

北京中科印刷有限公司 印刷

科学出版社发行 各地新华书店经销

*

2022 年 12 月第 一 版 开本：787×1092 1/16

2022 年 12 月第一次印刷 印张：14

字数：332 000

定价：188.00 元

（如有印装质量问题，我社负责调换）

前　言

本书以“十二五”国家科技重大专项“大型油气田及煤层气开发”课题“委内瑞拉MPE3区块超重油油藏多点地质统计学建模方法研究”成果为素材，以辫状河沉积构型特点与地质统计学建模为主线。

辫状河沉积在河流相研究中有极其重要的地位，与辫状河相关的油气藏也一直是国内外油气勘探的重要目标，如我国东部的中生代、新生代陆相含油气盆地内已发现大量以辫状河砂体为主要储层的油田。而全球现有的已开发油气田中有很多都是与辫状河沉积相关的储层。在国外，以美国阿拉斯加、欧洲北海和利比亚的锡尔特盆地等地发现的油气田为例，已经开发或评价的主要储层单元很多是辫状河沉积地层，剩余油可采储量十分可观。同时，随着我国各家石油公司走向海外，在海外已经陆续开发了相当数量的辫状河储层油田，南美洲委内瑞拉MPE3项目和Junin4区块主力层均为辫状河沉积。然而，随着油气田开发程度不断提高，很多辫状河储层已进入中—高含水阶段，水淹严重，且辫状河储层构型与非均质性复杂，导致此类油藏中的剩余油高度分散，滚动勘探开发与后续调整的难度很大。对辫状河沉积特征、储层构型特点进行更加精细的储层描述和井间预测，从而建立更为精确的定量地质预测模型，是提高辫状河沉积相关油气藏的滚动勘探开发工作水平以及推动相关老油田剩余油分布规律研究深度的重要技术手段。

精细研究辫状河沉积储层及其构型特点，必须基于辫状河的基本沉积理论基础、大量的研究数据、精确的研究参数和先进的研究方法，建立相应的反映辫状河沉积特征的地质知识库。这些地质知识库不仅包括井数据、地震和测井数据等资料，还需要有露头、现代沉积、实验、经验公式等相关内容。

本书内容具有如下四个方面的鲜明特色：

首先，内容安排突出基础性与完整性。本书对于国内外辫状河研究成果做了全面的整理和归纳，为辫状河储层建模的地质知识库的形成，以及多点地质统计建模方法的实施提供了重要借鉴；并且全面、细致地解释储层地质统计建模采用的随机模拟方法。特别是以多点地质统计建模为例，详细地解释作为核心方法之一的蒙特卡罗抽样方法的原理和应用过程。蒙特卡罗抽样方法对于建模结果的不确定性有直接的影响，因此对蒙特卡罗抽样方法原理的正确理解，对于建模结果的正确分析与应用是十分重要的。

其次，结合研究区的测井、地震数据，详细地叙述地震数据的深时转换方法及岩石物理统计学方法的应用，提供了井震结合建模实际过程的各个技术细节，以及储层建模结果的地质分析方法。

再次，针对斯坦福大学的Journel教授提出的井震结合的不变影响比算法，本书论述可变影响比算法，该方法明显地改善了井震结合的建模效果，并给出实际的应用例子。另外，基于美国得克萨斯大学奥斯汀分校的Eskandari博士等在2010年发表的关于模式重现的Growthsim算法，本书提出多点建模的增长算法，并分析应用结果。

最后，在辫状河储层地质统计建模的应用过程中，根据研究区水平井开发的特点，充分考虑如下三方面的信息。在分析所在的辫状河地区水平井信息特征的基础上，获取该地区岩相单元划分和砂体规模的有关信息，并归入地质知识库，以利于储层地质多点统计建模的实现。研究水平井深时转换的有关算法，对于井震结合建模的实现是十分必要的。对比直井和水平井数据分布的差异和变差函数的差异，而且将水平井信息直接应用于地质建模中产生的大数据误区的分析中。本书对于各种建模结果进行详细的分析与对比，由此提出相应的建模策略。

本书的研究成果是在中国石油勘探开发研究院、西安石油大学有关领导的高度重视和各相关部门领导的支持下取得的，也是在“十二五”国家科技重大专项的有力支撑下取得的。为此，本书作者谨向他们表示衷心感谢！同时，本书作者谨向在课题实施过程中辛勤工作的课题组全体成员和各位有关专业人士，表示衷心感谢！向参与承担课题组有关研究任务的石油地质、石油工程、计算机等专业的各位研究生，表示衷心感谢！向对本书内容提出宝贵建议的西安石油大学任长林副教授、中国地质大学（北京）李胜利教授表示衷心感谢！并特别感谢陈博同学，他在学习研究十分繁忙的情况下，在本书的文献整理和查询方面做了许多有益的工作。

此外，本书内容参考了国内外专家学者的研究文献，在此一并表示衷心感谢。

黄文松

2021年6月20日

目　录

第 1 章　辫状河研究概论

无论是现代沉积还是古代沉积，辫状河沉积在河流相研究中都占据极其重要的地位。辫状河相关的油气藏一直是国内外油气勘探开发的重要目标。现有的已开发油气田中有很多是与辫状河沉积相关的储层。我国东部的中新生代陆相含油气盆地内已发现了大量以辫状河砂体为主要储层的油气田。随着油气田开发程度不断提高，很多辫状河储层已进入高含水或特高含水阶段；由于水淹严重，剩余油高度分散，开发难度很大。在国外，美国阿拉斯加、欧洲北海和利比亚的锡尔特盆地等发现的油气田中，已经开发或评价的主要储层单元很多是辫状河沉积，剩余油可采储量十分可观。随着我国各家石油公司走向海外，越来越多的辫状河储层油气田由国内公司进行开发，如委内瑞拉 MPE3 项目和 Junin4 区块主力层均为辫状河沉积储层。为了进一步提高辫状河沉积相关的油气藏的滚动勘探开发工作水平，同时对此类老油田的剩余油分布规律进行科学认识，需要对辫状河沉积储层进行深入研究，包括对各种沉积体几何参数、物性参数、砂体分布规律等进行更加精细的储层描述和井间预测，以便最终建立精确的定量预测地质模型。

为了精细地研究辫状河沉积储层，就必须有全面且成熟的地质理论、大量的储层数据、精确的研究参数和先进的研究方法；同时，必须具备各种沉积参数的地质知识。地质知识库不仅包括有关的井中数据、地震数据和测井数据，还需要有露头、现代沉积、实验、经验公式等相关研究内容。露头和现代沉积都具有直观、易于获取、便于进行精细研究等优点。国外沉积学家将露头作为一项认识地下地质情况的非常重要的工作，投入了大量的研究力量。通过研究辫状河沉积地层露头和现代辫状河沉积，得出了很多重要的经验公式、理论和方法。同时，许多地下辫状河储层的解剖实例也正在丰富此类油气储层的表征。

本章的内容共五节。1.1 节重点简述探地雷达、激光探测和测量以及数字高程模型在露头和现代辫状河的最新应用以及取得的成果。同时，还叙述地下辫状河储层研究所采用的方法，包括地震、测井、岩心分析等相关技术应用。1.2 节简述沉积学家 Miall 提出的经典的岩相分析方案，重点展示国外在辫状河岩相特征、岩相组合和岩相空间变化三方面的研究成果。1.3 节从露头、现代辫状河沉积、辫状河储层、实验室实验模型和相关经验公式等方面，简述国外对辫状河沉积物的几何形态研究的成果。1.4 节以多个露头和现代沉积实例叙述辫状河的主要沉积作用、沉积模式、沉积构型以及沉积体系演化等方面的研究。1.5 节叙述辫状河储层隔夹层的几何形态、沉积成因、分布规律，以及对渗透率影响规律的研究实例。1.6 节则对辫状河研究在油气田开发中的应用进行粗略的叙述。1.7 节总结本章的内容。

1.1 研究方法

除了常规野外考察（观察、描述、取样分析化验等）方法外，目前比较先进的辫状河现代沉积、地表露头研究设备与方法主要有如下三种：探地雷达（ground penetrating radar，GPR）、激光测距器（light detection and range，LiDAR）、数字高程模型（digital elevation model，DEM）等，这些技术应用已获得显著的效果，并仍具有极大的应用前景。而地下辫状河沉积储层的研究方法与一般油气储层的研究方法相同，主要有地震解释、测井分析和岩心观察等。在研究油气储层性质时，常采用综合方法。

但是，由于辫状河流体动力学或沉积物搬运的数值建模方面的研究进展较缓慢，很难得到辫状河内大范围的流动特征和沉积物搬运的可靠数据组，因此推导准确的数值模型成为需要解决的首要问题，辫状河沉积的数值模拟发展体现在以下三个方面：

一是商业化的计算流体力学软件的应用。

二是研究平面演化和沉积特征的蜂窝模型（cellular model）的开发。

三是尝试建立基于全物理的、涉及辫状河沉积演化各方面的数值模型。

关于辫状河规模的研究是个基础问题，也是重点研究领域。Bristow 和 Best（1993）曾指出，将一条河道规模的研究结果和模型应用到完全不同级别的河流体系中时，最重要且目前还很难解决的就是辫状河道在不同规模范围内（从实验室水槽至 20km 宽的辫状平原）的沉积形态和形成过程按比例变化的问题。各国学者多年来对这个问题都进行了大量研究，Foufoula-Georgiou 和 Sapozhnikov（2001）、Sapozhnikov 和 Foufoula-Georgiou（1997）对辫状河形态和演化的尺度不变性（scale invariant）进行了研究，总结得出辫状河在形态上具有统计尺度不变性，但是演化呈现动态比例变化（dynamic scaling）。这些结论通过大量和典型的辫状河实例得到证实，但在地质因素对河道样式具有强控制力时会出错。这项工作的重要性在于：可将小段辫状河得出的形态应用于大型辫状河，或者将物理建模实验中得到的结果用于现场原型模型（field prototype）。

研究辫状河沉积的尺度不变性也取得了进展。与以上讨论的仅研究二维平面形态相比，必须考虑三维形态以及保存潜力（preservation potential），因此问题变得更为复杂。建议研究地形尺寸与保存的地层之间的关系，并将这一方法扩大到更大范围的特征，如地层单元和复合砂坝。经过定性比较，Smith 等（2005）发现三条不同砂质辫状河的沉积相尺度横跨三个量级；虽然需要考虑很多其他因素，如流域、局部砂坝和河道形态、河道宽深比和植被生长情况，但这些河流都表现出一定程度的尺度不变性。

1.1.1 辫状河现代沉积、地表露头

当前，辫状河现代沉积、地表露头的先进研究方法主要包括如下三种：探地雷达、激光测距器、数字高程模型等。

1. 探地雷达

目前最新的进展是探地雷达的发展和广泛应用，并与更传统的探槽、露头描述和取心

方法结合，可以达到很好的研究效果。应用探地雷达在辫状河沉积构型和沉积相的三维描述方面已经取得了重大进展，但主要是广泛应用于现代沉积物和第四系沉积的研究。

探地雷达不能广泛适用于古代沉积，古代沉积地层仍需依靠传统的露头观察技术。探地雷达在古代辫状河沉积有限应用的可能原因是成岩作用和岩石裂缝会叠加和遮蔽原生沉积构造。另外，目前大部分探地雷达数据仍用于描述和定性研究，对不同辫状河的相关性有更好的认识。

利用探地雷达研究辫状河沉积，一般仅关注所研究的每条辫状河的一些活动砂坝，而对整个辫状河平原（包括河道）内的相关性知之甚少。但是这类信息对评价沉积物的保存潜力很关键，并可将此类数据应用到古地质研究中。因此，需要收集的数据不仅用于活动砂坝，而且用于辫状河平原的所有区域。由于探地雷达在黏土沉积物（如古辫状河平原的沉积地层）方面表现较差，可应用其他的地球物理技术，如电阻率或时域反射仪（time domain reflectometer，TDR）。

探地雷达作业是通过发射天线发出可传播至地下的短脉冲电磁能，当辐射能量遇到地下介电性质突变的界面时，部分能量反射回接收天线。随后对反射信号进行放大、记录、处理和显示。沉积的介电性质变化主要归因于以下变化：①含水饱和度，受控于距潜水面的深度；②砂质沉积地层的孔隙度；③矿物组成变化，如粉砂层或泥质层，或富含重矿物或碎屑云母（贾木纳（Jamuna）地区富含碎屑云母）。沉积构造类型通常导致孔隙度和矿物学（如颗粒密度）变化，因此大多数反射特征（除潜水面之外）可解释为主要沉积组构的产物（Best et al.，2003）。

2. 光探测和测距

光探测和测距（激光测距器），也称为激光扫描仪，已经成为测绘领域的前沿设备与技术。这种基于激光的测量系统，可以从空中或陆上平台快速获取对地形表面进行描述的点数据。这一技术现在已经十分成熟，空中激光扫描目前已经成为测绘公司例行操作，衍生的高程数字模型应用范围越来越广，如国内填图、侵蚀监控和洪水模型等。

目前有很多商用激光测距系统，这些系统均以几条测量原则中的一个为基础。目前，地貌测绘工作中最常见的手段是飞行时扫描器，发射一道对眼睛安全的激光脉冲，测量它的返回时间并转换为数值范围。激光脉冲的偏转用一套单坐标轴或多坐标轴旋转镜片来控制，或者用一个机械化感应头提供水平向或直角方向分量。这些设备与测量手段相结合，可以计算三维坐标系。测量速度极快，可以使用多系统来记录多达每秒数千个的数据点。大多激光测距感应器有一个额外测量手段，即关于返回激光的力度（应力），根据测量物表面材料的不同和激光波长而变化。它成为激光测距系统常见的一部分，常与一个内置的或独立的数字相机一起安装，可用于获取测距点的真实颜色信息，或获取充足的数码照片（Buckley et al.，2008）。

选择一个激光测距系统，应该遵循“适合目标”的原则。野外地质调查具有多种尺度，从微观尺度到宏观尺度都有，测量所需的细节程度将决定扫描设备的适用性。在很多露头研究中，一个悬崖剖面通常具有数百米，延伸数千米的规模。在这种尺度下，一个长程（1000m左右）中精度（0.01m）模型是最适用的（Bellian et al.，2005）。相反，一个高度细节的填图尺度研究可能需要非常高的精度，可能会比前例高一个数量级，但只限于一个小得多的区域（Sagy et al.，2007）。在这种情形下，具有更高测量精度的短程扫描仪比50m范围内达到0.01m精度的仪器更适用。现有地貌扫描仪之间的主要区别就是范围-精度关系和波长的选择。不同的激光波长有不同的优势，这与发射器发出的激光束结构有关。长程设备通常使用具备更高能量的激光频率，人眼对其不敏感，如靠近红外线的波段。然而，范围-精度关系的实质是，激光探测距离增加将导致精度下降。相反，低能量激光可能具有一定的射程（100m），但光束的形状可以在射程内保持较好的稳定性。这就使得测量的点精度和空间分辨率更高，而低光束分异度则允许设备在测线上以更小的间距进行测量（Lichti and Jamtsho，2006）。

激光扫描可提供目标露头区域的精确格架，具有收集野外数据的能力。使用者建立了许多可视化和定量化虚拟模型，这一方法对于很多项目都十分有用。采用全球导航卫星系统（global navigation satellite system，GNSS）得出各个项目的坐标系，就可以对研究区进行精确而详细的几何形态研究，甚至可以在没有地表出露的多个研究区之间实现，还可以与其他野外数据相结合。由于其具有更高的空间分辨率和精度，可以更有效地实现许多不同地质尺度下的新应用。尽管这项技术不能代替传统的地质野外考察，因为实际的地质认识仍是解决问题的最重要因素，但它们能提供一个更综合的定量化研究手段。

激光测距设备相对容易使用，也很容易获取点数据云。但是，需要指出的是，利用激光测距仪获取实际有价值的地质数据不像获取点数据云那么简单。在获取、处理和解译这些数据时，有很多因素需要考量。激光测距仪处理和解译的算法与格式的标准化还需要继续推进，这也使得野外露头模型的准备是一项非常重要的工作，而其中植被或其他物体都会对原始点数据产生干扰。

尽管激光测距仪提供了比传统野外地质调查更高的精度和分辨率，但仍需要注意工作流程中错误和不确定性的来源，如数据采集和建模（Buckley et al.，2008）。如果可能，对原始数据的检查可以对各个阶段的不确定性做出定量化测量，为最终成果提供保障，从而最终解决实际地质问题。

3. 数字高程模型

陆地卫星平台可以为辫状河研究提供理想的图像信息。这些图像具有以下四个特点：①实时采集、全球覆盖；②全色图像的空间分辨率为15m，光谱图像的分辨率为30m；③可见蓝光、可见绿光、可见红光、近红外和中红外光带具有更高的光谱分辨率；④图像信息易于获取。与所有被动远程传感数据一样，陆地卫星图像同样受大气悬浮颗粒和云层所导致的电磁辐射散射与吸收的影响。采用绝对和相对辐射度技术，即可修正部分大气效应。然而，陆地卫星图像的采集频率极高，拥有众多的图像可供选择，因此有助于挑选到无云或低云量的图像（Olson，2012）。

实际应用中，可采用基于美国航空航天局（National Aeronautics and Space Administration，NASA）航天飞机雷达地形测绘使命（shuttle radar topography mission，SRTM）数据的数字高程模型。这种数据的可用精度为30m，其中相对水平精度为±15m（圆周误差的置信度为90%），相对垂直精度为±6m（线性误差的置信度为90%）（Farr et al., 2007; Smith and Sandwell, 2003)。目前，航天飞机雷达地形测绘使命数据的可用精度为10m。美国以外的全球覆盖范围介于北纬60°与南纬56°之间，可用精度为90m。

由于航天飞机雷达地形测绘使命数据以雷达探测为基础，因此存在几何变形。高度大于周围局部地形的目标通常将大部分微波能量反射回雷达，进而导致向雷达方向倾斜的斜坡出现挤压，即透视缩小效应，或更为极端的情况下出现雷达图像折叠。反向斜坡（向远离雷达的方向倾斜）将位于阴影区，即后坡。这种现象出现于大部分雷达信号被地形高地反射、仅极少量信号到达其后区域的情况（Olson, 2012）。此外，数字高程模型的部分区域可能存在无数据空白单元，这类区域即代表地形高地之后的无数据记录区。

此外，航天飞机雷达地形测绘使命数据还存在以下问题。基于深度优先搜索算法（depth first search, DFS）的预分析结果表明，相对平坦区域的均匀分布浅沟壑未见明显高程变化或无高程变化（Olson, 2012）。沟壑影响水流流动方向，导致基于地理信息系统（geographic information system, GIS）得出的水流网络是沿着沟壑方向，而非沿顺坡方向分布。这种现象可能归因于图像采集时的扫描标定错误。执行航天飞机雷达地形测绘使命的航天飞机轨道路径纬度越高，扫描地表的角度越高，由此导致纬度越高、掠射角越高，进而造成高纬度地区的误差大于低纬度地区。

Miliaresis (2008) 对航天飞机雷达地形测绘使命数据精度的评估结果表明，航天飞机雷达地形测绘使命设备高估了E、NE和N方向的高程，与此同时却低估了W、SW和S方向的高程。上述现象可能影响高程读数的精度，但是不会影响基于这类数据的坡度计算值。此外，航天飞机雷达地形测绘使命数据还存在随机噪声，在提取低幅背景下的盆地和水流网络时这种问题尤其严重（Bhang and Schwartz, 2008）。噪声是用于描述数据失真的专业术语，数据失真会导致数据毫无意义，噪声存在随机噪声和系统噪声。此外，干涉雷达测量（interferometric synthetic aperture radar, INSAR）信号无法穿越植被。因此，航天飞机雷达地形测绘使命数据对无植被覆盖区的垂向构造更为敏感（Walker et al., 2007），因此分析时应将高密度树木覆盖区的深度优先搜索算法结果剔除。尽管航天飞机雷达地形测绘使命数据存在诸多局限性，但其仍是世界上大多数区域的最佳数字高程数据来源。

以加拿大南萨斯喀彻温河（砂质辫状河）宽约500m、长约3km的一段河道为对象，综合应用数据库摄影测量技术和成像处理方法，对砂质辫状河的动态演化过程进行量化。采用数字摄影测量技术对干旱区域和水缘高程进行量化。随后综合应用双介质数字摄影测量方法和图像匹配方法对淹没区域的光谱特征进行标定，进而确定淹没区的详细深度图，随后综合干旱区数据，共同创建完整的数字高程模型。采用误差传递方法，确定序贯数字高程模型中可检测的侵蚀与沉积深度。最终结果为一系列高程模型，说明利用河流的历史航拍图像数据（无需相关的标定数据）获取精确、详细高程数据的潜力，进而证明摄影测量技术是获取相关特征参数的必要方法。利用上述数据，重点表征南萨斯喀彻温河河道变化的多个部分，包括砂坝活动、堤岸侵蚀和河道充填（Lane et al., 2010）。

在生成数字高程模型所用方法的研究中，以下三种方法需要特别关注：①光束法平差过程中采用地表控制点转换方法；②干区误差校正；③综合应用折射校正、Jenks分类和深度-亮度模拟。第二种方法尤为重要，因为这种方法的研发有助于将现有的深度-亮度模拟方法拓展至无标定数据可用的情况（通过采用双介质摄影测量分析）（Legleiter et al.,

2004；Marcus et al.，2003；Westaway et al.，2000）。

Lichti 和 Jamtsho（2006）展示了将主要数据校正应用于数字高程模型的效果。该算法有效地消除了在大规模曝光的条形图中如白光散斑的噪声影响。通过与 GNSS 测量结果进行海拔对比而得到的错误标准偏差，从 1.336m 减少到 0.280m，减少幅度大，证实了该误差校正算法的有效性。

1.1.2　地下辫状河储层

地下辫状河储层研究方法主要包括地震解释、测井分析、岩心分析以及综合方法。地震数据具有横向分辨率高的优点，缺点是很难预测薄储层。由于辫状河砂体相互叠置、接触关系复杂，采用常规地震剖面基本无法识别。岩心观察分析是最直观的研究方法，其精度可以达到厘米级，缺点是数据往往有限。Huggenberger 和 Regli（2006）在研究辫状河沉积模型的过程中，将岩心和探地雷达数据结合识别沉积构造类型，通过两种数据的相互比对印证，确定与沉积构造类型相关的两种数据的相对权重因子。而测井数据是研究砂岩储层、隔夹层最常见的方法。

1. 地震解释

储层预测常利用地震数据及其解释结果来完成。使用的地震数据是由地层速度差异造成的反射系数序列和子波的褶积结果。实际上，应用的子波也是一个具有不同属性（子波的长度、频率、能量、相位）子波合成的子波，在地层为薄互层的情况下，合成子波往往由于调谐效果而不能产生识别储层的地震反射（孟阳，2014）。

地震道是子波和反射系数序列褶积的结果，人们看到的地震数据是不同频率和能量级别的子波体产生的混合子波。当子波的频率和薄互层所产生的反射系数相关性较差时，产生调谐效应而产生许多虚假反射，从而影响地震资料对地层的分辨能力。如果能够提取适应一定地层序列的子波序列，并用它来重构地震道，将极大地提高地震资料对地层的分辨能力。匹配追踪时频分解技术可以实现这一目的。Mallat 和 Zhang（1993）提出的匹配追踪方法具有很多优点，由匹配追踪得到的地震信号具有很高的瞬时谱聚焦性。地震信号经匹配追踪迭代分解后，可表示为一系列子波的组合，所以由匹配追踪时频分解技术完全重构地震信号非常简单。

地震数据最大分辨率为 1/4 波长，所以用常规的地震数据很难分辨厚度低于 10m 的储层。而且用常规的地震数据来预测不同类型的薄层更是几乎不可能的。辫状河道砂体互相叠置，接触关系复杂，想要搞清楚它们之间的复杂接触关系更加困难，因为在常规地震剖面上基本无法识别储层的接触关系。

另外，三维地震层位切片的属性分析是直接获取地下砂体的河道带宽度和河道样式图像（弯度和河道分叉）的有效方法，也是预测河道带厚度和岩相空间分布的可行方法。尽管这种方法存在许多优势，但是砂体三维分析的完整性还是取决于地震信息的分辨率，并且需要进行测井分析和岩心标定。

2. 测井分析

利用测井数据可以进行岩电关系的研究。通过取心井的岩心与电测曲线进行比较，研究各种岩性，包括粒度、沉积结构、沉积构造、沉积旋回、沉积韵律、指相矿物等在组合电测曲线上的显示特征，并编制相应的岩电关系图版，以便通过测井信息掌握油层的岩性特征和储层沉积特点。例如，在大量的开发井中，根据电测曲线的形态特征，在一定程度上判别储层的岩性和沉积特征，为单井分单元划分沉积微相创造条件。

一个油田内岩心数据往往是有限的，而测井数据则一般较为普遍。因此，利用岩心标定测井，建立隔夹层测井识别标准来识别未取心井中的隔夹层是隔夹层研究中最常用的方法。不同类型的隔夹层在各种测井曲线上有不同的表现特征。目前能够较好地反映储层岩性的测井曲线主要有自然电位曲线、自然伽马曲线、微电极曲线以及声波时差等。综合各类隔夹层在多种测井曲线中的特征，得出不同类型隔夹层的测井识别模式，能够有效地帮助识别储层中的隔夹层。

成像测井解释结果中也可观察到隔夹层的分布情况，Longman 和 Koepsell（2005）通过此方法表征 Mesaverde 和 Mancos 辫状河砂岩储层。由于辫状河砂体隔夹层通常含泥质碎屑，成像测井图像上清晰可见。局部可见高度胶结的结核，在动态色彩图像道上呈亮黄色。这个实例中，大多数辫状河砂体的孔隙度不足 8%，部分砂体的孔隙度仅为 2% ~ 4%，属于低孔砂岩，难以作为具有商业可采性的储层。受隔夹层及砂体侧向封堵条件等因素的影响，辫状河复合砂坝的有效储集单元集中在砂坝下部与上部层段的正常河流相河道砂岩。

3. 岩心标定

岩心观察和分析是地下地质研究最直接的方法。由于岩心观察精度最高，能够达到厘米级，可识别韵律层内部及层理内部的情况等。但是取心井的资料往往是有限的，因此不可能过多依赖岩心资料。

岩心和探地雷达数据可用于建立解释岩相划分方案。如 Huggenberger 和 Regli（2009）在研究辫状河的沉积模型时，通过钻井岩心和探地雷达数据识别沉积构造类型。粗砾沉积物的钻井岩心描述可提供沉积物的组分和结构信息，可确定粒度分类、分选、主要组成部分和各个粒度范围比例的详细内容，也包括颜色、化学沉淀、沉积厚度以及向下伏地层过渡的内容。根据这些数据，估算权重因子，进行沉积构造类型划分。

权重因子估算过程和这种方法的详细数学内容见 Regli 等（2002）的论文。

1.2 岩相研究

岩相通常是指某种特定的水动力条件或能量下形成的岩石单元。划分岩相的意义在于通过某一特定的岩石单元来反映其形成时的水动力条件及能量。20 世纪 70 年代，Miall 将岩相的概念、划分和研究方法引入河流相沉积研究中，经过多年的发展和完善，岩相分析方法在储层沉积学研究中得到非常广泛的应用。识别岩相的标志主要有岩性、粒度、沉积构造及颜色等，目的是更好地反映各类岩相形成的水动力条件和成因（于兴河等，2004）。

1.2.1　岩相特征

著名学者 Miall 已总结了岩相划分方案：岩相名称通常用一些代码来表示，代码通常由两部分组成，第一部分表示岩性及粒度，用一个大写字母表示，如 S 表示砂岩；第二部分用于反映岩相所具有的某种沉积构造类型或颜色，用一个或两个小写字母表示，如 t 表示槽状交错层理。对辫状河沉积的岩相分析都是基于 Miall 总结出的岩相分析方案（于兴河等，2004）。

通过对露头剖面的观察与精细描述，并参照目前国际上比较流行的岩相划分标准与划分方案，辫状河可以相应划分出 17 种不同的岩相类型（Miall，1988）。依据不同的岩相组合特征，辫状河具有河道、纵向砂坝、横向砂坝、斜列砂坝、废弃河道充填、堤岸沉积、越岸沉积 7 种不同的沉积微相或成因单元。其中，河道充填、纵向砂坝及斜列砂坝是砂质辫状河的主要成因单元，废弃河道充填、堤岸沉积和越岸沉积则是次要成因单元（于兴河等，2004）。

7 种不同的沉积微相或成因单元的主要岩相组合特征分述如下：

类型Ⅰ——河道（CH）：Gm→St→Le，St→Lc→Smv→St→Sn→M-C。

St 相（包括 St-Le，St-Lc，St-Sn）在整个河道岩相组合的层序中占主导地位，其次为 Smv 相，Gm 相仅在个别河道层序的底部发育，且规模不大。沉积构造主要为各种规模、各种形态的槽状交错层理和块状层理，河道内冲刷作用较为频繁，可见多个冲刷面具有向上粒度变细的正韵律结构特点。由河道底部向上，层理规模逐渐变小，单层厚度变薄，岩性由含砾粗砂岩变为粗砂岩、中砂岩及紫红色泥岩。但多数河道的岩相层序发育不全，层序上部岩相类型常常缺失，主要由后期河道冲刷截削所致。

整个河道层序中的层理类型、层系规模、岩性粒度及单层厚度等方面的变化，代表一个河道发育的完整周期。河道发育早期，河道断面窄、水体深、流量大、水动力条件强、沉积物供应充分、堆积速度高，常形成大型的槽状交错层理（St-Le，St-Lc）和块状层理（Smv）。随着河道的加宽，水体深度、流量大小及沉积物供给等都发生改变，层理规模变小，至河道发育后期，河道变为宽浅型，发育平行层理，代表一种水浅流急的水动力条件，层序顶部的紫红色泥岩是一期河道发育终结、接受漫岸泥质沉积的标志。

类型Ⅱ——纵向砂坝（LB）：Sp→Gk→Sp→Shc→Sh。

纵向砂坝主要由顺流加积作用形成，具有底平顶凸的外部形态，特征明显，粒度粗，以粗砂-含砾粗砂岩为主，向上粒度变细，坝顶可以出现粗砂岩或中砂岩。沉积构造为单组或多组高角度下切型板状交错层理。坝顶及坝的上部可以出现多组低角度下截型板状交错层理。纵坝底面上侵蚀冲刷现象明显，常见砾石及泥砾，有时在纹层面也可见小泥砾。纵向砂坝顶部局部残存有平行层理的中砂岩，表明坝顶有水浅流急的水动力条件。

类型Ⅲ——横向砂坝（TB）：St→Sp→Ghb→Sh。

在露头剖面中，横向砂坝常有一个平坦稍微下凹的底面和宽缓上凸的顶面。砂坝中的再作用面较为常见，反映了不连续水流卸载的垂向加积作用。因此，横向砂坝是垂向加积所形成的典型产物。

类型Ⅳ——斜列砂坝（DB）：Sm-v→Sp→Glc→St-Sn。

该成因单元中以Sp-Slc相为主，其次为Sm相。沉积构造有大型单组或多组低角度板状交错层理和块状层理。Sm相一般在斜列砂坝的底部发育，粒度较粗，以含砾粗砂岩为主，向上变为Sp-Slc相，岩石粒度也有变细的趋势，细砾级颗粒减少，纹层面略呈s形，其沉积作用以斜列砂坝的侧向迁移或侧向加积为主。

类型Ⅴ——废弃河道（Ach）：Sm←→Sh，Fm←→Mdh。

通常情况下，废弃河道充填并不是一次完成的，多期充填造成岩相多次重复出现。每一期充填事件都会形成一个横剖面形态为三角形的楔状充填沉积体，垂向上构成一个完整的废弃河道充填层序。

这种岩相组合的总体粒度较细，仅Smu相中常出现中—粗砂岩，沉积构造以块状层理为主，在粉砂岩及泥岩中经常见水平层理和泥裂，单层厚度较薄，反映出沉积物供给不足、沉积速率较慢的特征。

类型Ⅵ——堤岸沉积（LS）：Sm-u←→Fr→Fm，Fh→Mdh。

堤岸岩相组合多出现在废弃河道的两侧，在河道复合砂体中堤岸沉积物一般没有保存。沉积物粒度细，多为粉砂岩和细砂岩，沉积构造以块状层理和水平层理为主，可见波状交错层理。垂向上不同岩相类型多次交替出现，侧向上远离河道，厚度变薄，粒度变细，与细粒越岸沉积物呈渐变关系。

类型Ⅶ——越岸沉积（OF）：Sm，Sh，Sr←→Fm←→Mdh。

越岸沉积以水平层理泥岩夹薄层块状层理砂岩为典型特征，岩性以粉—细砂为主，单层厚度薄，横向延伸距离远，剖面中砂—泥多次交替出现，充分体现出越岸水流间歇性活动的特点。

以下是辫状河岩相研究的三个具体应用实例简介：阿拉斯加北部萨加瓦纳克托克（Sagavanirktok）河沉积；埃塞俄比亚Blue Nile盆地内的巴雷姆阶-塞诺曼阶辫状河砂岩（DLS）的详细岩相分析；挪威南部Telemark走滑盆地Svinsaga组中元古代河流沉积岩相及其相关的构造沉积解释。

阿拉斯加北部Sagavanirktok河（砾质辫状河）沉积中所有沉积物样品的平均粒径为-2.2ϕ或4.6mm。粒度呈双峰分布。根据平均粒径和标准偏差，可将粒度分布划分为4种结构类型，即砂、砾质砂、砂质砾石及开放骨架砾石（Lunt and Bridge，2004）。

研究辫状河冲积平原的物理建模过程中，分析粒径分布与沉积相类型之间存在的直接联系。将岩相类型分为6种：A粗粒主河道充填；B粗粒次河道充填；C中粒决口扇沉积物；D细粒河道充填；E侵蚀残余物和F泛滥平原细粒沉积物。研究内容还包括各种岩相的粒度分布以及与渗透率之间的关系（Moreton et al.，2002）。

Wolela（2009）对埃塞俄比亚Blue Nile盆地内（DLS）的沉积过程和沉积环境进行研究，沉积环境是宽阔的冲积平原，显示具有Platte型辫状河沉积。DLS有5种主要的岩相：①砾岩；②砂岩；③粉砂岩；④泥岩；⑤褐黑色页岩和泥岩（Wolela，2009）。

挪威南部Telemark走滑盆地Svinsaga组的中元古代辫状河沉积研究中，岩相从中砾到泥共划分出11种，对相应的沉积构造与沉积过程也进行了解释（Koykka，2011）。

1.2.2　岩相组合

一种岩相类型反映的是一种特定的水动力状态，所以称为能量单元。不同的岩相之间不仅岩性和沉积构造方面不同，所具有的孔隙度、渗透率及其各向异性也存在明显的差别。不同岩相的垂向组合，反映的是某种特定的水动力条件连续变化的状态和过程。这些不同的岩相类型在成因上具有密切联系，其组合构成了一个特定形态特征的三维地质体。因此，岩相的相互组合类型与形态特征结合，便可划分识别出一系列成因单元（于兴河等，2004）。

通过岩心观察和精细描述，参照目前国际上流行的岩相划分标准和方案，划分出不同的岩相类型后，可以根据不同的沉积微相（河道、砂坝、废弃河道充填等）来确定不同的岩相组合（于兴河等，2004）。以挪威南部 Telemark 走滑盆地中元古代 Svinsaga 组辫状河沉积岩相和岩相组合的研究成果为例：通过对下 Nubian 段含油气储层的综合表征，得出辫状河相组合的分布频率和钻遇率，进而总结出各种不同沉积岩相组合的空间分布情况（Kaykka，2011）。Sliman（2013）在进行下 Nubian 段含油气储层综合表征时，得出辫状河岩相组合的分布频率和钻遇率情况如下：辫状河相组合发育于下 Nubian 段的底部、中部和上部，目前多口井已钻遇这套相组合。辫状河相组合可进一步细分为三种主要的相类型，分别为河道沉积、砂席沉积和废弃河道沉积。

1.2.3　空间变化

1. 垂向变化

以如下三个研究实例来说明辫状河岩相的垂向变化。在加拿大新斯科舍（Nova Scotia）省芬迪（Fundy）湾盆地沃尔夫维尔（Wolfville）组三叠系河流系统研究中，砂质辫状河道内的粒度变化具有如下规律（Leleu et al.，2010）：研究层段底部至顶部，推移质的平均粒径存在明显变化，可识别出一系列变化趋势。在 Halfmoon Cove 剖面底部，最下面的 3 个单元相对较粗，粗粒组分以极粗砂岩和砾级沉积物为主，随后过渡为 B0 界面之下中砂岩层段。在 Halfmoon Cove 剖面的顶部，B0 界面之上局部发育砾岩，构成研究剖面中最粗的单元。

在 90m 地层间断之上，Burntcoat Head 剖面底部发育中砂岩单元，随后过渡为界面 B1。界面 B1 上发育极粗砂–砾级单元（U1），随后发育 3 个粗砂单元（U2、U3 和 U4）和 2 个中粒砂岩单元（U5 和 U6）。从砾岩单元底部（界面 B1）至最上部的中（细粒–中粒）砂岩单元（界面 B7 之下），整个构成一个向上变细的沉积层段（称为 GSP1）。另一个向上变细单元（GSP2）的底部为砾岩单元（上覆于界面 B7），随后发育数套中粒砂岩单元（U7 ~ U11），最顶部为界面 B12。GSP2 的平均粒径小于 GSP1。Burntcoat Head 剖面的上部（界面 B12 之上）相对较粗，发育向上变粗的单元（GSP3），由 4 个粒度逐步变粗（由中—粗粒砂岩变为粒级沉积物）的单元（U12 ~ U15）组成（Leleu et al.，2010）。

在加拿大的奥地利邦 Alpine-Carpathian 前渊的远端外边缘沉积特征研究中，针对 St. Marein-Freischling（SMF）组河流相沉积的垂向岩相组合（Nehyba and Roetzel，2010），采用马尔可夫（Markov）分析法来识别研究层段的优势相变规律：尽管小型沉积构造的垂向组合对认识大型相组合作用不大，但是这种方法有助于综合不同露头的数据，进而评估拟定岩相组合的可靠性。

最为典型的相组合为：由 Gm 向上过渡为 Gcs（直径 d=0.5mm），可解释为砾石质底形迁移。上述相组合可进一步演化为两步相变 Gm-Gcs-Sp（d=0.2mm）。这种向上变细的旋回反映了洪泛事件和心滩加积作用。相 Gcs-Gm 与砂岩岩相的侧向变化可解释为砾石质砂席生长的变化。一步相变 Gcs-St（d=0.3mm）反映上凸型冲刷过程。一步相变 Sr-St（d=0.36mm）反映早期波纹被后期沙丘所覆盖。上述过程可能与坝翼或坝顶相关。一步相变 Sh-Fh、Sr-Fh、Fh-Fm 和 Fh-Gm（d=0.12～0.23mm）反映废弃河道内部的相关过程（静水与活动水流期的变化，洪泛期的侵蚀过程）。

马尔可夫分析的结果可与选定岩相类型的相对丰度进行对比。最为发育的岩相类型（即 Gcs、Sp、St 和 Gm，柱状图上的累积分布频率可达 87.6%）代表砂坝和砂丘的下部/底部。砂坝和砂丘顶部以相 Sh、Sr 和 Sm 为主，但是仅占整个研究层段的 3.3%。细粒相 Fm、Fh 和 Fr（柱状图上的累积分布频率为 9.0%）通常与废弃河道相关。逐渐向上变细的序列（砾岩-砂岩-泥岩）指示垂向加积作用。

在研究斯托顿（Stoughton）地区辫状河沉积的实例中，沉积物中有将近 91% 为块状河流砾石夹砂岩。砾石通常呈叠瓦状并含有一些碎屑流沉积物，呈现出大略的逆向级序。通常将在 Stoughton 地区中观察到的岩相解释为在季节性高流量时期的砾石坝加积，在坝体的顶部及两侧，水流逐渐变小，然后产生深切并形成含砂量更高的沉积物（Anderson et al.，1999）。

2. 平面变化

阿拉斯加 Sagavanirktok 河砾质辫状河内，不同层面沉积物平均粒度的空间分布具有如下规律：河道和砂坝层面的沉积物主要为砂质砾石（Lunt and Bridge，2004）。主河道和复合坝坝头（上游端）的沉积物平均粒径大于 6mm。最粗的沉积物（平均粒径>12mm）发育于河道最深部（汇流冲刷区和靠近河道弯曲带外缘的区域）和复合坝坝头。复合坝表面的平均粒径通常向下游方向减小，从坝头区域的大于 8mm 减小至坝尾区域的 2～6mm。厚达数分米的砂质层披覆于坝尾区域的涡形砂坝洼地（Lunt and Bridge，2004）。

复合坝表面数十米范围的粒度变化主要归因于单坝。单坝表面的粒径通常由坝脊向下游方向变粗。单坝内部的平均粒径差异可能相当于坝体之间的平均粒径差异，造成这种现象的部分原因可能是单坝脊周缘区存在砂槽充填物。

横向坝的平均粒径大于邻近坝表面的平均粒径，并向下游方向减小（由 10mm 减小至 6mm）。横向坝的下游末端可能披覆砂质沉积物。废弃河道的层面主要由细粒砾石和砂质沉积物（平均粒径小于 6mm）组成，并向下游方向变细。

砂质沉积物通常集中分布于河道带的高地形区、单坝与砂丘的背流面沟槽、河道充填带、新月形冲刷充填带和复合坝坝尾。河道带地形最高区域及河道充填带的砂质沉积物沉积于高水位下降期的缓慢流动环境。单坝和砂丘背流面沟槽的砂质沉积物可能沉积于水位下降期底形背流面的分离流动环境。

Ferguson（1993）在研究砾质河床形成时的辫状形成过程时，得出辫状河沉积物分布情况为：局部分布在低弯度砾质河内，并沿着砂坝和河道分布。该项研究得出苏格兰境内一条河的测量结果。研究表明，整个砂坝单元（不仅是出露砂坝）内具有系统性结构变化特征。沿着河谷最深线发生交替砂坝摆动，河床沉积物中值直径呈现周期性上升或下降。

Clifford 等（1993）在研究河床沉积物下游的粒度变化特征时得出了颗粒粒度、形态和分选的变化趋势。在超过 2km 的长度内，可见颗粒直径中值向下游降低。另外，中部和下部层段，有时显示砂坝头部比尾部粒度粗：对应着主要的下部辫状砂坝，粒度波动可见四个明显的波峰/波谷，这种趋势也出现在原始分选指数中，显示粒度变化为向下游逐步下降，符合预期。但是，很少或没有证据显示颗粒形态指数有任何系统性趋势。

在研究奥地利邦 Alpine-Carpathian 前渊的远端外边缘上的原始沉积过程中 SMF 组河流相的沉积时，可以确定辫状河沉积岩相以及岩相组合在平面上的分布情况（Nehyba and Roetzel，2010）。在该研究中，SMF 组研究层段内可识别出 3 种岩相组合，即砾石质、砂质和细粒沉积物。

南萨斯喀彻温（South Saskatchewan）砂质辫状河沉积的平面分布情况研究实例指出：河道底面之下与河道底面之上的单坝沉积物粒度垂向变化具有相似的特征。岩心的粒度数据表明，单坝沉积物具有向上变细的趋势，由极粗粒或粗粒砂向上过渡为复合坝底部附近的中粒砂，随后过渡为复合坝顶部的中—细粒砂。上述趋势与表面粒度数据一致（Lunt et al.，2013）。表面粒度数据表明，粒度最粗的沉积物分布于活动河道的最深部（尤其是汇流处）和河道凹岸；而细粒沉积物通常分布于复合坝上部。

1.3　几何形态

研究辫状河几何形态的方法很多，从目前的研究现状来看，主要有辫状河沉积露头、辫状河储层、现代辫状河沉积和实验室模拟实验，最终根据各种研究成果总结出多个经验公式。以下分 5 个部分简要叙述各种研究方法，并重点叙述相关方法的研究实例。

第 1 部分是关于辫状河沉积露头的研究，在储层精细描述中具有十分重要的作用。欧美各国都投入巨资开展为油田开发服务的精细露头储层研究工作。对露头内的辫状河砂体进行详细描述，建立相应的地质模型，为储层开发提供地质依据。基于露头研究的推理法，已成为当前地下储层表征的主要手段之一（于兴河等，2004）。

从国外研究情况来看，露头研究已逐渐向露头实验室方向发展。人们不仅把露头作为从静态地质方面深入研究储层非均质性的依据，还把各种油藏描述技术手段方法放在露头上去检验，甚至还进行注采实验，从动态上深入了解各类储层的渗流特征，反过来检验静态的地质描述。

尽管这一方法的应用已经十分普遍，但是仍存在很多陷阱。首先，需确保地下沉积背景与露头类比实例比较类似。解释的可靠性取决于露头质量、地下数据的质量和解释时所选用的沉积模式。目前，利用常规地下数据仍难以对沉积环境进行详细的解释。由于对现代沉积环境的认识仍不全面，大多数沉积模式仍属于定性模式，缺乏对其细节和全三维形态的认识。大多数沉积模式的缺陷严重限制了其在古代沉积中进行详细解释的应用。此外，大多数露头也因出露面积有限，河道和河道带的三维几何形态与方向界定十分模糊，河道带的宽度尤其难以确定。此外，单一河道带内部和不同河道带之间的河道带宽度与厚度也存在变化。

通常而言，基于少量大型露头的有限数据也无法作为河流-三角洲河道带的典型代表。这也是使用全新世沉积环境类比数据的原因，因为全新世沉积环境的河道带几何尺寸易于确定，可以明确建立沉积地层性质与几何形态、流动状态及其与沉积过程之间的关系（Bridge and Tye，2000）。

第2部分是关于地下辫状河储层的研究。传统的地下辫状河砂体研究，首先是进行岩心观察描述，了解岩层的粒度大小、韵律组合及沉积类型，建立沉积模式，并与经典的辫状河沉积模式进行对比。在岩心观察的基础上，结合测井曲线建立模板，应用到未取心的勘探开发区中，得出测井相与沉积相的综合解释模式。结合地震资料，尤其是地震反射结构，建立地震相。垂向上进行单井层序划分，并在横向上建立测井和地震的连井剖面，结合地质模式和地质背景，如物源方向、沉积构造等，运用相控原理，进行区域的砂体展布和预测（于兴河等，2004）。

其中，确定辫状河储层砂体几何形态的主要方法有井间对比和三维地震层位切片的属性分析。井间对比通常存在过分简单或错误假设等问题，过分简单或错误的假设实例有：①底部侵蚀面和河道带砂体顶部平坦；②邻井之间位于相同地层层位的砂体应连通；③砂体宽厚比与古河道样式紧密相关；④河道沉积地层的垂向地层层序指示古河道样式，进而影响河道带砂体的几何形态。

三维地震层位切片的属性分析是直接获取地下砂体的河道带宽度和河道样式图像（弯度和河道分叉）的唯一方法，也是预测河道带厚度和岩相空间分布的唯一方法。尽管这种方法存在众多优势，但是三维分析的完整性取决于地震数据相对于成像砂体厚度的分辨率，并且需进行测井曲线和岩心标定。通常砂体厚度应大于10m（Bridge and Tye，2000），才可能有好的应用效果。

第3部分是关于现代辫状河沉积的研究。国内外对于现代辫状河沉积的研究成果很多。Maill（1985）利用现代辫状河沉积岩相、岩相组合和构型要素等概念，考虑辫状河发育的地质、地理背景和气候特征，总结多种辫状河沉积模式，并按典型的现代辫状河名称命名。根据现代辫状河的沉降量、坡降、洪水以及气候等因素的研究，可确定影响河流类型的因素等。可采用岩心、电测井、探槽和探地雷达等最新的技术来确定现代辫状河沉积的几何形态。

第4部分是关于实验室模拟实验的研究。通过实验室设计的辫状河沉积模拟实验，能够识别产生这些不同河道充填形式的沉积过程，不仅在解释露头中的古代辫状河沉积地层时很重要，而且在地下的不同河道充填形式的识别中也很重要。在废弃河道中充填物的几何形态、丰度和类型，都可以确定在河道冲积充填中的细粒非均质性的种类。物理模拟，尤其是如果在辫状河体系中能和加积模拟合并的物理模拟能够提供对冲刷过程和河道形态进行控制的合理方法。加积的物理模拟实验也能为古记录中冲刷充填的识别提供指导（于兴河等，2004）。

第 5 部分是关于采用与最大河道深度、河道宽度及河道带宽度相关的经验公式，最大河道深度、河道宽度及河道带宽度相关的经验公式通常相对分散，主要取决于河道样式参数，如河道弯曲波长和弯度。但是，目前所用的大多数经验公式并不包括上述相关因素。实际上，利用露头数据仍很难重建河道弯曲波长和弯度，利用测井数据也无法确定类似的参数（Bridge and Tye，2000）。

1.3.1 露头类比

研究辫状河沉积露头的几何形态可用于建立露头地质模型，在辫状河储层精细描述中具有十分重要的作用。辫状河和低弯度河流相河道砂体和河谷充填露头的几何形态（如宽度和厚度）在世界上有多个实例。

1. 露头实例

辫状河和低弯度河流包括一系列砂质和砾石质河流沉积，具有辫状、单流线低弯度和蜿蜒状河道平面形态，其中包括 Miall（1996）所识别的许多以砾石为主和以砂质为主的低弯度河流样式。这类河流流经盆地平原或山前的大型冲积扇，部分可能分布于古峡谷，如 Gibling（2006）的研究显示了一组大型河道体，其宽度大于 40km，厚度高达 1200m，面积可达数万平方千米。这类复合体由众多具有底部侵蚀且侧向-垂向叠置的小型砂体组成，包括坝形沉积和推移质沙席（如犹他州的 Castlegate 砂岩）。河道沉积以垂向加积为主，局部存在侧向加积和河道迁移现象，但是并不常见。复合体内部的细粒透镜体代表废弃河道充填物和泛滥平原残留沉积，典型实例包括 Siwalik 群、Hawkesbury 砂岩、Castlegate 砂岩、Molteno 组、Tuscarora 组和 Ivishak 砂岩。

辫状河与低弯度河流的复合沉积地层堆积厚度为何能超过 1km 呢？数据集实例的分析结果表明，大多数厚层沉积代表多期活动构造、快速沉降和粗粒沉积输入量大，通常发育于前陆盆地内部，有时响应于特定的构造事件。例如，Ivishak 砂岩内部可见多次构造事件所致的不整合面。此外，大多数实例中均包含粗粒沉积集中于盆地中部的证据。

许多造山带中存在间距规则的河流，河流的位置可能受控于构造活动，并限制了物源进入盆地的输入点，进而导致与邻近河道的沉积侧向连通、多层叠置，典型实例如新西兰的坎特伯雷（Canterbury）平原（Leckie，2003）。印度 Siwalik 群沉积时期的河流可能从持续存在的山脉进入喜马拉雅前陆盆地。与此相反，加拿大的 Boss Point 组沉积于狭窄-快速沉降的伸展盆地。在这种背景下，河流可能流向盆地内的快速沉降区域，或者沿横断层及其他线性构造持续流动。并非所有厚层河流层序均指示邻近区域存在构造活动。加拿大 Pennsylvanian South Bar 组的河流相沉积堆积于一系列峡谷内，进而形成厚层粗粒层序；沉积地层充填于几乎无构造活动的热沉降盆地，大量沉积物供给可能来源于西南部的活动造山带（阿巴拉契亚山脉）。

澳大利亚的 Newcastle 煤系地层由特殊的辫状河砂体组成，以砾石质为主，尽管厚度大，但是相对狭窄。砂体的厚度可达 109m，宽度约为 16km，宽厚比为 40～500（Gibling，

2006）。部分砂体呈透镜状分布于煤层内。相对海平面变化旋回期间，煤层连续堆积，泥炭含纤维质且具有稳定性，因此可能有助于限制河道宽度。这类砂体并不代表低位体系域的层序界面附近的沉积，而形成于具有高可容纳空间的二叠系前陆盆地（高沉积地层供给条件下，沉降速率持续超过基准面下降速率）。通常情况下，广泛分布的厚层河道沉积反映河道频繁决口、侧向叠加。

Rust和Junes（1987）在Hawkesbury砂岩的叠加河道层段共识别出135次古水流变化，并将其归因于因决口所致的河道复合体摆动。Castlegate砂岩重要侵蚀面的古水流变化伴随着物源变化，可将这类界面解释为反映构造活动的层序界面（McLaurin and Steel，2007）。部分古代砂质河道沉积可能代表经过平原的河流迁移与决口。相关作者认为受河流一侧优先侵蚀的影响，低弯度河道带将发生稳定的侧向迁移。尽管目前已在曲流河的差异沉降区域观察到河流优先迁移现象，但是仍不确定辫状河和低弯度河流是否具有相同的特征。数个具有特定延伸范围和宽厚比的辫状河砂席（Gibling，2006）位于遭受削截的基岩之上。

西加拿大卡多明（Cadomin）和赛普里斯丘陵（Cypress Hills）组辫状河砂体厚仅数米至数十米，但是沿走向方向的延伸距离可达数百千米，古构造古地理重建结果表明，Cadomin组的宽厚比超过14000。年代数据表明Cadomin组的持续时间约为9Ma，由此说明河流带并非沿走向方向（180km）同时活动，而是反映了低可容纳空间条件下狭窄、分散河道体的侧向叠加。

美国西南部的奥加拉拉（Ogallala）群在局部地区的厚度超过450m，沿走向方向的延伸距离超过1300km，宽厚比至少可达3000。这类地层可能发育于宽而浅的峡谷或山前向盆地方向的辫状河平原。

在上述实例中，广泛的沉积搬运可能反映了物源区隆升所致的剥露作用，而非活动构造运动。部分相对较薄的辫状河砂体（如英国的Rough Rock）穿过大陆架向盆地方向迁移，上覆于显著的层序界面。美国西南部的Mesa Rica砂岩仅厚约28m，但是沿走向的延伸距离至少可达90km（Holbrook，2001）。更为特殊的是，在如此大的区域内，其底部地形起伏仅为15m，反映了低坡降梯度平原上滨线及相关滨岸平原河流的水平进积，进而导致周期性外延扩展、加积和决口。

我国东海也具有类似的低幅下切作用，黄河向东海流动，低幅下切具有深部陆架坡折的大陆架（Wellner and Bartek，2003）。在西班牙Escanilla组内部，小型砾岩和砂岩体包裹于泛滥平原细粒沉积中，Bentham等（1993）将其视为一种特殊类型的辫状河沉积，代表现代沉积中常见的小型砂质和砾质河流。现有数据尚不足以支持将这类小型砂体作为单独的类型进行识别，因为地层（如Siwalik组）内部具有连续的宽度与厚度范围（Gibling，2006）。

最为典型的辫状河沉积位于冰岛的冰水沉积平原，冰下喷发产生大爆发（冰川湖突发洪水），进而淹没广阔的冲积平原。前古近系地层中极少见到这类沉积，数据集中也未见这种类型。第四系大范围河道体分布，分布面积为16000km^2，侧向迁移距离达到280km（时间跨越近一个世纪）。Singh等（1993）以现代扇体作为Siwalik群的类比实例，对地下的砂席和砾石席进行对比，扇根区域的厚度约为60m。

在新西兰 Canterbury 平原，广泛分布的厚层砾石代表多层叠置的辫状河沉积（来源于南阿尔卑斯山构造活跃区）（Leckie，2003）。Pucillo（2005）、Page 和 Nanson（1996）认为澳大利亚 Riverine 平原下发育小型砂质和砾石质河流体系，溢出决口的浅水推移质河道穿过低坡降梯度的宽阔平原，通过侧向迁移和垂向加积形成相互连通的河道充填体，其宽厚比为 70 ~300（Gibling，2006）。

犹他州布克陡崖（Book Cliffs）的下 Castlegate 组复合（amalgamated）河流相中各种构型要素的几何形态研究结果如下（McLaurin and Steel，2007）。

（1）心滩坝体系（2 ~12m）是河道迁移与小型决口过程的产物。在低加积速率下，活动河道的频繁迁移将侵蚀任何已沉积的坝体，仅心滩体系地形最底部的沉积物得以保存。受上述因素的影响，所形成的沉积层序通常表现为坝体保存差或未保存的河道中心单元多层叠置，将其称为复合河道中心单元。

（2）河道带（2 ~16m）通常表现为复合河道中心单元上覆盖单一坝体，坝体上可能覆盖溢岸沉积物。坝体的存在表明存在决口作用，导致活动河道带迁移至泛滥平原的另一位置。河道带演化所涉及的过程可能为区域尺度的决口作用，受此影响，在活动河道带回迁至先前位置之前，泛滥平原的加积速率增大。

（3）叠加河道带复合体（17 ~40m）底部为以中心河道为主的河道带，其上叠加以坝体为主的河道带。目前，尚未厘清形成这种旋回的具体过程，可能与基准面上升相关，其证据在于存在微咸水遗迹化石。

心滩或河道带厚度、水深和古水流变化未见任何垂向趋势，表明下 Castlegate 河流的弯曲度可能随时间推移而不断变化。由此说明，上覆的中 Castlegate 段河道样式变化属于突然转变，可能归因于基准面上升速率持续增大，进而导致楔形潮沟口和微咸水影响不断向陆地迁移。

辫状河是众多现代三角洲的供源体系，如 Ganga-Brahmaputra 三角洲；数据集中的大量实例表明辫状河可能直接入海。尽管数据中并未给出岩石记录中河道体类型相对发育程度的定量信息，但是现有信息表明辫状河和低弯度河流是地质历史时期最为主要的河流类型。

2. 露头地质模型的几何形态参数

综合研究摩洛哥大阿特拉斯山（High Atlas）的 Oukaimeden 砂岩组（暂时/长期辫状河体系沉积）的露头数字化模型和高分辨率沉积学特征，得出一系列沉积地质体的几何形态并确定地质模型中输入的几何形态参数（Fabuel-Perez et al.，2010）。

相模拟：为了反映输入参数（Fabuel-Perez et al.，2010；Gibling，2006）的准确形态和几何尺寸，采用基于目标的方法构建了相模型。基于目标的方法创建地质目标或地质体（具有合适的地质特征），以此表示沉积模型所涉及的元素。根据网格几何形态对目标进行离散化，继而使各目标延伸过数个单元（Falivene et al.，2006）。

这里，共识别出四种相组合。

（1）FA1A：分选一般至差的中粗砂岩，位于向上变细的地层内，地层底部含有粗粒滞留沉积，由撕裂内碎屑和外碎屑组成。

（2）FA1B：分选一般至差的中粗砂岩，形成0.1～1.5m厚的地层组，含平面交错层理至低角度交错层理，前积层加积方向与古水流平行。

（3）FA3A：分选好的细砂岩至中砂岩，颗粒磨圆度高，含平面交错层理和楔形平面交错层理，前积层倾角大（>25%）。

（4）FA2：泥岩至粉砂岩，显示块状特征和平行纹层，厚度从数十厘米至数米，解释为溢岸细粒沉积。

溢岸细粒沉积代表大多数横向广泛延伸的相类型，但是定量分析阶段不能测量其准确的横向延伸距离。因此，模拟时将FA2作为背景相，其他3种相组合则采用基于Qukaimeden露头的定量研究（Fabuel-Perez et al.，2009）所提取的条件参数进行模拟。基于目标的相模拟所选用的不同约束条件如下。

（1）地质体几何形态：采用PetrelTM软件的预先定义，地质体几何形态对3种主要相组合进行模拟。FA1A、FA1B和FA3A分别采用“河流河道体”“上部交错层理砂岩”和“风成砂丘体”几何形态进行模拟。

（2）相组合比例：这类参数通常被视为最为关键的参数之一（Falivene et al.，2006）。就模型而言，相组合的比例直接来源于粗化的沉积记录。对于无井钻遇的层段，粗化的相组合比例不可用。此时，应选用基于露头观测结果的相比例估计值。

（3）分布曲线定义：需定义3种不同数据的分布曲线，以作为维度输入定义的一部分，这主要取决于样品观测值的数量和各维度的分布：三角分布、确定性分布和截断高斯分布。确定性分布适用于单值采样，截断高斯分布适用于具有3个或3个以上观测值的样品，三角分布适用于具有2个或3个观测值的样品。尽管上述分布可能并不能代表数据的真实分布，但是有助于确保模型与观测的输入数据相匹配。此外，还需开展进一步分析，以便更好地定义上述分布，但是通常受限于露头延伸范围。

方位FA1A、FA1B和FA3A定义的方位信息直接来源于现场的古水流实测数据。FA1A～FA1B（35°～97°，平均约为63°）和FA3A（230°～260°）的古水流数据具有狭窄的分布特征，因此不同地质体的方位采用高斯分布。

（4）河流相的几何尺寸：将Qukaimeden露头数字化高程模型的定量分析结果作为地质模型的几何尺寸数据集（Fabuel-Perez et al.，2010）。露头区单一河流河道和心滩的视宽度与真实宽度之间的转换主要取决于古水流方向和露头方向（Fabuel-Perez et al.，2010）。转换操作时选用3组古水流值（最小值、平均值、最大值（035°、065°、097°）），因此，可产生3组几何尺寸实测值。针对各组几何尺寸，建立3种不同模型方案。

（5）心滩坝的几何尺寸：FA1B的宽度和厚度由数字化模型解释得到，心滩坝的长度由心滩体主要宽度与次要宽度之间的比例（长宽比）确定。相关数值由基于现代辫流坝类比观测的比例所约束（Smith et al.，2006b；Gibling，2006；Lunt et al.，2004），通常介于1.5～2.5。心滩坝几何尺寸参数采用三角分布，分布的最小值、平均值和最大值分别采用1.5、2和2.5。

（6）河流河道的几何形态（FA1A）：为了定义模型中河流河道的几何形态，需获得波幅和波长数值。尽管解释认为河流体系属于低弯度辫状河体系，但是河道带内部的单一河道仍具有不同的曲度（Miall，1994）。基于露头资料难以提取波幅和波长数值，因此这类数据通常采用估计值。为了确保模型尽可能地逼近地质真实，可利用现代辫状河类比实例提取波幅和波长数值。

本次研究选定布拉马普特拉（Brahmaputra）河作为类比实例，尽管 Brahmaputra 河在气候与地质背景方面存在细微差异，但是其河道横剖面几何尺寸却类似于 Qukaimeden 砂岩的河道和坝，因此将其作为最佳现代沉积类比实例。Brahmaputra 河的航空照片（照片位于与 Qukaimeden 砂岩组沉积剖面相同的位置）分析结果表明，波长值介于 6 ~ 17km，波幅值介于 0 ~ 2km。观察点的数量有限，因此输入数据采用三角概率分布。

（7）风成砂丘的几何尺寸：由于 FA3A 的三维出露区有限，通过露头仅能测量砂丘的垂向保存厚度。这类地质体的另外两个几何尺寸（宽度和长度）数据需利用高宽比和长宽比，借助现代新月形砂丘类比实例估算得到。根据经验统计，砂丘宽度通常约为砂丘长度的两倍，砂丘宽度通常约为砂丘高度的八倍。估算时将观测厚度视为保存高度（实际存在侵蚀和压实），因此相关数值具有一定的不确定性，仅适用于模拟研究。数据集有限，因此这个参数采用三角概率分布获得。

（8）模拟的通用准则：模拟参数输入阶段，需控制地质体与其相对位置之间的级次和关系。就本模型而言，首先模拟河流河道（FA1A），随后模拟心滩坝（FA1B），最后模拟风成砂丘（FA3A）。作为通用准则，模拟时 FA1B 位于 FA1A 地质体之外，FA3A 位于 FA1A 和 FA1B 之外。

（9）概率曲线的应用：确定各层段内不同地质体是否存在垂向和横向分布趋势是相模拟过程中至关重要的一步。Petrel 建模系统中的随机模拟以基于测井数据的地质体分布比例为基础，随机生成地质单元模型的不同层段。各层段内部的相组合可能并非均匀分布，因此存在相组合分布的横向–垂向变化。

作为垂向分布变化的实例，OUAU 层段的分析结果揭示了层段内垂向上的相组合叠加分布样式，其中风成 FA 相组合主要位于层段底部，层段顶部完全缺失。因此，模拟时很有必要考虑这种垂向分布特征，以便与露头所观察到的相组合分布保持一致。模拟过程中采用垂向相概率曲线作为条件化趋势，即可解决上述问题。垂向相概率曲线的构建需采用数据分析方法，并以所有粗化曲线上所观察到的相组合比例数据为基础。利用这类趋势曲线，即可对最终模型的单一构型要素的垂向演化进行分析，并与输入数据进行对比（Labourdette et al.，2007）。然而，由于本次研究将垂向相比例曲线作为模拟过程的条件化趋势，最终的概率曲线可能类似于作为条件化数据的相比例曲线。

就水平方向的相分布而言，需采用 VRGS 的露头测井对比模块构建概率曲线。这类曲线可用于分析露头识别的 4 种相组合的横向变化。横向相组合变化分析结果表明，横向分布相对稳定，仅观察到微小变化（如 FA2 在 Azib Tizerguine 剖面附近减少；FA3A 在 Azib Tizerguine、Ait-Le-Qaq 和 Oukaimeden Medium II 剖面附近减少）。上述横向变化主要归因于未能记录特定层段整个层厚的沉积记录。因此，部分相组合的缺失可能主要归因于沉积记录中缺失相应层段，而非相比例的横向变化。

1.3.2　辫状河储层研究

通过测井和岩心研究来解释古河流河道砂坝、河道和河道带的尺度。Bridge 和 Tye

(2000) 的研究可清楚地识别出4种尺度的沉积作用：①完整河道带（整个砂岩-砾岩体）；②单一河道坝和河道充填物沉积（大型斜层组，又称为层）；③河道坝和河道充填的沉积单元（大型斜层），形成于幕式洪泛作用；④层波体（如波纹、砂丘和底负载席状体）所形成的沉积单元（小型和中型交错层组和板状层组）。岩心和成像测井图像上均可识别出上述4种尺度的沉积地层。高质量测井曲线上可识别出三种最大尺度的沉积地层。此外，不同尺度层组的厚度比计算值应属于可预测参数（Bridge and Tye，2000）。

Tye（1991）以得克萨斯州 North Appleby 油田 Travis Peak 组的36口井、168m 的岩心（取自两口井）为基础，描述了低渗透河流相储层的非均质性。由于沉积环境的岩相、描述和基础解释相对良好，通过采用本书所述的方法，显著提高并量化了储层的地层解释。Travis Peak 组层段1的测井曲线和井间对比结果见 Bridge 和 Tye（2000）的研究成果。

采用上述的非确定性假设条件，对辫状-曲流河道带砂体和泛滥平原砂体进行对比。横剖面表明，层段1的河道带砂体厚度介于2.4~8.7m（平均6m）。采用基于现代沉积的厚宽比，结合井间对比结果，综合确定河道带的宽度（垂直于古山谷方向）为4.8~9.6km。因此，Tye（1991）认为共计20口井可钻遇这套河道带砂岩。由此表明，North Appleby 油田约2/3的油井处于水平连通状态。Warburton 等（1993）的研究结果与 Tye（1991）的解释结果一致。采用前文所述的方法，对 Travis Peak 组的岩心和测井数据重新评估，进而估算河道的最大满岸深度，并以此为基础，采用经验公式计算河道带的宽度。重新评估的第一步即评估沉积环境的解释结果。目前，通过岩心和测井数据仍难以可靠地确定古河道样式（如辫状河或曲流河）。

Tye（1991）将向上变细的块状砂体解释为河道沉积地层，而将互层状产出的砂岩-泥岩解释为泛滥平原和废弃河道沉积地层。部分相对细粒的沉积地层可能为上部坝沉积地层。经重新解释的最大河道满岸深度大约为7m。这套砂体最下部3m的平均交错层组厚度为0.24m，由此推测砂丘的平均高度约为0.68m。如果水流深度/平均砂丘高度比为6~10，与交错层组和砂丘相关的最大满岸水流深度为4.1~6.8m。上述估算值与通过河道-坝层序厚度重建得到的最大满岸水流深度（7m）一致（Bridge and Tye，2000）。

如果 Travis Peak 组的最大满岸水流深度介于6~10m，则平均满岸水流深度为3~5m，采用 Bridge 和 Mackey（1993b）提出的如下经验公式，预测河道带的宽度（cbw）为436~1741m。

$$\text{cbw}=59.9d_{\text{m}}^{1.8} \tag{1-1}$$

$$\text{cbw}=192d_{\text{m}}^{1.37} \tag{1-2}$$

尽管这类经验公式通常存在较大的标准误差，但是预测得到的平均河道带宽度仍显著低于 Tye（1991）的最初研究结果。河道带砂体宽度的过高估值主要归因于井间可对比的砂体可能构成一系列连通河道带。

Bridge 和 Mackey（1993a）所构建的二维冲积地层模型中采用了经修正的河道带几何尺寸，以评估单一河道带砂体之间的连通性。研究结果表明，这类模型并不能代表砂体的三维分布。North Appleby 油田层段1的模型模拟结果的输入参数如下：平均满岸河道深度4.0m；河道带的平均宽度和标准偏差分别为730m 和300m；平均决口周期为300年；平均河道带加积速率为0.01m/a。模拟时所选定的决口周期和加积速率位于实际限定范围之内，以便于模拟所观察到的河道沉积地层比例（净毛比 0.49）和河道带连通比（0.35）。模拟生成的横剖面表明，与 Tye（1991）的原始测井对比结果相比，模拟的河道带更为狭窄、砂体分布更为均匀。而 Bridge 和 Tye（2000）修正的对比结果以经修正的河道带厚度与宽度和二维地层模拟所揭示的河道带空间分布及连通性为基础。不可否认的是，横剖面上未连通的河道带可能在横剖面之外存在连通性，因此有必要进行三维尺度的河道带连通性估算。

1.3.3 实验模型

采用水力模型研究具有有限宽度的砾质辫状河得出以下结论。

1. 长且宽的河流流域内的河道形态

采用 Yalin 和 Da Silva（1992）、Da Silva（1991）开发的方法来估算河床形态，引入相对河床宽度 $Y=W_{Bf}/h$ 和相对流动深度 $Z=h/D$ 作为控制河流形态的必要参数，其中 W_{Bf} 是满岸宽度，h 为满岸期的平均流动深度，D 为特性的河床颗粒直径（Oplustil et al.，2005）。

2. 有限宽度内的辫状河底砂搬运量

第一种方法是基于辫状河道的平坦河床和平均宽度（ww）的类似河道；第二种方法是基于最优宽度（w_{Opt}），定义为最大底砂搬运量（Q_{bmax}）。

采用 W_{Opt} 和 Q_{bmax}、辫状河底砂搬运、W_{Bf} 宽度，可得出以下公式：

$$Q_b=Q_{bmax}\left(3.65e^{-0.86U}-4e^{1.5U}+0.35\right)$$

式中，$U=W_{Bf}/W_{Opt}$。

这个公式来自试验数据（Zarn，1997），但与 Ashmore（1988）和本次研究的第一次试验收集的结果相比，结果很好（Oplustil et al.，2005）。Ashmore（1988）的数据与本次研究得出的函数符合度很好。

Ashmore（1988）的砾质河比例模型显示河流分支由以下四种方式完成：

（1）中心砂坝积累。

（2）点砂坝截弯取直。

（3）横向单一砂坝向河道中的辫状砂坝转化。

（4）多个砂坝切割。

辫状河冲积体系结构的控制因素有决口、迁移和加积（Oplustil et al.，2005）。当漫滩和砂坝顶部沉积物随着加积速率增加而增加时，河道沉积物特征可能没有明显变化。但是河道带决口频率（或始于主洪水期或构造运动事件）或迁移速率加快时，可能彻底改变砂体几何形态，冲积模拟模型也揭示了这一特征。

1.3.4 经验公式

国内外的研究从露头和现代沉积统计出发，总结出大量的经验公式，用于指导地下储层研究中的砂体井间展布预测（李海明等，2014）。

通过研究辫状河内河道的几何形态、水流、沉积物搬运和沉积的相互作用，总结得出相关的经验公式（Bridge，1993）。

1. 河道样式的水文控制

流量（discharge，Q）、坡度（slope，S）、河床颗粒粒度（D）和沉积搬运速率：河道未分叉和分叉的区别采用 $S=aQ^{-b}$，经解释可代表河道样式界限的常数。参数 a 为控制水文特征的常数，而水文特征取决于指数值。例如，$b=0.33$ 为河床剪应力；$b=0.5$ 为每单位河床面积的河流功率；$b=1.0$ 为每单位河道长度的河流功率（Bridge，1993）。

表达式 $S=aQ^{-b}D^{c}$ 中 D 是河床沉积物粒度，明确识别出至少一种沉积物源（河床和河岸的可剥蚀程度），但 a 仍不可能为常数。$b=0.33$ 和 $c=1$ 是指辫状河和非辫状河的界限：如果 a 为常数，则河床剪应力为无量纲常数。

每单位河道长度的河流功率（$qgQS$，其中 q 为流体密度，g 为重力加速度）控制着沉积物搬运速率，取决于搬运和床沙牵引的颗粒粒度。因此，QS 在特定沉积物内的增加与沉积物总搬运速率、河道分叉指数增加有关。但是在自然界河流中，常见底砂颗粒粒度随着 QS 增加，因此床沙牵引的变化更难预测。

2. 采用其他参数的经验方法

采用其他参数的经验方法可分为两类：基于不同的无量纲数 u^{*}/u_{c}（流动强度）和 wS/d（河道形状指数）；d/D 和 w/D。其中，u^{*} 为剪切速率；u_{c} 为底砂移动界限的剪切速率；w 为河道宽度；d 为平均流动深度。

河流分叉的主控因素为 w/d（大于 50 发生分叉），而 θ 或（θ/θ_{c}）影响较小，θ 为无量纲的河床剪应力，θ_{c} 为 θ 的底砂移动界限值。Fredsoe 分析得出床沙类型影响较小，而 Fukuoka 分析得出坡度的影响较小（Bridge，1993）。

Chang（1979）研究砂质河得出结论为 S（坡度）与 Q（流量）的散点图可分为四个区域（Bridge，1993）：①顺直河；②顺直和河道分叉；③顺直、河道分叉至曲流河；④曲流至河流大量分叉。Chang（1985）少量修改了散点图中这四个区域的位置和名称：①稳定河道和等宽的点砂坝河道；②顺直和河道分叉；③辫状点砂坝和宽且弯曲的点砂坝河道；④河流大量分叉。

3. 砂坝尺度内的辫状河几何形态

多排交潜砂坝在恒定流量条件下，相关的河道几何形态见相关文献（Bridge，1993）。这个研究成果可作为与从这类交潜砂坝发育的辫状河道几何形态进行比较的参照物。当考虑辫状河道几何形态时，必须记住河道可能发展和拓宽，或者废弃充填。河道几何形态可能也呈周期性变化，对应周期性的流量变化。因此，在任何特定的流动期内，几何形态可能不能与流动和沉积物搬运达到平衡。

4. 砂坝范围的剥蚀和沉积

流量季节性变化导致辫状砂坝和点砂坝的河床地形发生变化（Bridge，1993）。

1.4 沉积体系

1.4.1 沉积作用

辫状河是宽而浅的河流，河道被很多心滩分割，水流成多河道绕着众多心滩不断分叉和重新汇合。心滩和河道都不稳定，河岸极易冲刷。在水流作用下，河道迅速展宽变浅，河道中间出现大量不规则的心滩，使水流分散，河水主流摆动不定，河道迁移变化大。同时，河流流速大，河底输砂强度大，导致心滩移动改造迅速，河床地貌形态变化快（于兴河等，2004）。

辫状河沉积以心滩为主。心滩是在多次洪泛事件不断向下游移动过程中，由垂向加积或顺流加积而成的。心滩形成于洪水期，在此期间形成双向环流，表流从中央向两侧流，底流从两侧向中心汇聚，然后上升。水流的相互抵触和重力作用，使碎屑在河心发生沉积。每一次洪水期，都使心滩扩展、加高，最后露出水面，造成河流分叉。这种分叉过程在河道内反复进行，即形成了心滩密布的、网状的游荡性河流。心滩沉积物成分复杂。粒度变化范围比边滩大得多，也更粗一些，可以有砾石、粗砂，有时还有粉砂和黏土夹层。心滩沉积物中的层理发育，常见大型槽状交错层理，层理的底界面常为明显的冲刷面，并有砾石分布。

影响辫状河沉积的因素很多，以下将以埃塞俄比亚 Blue Nile 盆地内的 DLS 为例，主要叙述不同流态下的辫状河沉积作用，并研究影响辫状河沉积的一些主控因素。

1. 辫状河沉积作用研究方法

这一实例对埃塞俄比亚 Blue Nile 盆地内的 DLS 沉积过程和环境进行研究，DLS 分为 5 种主要的岩相：①砾岩；②砂岩；③粉砂岩；④泥岩；⑤褐黑色页岩和泥岩。讨论高流态和低流态辫状河的沉积作用（Wolela，2009）。

以下叙述辫状河的两种沉积作用。

（1）高流态辫状河沉积作用。河道底部滞留沉积物、平行层理（horizontal beded）和块状砂岩指示高流态沉积作用，而板状交错层理和槽状交错层理砂岩指示低流态沉积作用。

块状至略为层状的碎屑支撑砾石质沉积属于河道滞留的纵向坝沉积物。砾岩与砂岩相互层状产出可能反映河道底部沉积作用具有高流态特征。底部冲刷面表明砾石沉积受控于携沙砾质流动。河流中的水平层状（horizontal stratified）砾石沉积受控于浅水、高速流态下低幅纵向坝的迁移。由交错层理砂岩过渡为砾岩相表明水流速度突然增大。

冲刷面上通常堆积硅质砾石和黏土质内碎屑。黏土质内碎屑来源于水面波动或洪泛事件期间的局部细粒沉积物。关于陆相砂和砂岩的近期研究结果表明，泥粒的原始骨架颗粒（又称为成土泥粒集合体）可作为砂质沉积物的推移质颗粒。

平行层理砂岩指示洪泛期的高流态（上部流态）。由板状交错层理砂岩转变为平行层理砂岩表明由低流态过渡为高流态。活动心滩下部的平行层理粗砂岩指示高流态下的面状砂席；而水平层理细砂岩指示活动河道上部以悬移质为主的洪泛衰退期沉积作用。

块状层理的形成归因于极高流态下的席状沉积物搬运，常见于洪泛衰退期携带大量沉积物的水流条件，或者指示成土扰动。由交错层理砂岩过渡为块状层理砂岩指示流动速度由低流态过渡为高流态；而由平行层理或块状层理砂岩过渡为交错层理砂岩则指示由高流态转变为低流态。

（2）低流态辫状河沉积作用。由平行层理（horizontally beded）或块状层理砂岩过渡为板状交错层理砂岩指示由高流态转变为低流态。板状交错层理和槽状交错层理沉积于洪水退却期的低流态环境。层组内部存在槽状交错层理表明，大多数砂坝被顶部弯曲的砂丘所覆盖。槽状交错层理和板状交错层理说明，沙质沉积物堆积受控于巨型波纹底形的迁移。槽状层组厚0.2～1m，延伸范围可达数十米，可能指示沉积作用平行于古水流方向。

板状和槽状交错层理及单一河道的上凸型下部界面是垂向加积的典型证据。河道砂体内所观察到的大型槽状交错层理归因于河道冲刷及携沙洪水流动性下降期的充填作用；而小型槽状交错层理砂岩的形成受控于圆形或椭圆形冲刷面的充填作用，属于沉积物搬运过横向坝顶部时所形成的坝顶沉积物。大型交错层理反映浅水环境的砂丘、沙波、横向坝和舌形坝沉积。纵向坝和斜向坝下部常见大型交错层理（厚0.5～1m）；而非活动性河道沉积物上部则发育小型交错层理（2～30cm）。

板状交错层理的南东向古水流趋势具有低弯度流动的特征。广泛发育板状交错层理的砂岩解释为直线形或舌形脊线底形的产物。

大型板状交错层理形成于沉积物搬运至小型底形或直线形脊线沙席的陡斜背流面。孤立交错层组表明存在弱分离涡流，形成于河道层不规则冲刷面之上。垂直于主水流方向的大型交错层理可解释为横向坝或舌形坝沉积，而平行于水流方向的大型板状交错层理通常发育于纵向坝下部。

非活动河道内的小型板状交错层理形成于小型直线形脊线波纹。由互层状粗砂岩、细砂岩与粉砂岩组成的前积层，形成于上游背流面坝面小型底形之上的沉积物再搬运。层组底部的侵蚀面指示初始高流态阶段。

另一个研究砂质辫状河沉积作用的实例是印度中东部Korba冈瓦纳盆地的早二叠世Barakar组。Barakar组岩性包括粗至中砂岩、细砂岩、页岩和煤层，具有向上变细的旋回。砂岩在河道沉积，呈席状和多层状，具有交错层理。根据储层特征可以研究砂质辫状河的沉积作用（Tewari et al.，2012）。

按区域和层段求取交错层理厚度的平均值，以估算河流参数，如Barakar组沉积时期的河道曲度、宽度、曲流波长、坡度、平均水深、满岸水深、沉积物负载参数、水流速度和流量。

采用不同的经验公式计算上述古水流和古水动力学参数，具体的经验公式见相关文献（Tewari et al.，2012）。尽管存在一定的限制条件，但是相关经验公式仍有助于推算古河道形态和古河流河道的流动参数，其中包括Gondwana河。根据不同区域的矢量大小和沉积物负载参数所估算的河道曲度平均值介于1.19～1.25，而Barakar组的河道弯度为1.27。低弯度值表明Barakar河流具有辫状河性质或者如Hota等（2003）所述属于曲流样式内部的辫流带。区域Ⅰ~Ⅳ的露头实测交错层理平均厚度分别为43cm、39cm、41cm和37cm，整个Barakar组的交错层理平均厚度为40cm。根据交错层理平均厚度推算不同区域的平均水深介于3.41~3.87m，Barakar组的平均水深为3.64m。计算得到的河道宽度介于164~188m（平均176m）。上述河道宽度估算值对应于单一河道宽度。然而，实际的河道宽度应更大，因为低弯度至中弯度河流具有多期河道叠置特征。Barakar河具有推移质特征，其宽厚比>40，沉积物负载参数介于4.12~4.18。河流河道的平均水深为3.64m，周期性洪泛期上升至4.05m。

受此影响，正常水位期的年平均流量为233m^3/s，周期性洪泛期的流量上升至1266m^3/s。正常水位期的平均水流速度为0.36m/s，洪泛期的平均水流速度上升至1.77m/s。单一河道的曲流波长介于1901~2192m，河流流经沉积界面的坡降率为35~39cm/km（向北）。弗劳德数（Froude number）介于0.060~0.062，表明河流河道处于平稳、低流速条件，进而导致砂岩内部广泛发育交错层单元。

2. 辫状河沉积的主控因素

为了认识分流河道体系的特征、分布和发育的主控因素，共收集整理了包括415个河流体系实例的数据库，其中平面上显示为辐射状分流河道的分布模式，长度超过30km。本次研究共记录了来自五大洲的这些河流体系的梯度、长度、平面形态类型、构造运动、气候和终端类型（termination type）。共识别出六种类型：①单一辫状河道，下游分叉为辫状河或平直河道；②单一辫状河道；③单一辫状河道，下游变弯曲常分叉；④单一曲流河道；⑤单一曲流河，下游分叉成规模更小的曲流河道；⑥多个曲流河道。对这些大型分流河道体系的观察结果总结得出地形梯度、构造背景和气候对平面形态的影响，以及平面形态与终止类型（termination type）的关系（Hartley et al.，2010）。

在Hartley等（2010）的文献中，主要的平面形态类型有辫状河道，占研究的大型分流河道体系的53%，另外有20%是辫状主河道在下游过渡到曲流河体系。在梯度大于0.005（坡度大于0.29°）的情况下，99%的平面形态类型是辫状河道，而在梯度小于0.0004的情况下也有辫状河道类型，在坡降为0.005~0.0001时，辫状河道占大型分流河道体系（distributive fluvial system）的43%（不包括辫状至曲流的类型），当梯度大于0.0084（坡度大于0.5°）时，分叉辫状体系（bifurcating braided system）是唯一发育的平面形态类型，而所有这些实例都是考虑具有冲积扇特点的平面形态特征，如辐射状分流（radial bifurcating）的辫状分流河道体系，在距离超过30km的范围内径向地形起伏大于400m，在山麓环境中发育锥形的沉积体。以曲流为主的大型分流河道体系在坡降达到0.00515的情况下可发育，但是仅在小于0.003（坡度为0.17°）时很发育。

分流河道体系中的所有六种平面形态类型长度为30~340km，其中98个实例的长度超过100km，78%主要是曲流河道（sinuous channel）（包括辫状至曲流类型，原因是在从起点算起的超过100km流域内，曲流河道占主要部分）。在这三种曲流平面形态类型中，每种类型中约有50%的分流河道体系的长度大于100km；而与之相比，辫状分流河道的平面形态（braided bifurcating planform）中仅有5%的长度超过100km，主要是长度小于70km的实例（137个实例中，占总数据库的33%）。

可以总结出如下认识：在坡降大于 0.005 的情况下，辫状分流河道体系的长度主要在 65km 以内，最大坡降（>0.0084）情况下主要的平面形态特征都发育冲积扇。长度超过 100km 的分流河道体系主要是曲流河，且仅发育在梯度小于 0.005 的情况中。在梯度小于 0.005 且从起点到终点的长度小于 100km 的情况下，54% 的分流河道体系中具有所有的平面形态类型。

以下对辫状河沉积的几个主控因素进行具体研究。

（1）构造背景与平面形态。各种构造背景均存在大多数平面形态类型（Hartley et al.，2010）。但是，所有的构造背景均以辫状分流河道体系为主，占已研究分流河道体系总数的 73%（包括辫状-曲流类型）。实际上，在挤压构造背景下，辫状分流河道体系所占的比例高达 80%（包括辫状-曲流类型）。在挤压构造背景下以辫状分支平面形态为主，占大型分流河道体系的 37%；但是辫状-曲流类型同样十分重要。在克拉通和走滑背景，辫状分支体系最为常见，分别占平面形态类型的 30% 和 62%；剩余平面形态类型所占的比例相对均一。在拉张背景，平面形态类型的分布更为均一，未见以哪种特定类型为主。总体而言，在挤压、走滑和克拉通构造背景下，以辫状分支体系为主。所有构造背景均可见其他平面形态类型，且分布相对均一。

（2）气候与平面形态。大多数平面形态类型发育于干旱（占数据集总数的 55%）和热带环境（21%）（Hartley et al.，2010）。所有的气候环境（除热带环境之外）均以辫状平面形态为主，但是不同的气候条件存在不同的辫状平面形态类型（包括辫状-曲流形态）。辫状分支形态是干旱气候条件（占干旱环境分流河道体系的 51%，占数据集总数的 28%）和极地气候条件（占极地分流河道体系的 62%）的主要平面形态类型。在大陆气候条件下，辫状-曲流平面形态尤为重要，占大陆分流河道体系的 47%。曲流河道平面形态是热带气候条件的主要类型，也属于干旱气候条件的重要类型，但是在大陆、亚热带和极地气候条件的发育程度有限。

（3）平面形态与终止类型。所有的主要辫状与曲流平面形态类型均与两种主要外流水系（exorheic drainage system）相关，即轴向和支流外流水系（Hartley et al.，2010）。外流水系以辫状平面形态为主，但是同样存在曲流体系。其他外流水系（分流河道体系终止于海相盆地的地区）主要与辫状平面形态相关。内流水系的终止类型多变。砂丘和干盐湖以辫状河分支平面形态为主，但是也存在其他的主要平面形态类型。与此相反，在湖相环境中，各种终止类型的分布相对均一，而湿地环境则以曲流河道平面形态为主。

除以上综合研究成果之外，Olson（2012）研究了辫状分流河道体系中的坡度与河道分叉的关系，研究重点在于确定大型辫状分流河道体系的河道坡度/泛滥平原坡降比与河道分叉之间是否存在相关关系。

非分流河道区的坡降比分布范围大于分叉河道区。文献（Olson，2012）显示了未分支与分流河道的坡降比叠合直方图。该文献分别显示了分流河道体系内各分析点的非分流河道区和分流河道区坡降比分布情况。

两个区域的纵剖面坡度直方图均呈左偏分布，表明纵坡面的大多数坡度值为负值或向山下方向倾斜。该文献分别显示非分叉河道区和分叉河道区的纵剖面坡度值的分布情况，其中非分叉河道区的纵剖面坡度值（分流河道体系 10 个分析点）介于-0.01～0.004，分叉河道区的纵剖面坡度值（分流河道体系10个分析点）介于-0.035～0.005。两个区域中各分析点的坡度值均以负值为主。

在这个文献中，非分叉河道区的横剖面坡度实测值介于-0.111～0.025，而分叉河道区的横剖面坡度实测值介于-0.009～0.011。两个区域的横剖面坡度值均以0值为中心呈正态分布。该研究中，分别显示了非分叉河道区和分叉河道区各分析点（10个）的横剖面坡度变化。

这里的研究共实测与分析1112组非分叉河道和分叉河道的坡降比（共涉及98个辫状分流河道体系），其中非分叉河道区共测得822组坡降比数据，平均值为-3.36；分叉河道区共测得290组坡降比数据，平均值为0.07。

然而，将16个异常数据点剔除之后，统计分析结果具有统计显著性。辫状分流河道体系（180m分辨率）坡降比与河道分叉之间的相关关系，确定非分叉区与分叉区之间的坡降比统计显著性差异。非分叉河道区具有更大的坡降比（偏离0值），而分叉河道区具有相对小的坡降比（接近0）。此外，非分叉区的坡降梯度小于分叉区。在分流河道体系近源区，非分叉区域的横剖面坡度更大；但是在分流河道体系中部区域，分叉区的坡度更大，由此说明上述区域由以决口为主的河道迁移过渡为以分叉为主的河道迁移。坡降比、流量、沉积物负载和沉积物粒度是控制河流体系内河道演化的主要因素。分叉与决口是上述因素的物理表现，其结果在于达到能量守恒。充分认识上述因素之间的相互作用不仅有助于理解世界范围内现今沉积盆地的河流样式与泛滥平原沉积，而且有助于研究者建立上述相互作用与地质历史时期沉积记录之间的关系。然而，上述因素之间的相关关系极为复杂。随着科学界不断深入认识上述因素之间的相互作用及其对分流河道体系河流沉积物的影响，将有助于科学家更好地对岩石记录中的沉积物进行预测，尤其是大型冲积构型。

3. 辫状河冲积扇的沉积作用

研究实例为辫状河为主的Koigab扇的形态和河流相-风成相相互作用（Krapf and Ian，2005）。通过收集河道几何形态信息、坝体与河道内沉积样式、碎屑结构数据和确定洪水退却期的砂质沉积物样品，开展调查研究。在该文献中，说明了由河口至扇端横剖面上的河道形态与样式变化。

由于物源区相对局限，将有助于评估Koigab河洪水携带碎屑物向河道下游方向的变化情况。研究区仅存在两种类型的碎屑，一种由块状-多孔状、强烈风化的玄武岩组成，另一种由多种石英粗安岩组成。研究中分别采集来源于不同碎屑类型/岩性的数据，因此可对不同横剖面之间的碎屑特征进行对比评价。

文献的成果显示了穿过典型的上凸状扇体表面和下至Koigab河道的特定剖面中测量的不同砂砾样品参数图。碎屑最大粒度分析显示碎屑粒度向下游方向没有显著降低。如果比较河道样品的粒度参数，分选和中值都没有显著变化。这反映了活动河流的暂时山洪暴发样式。

由于扇体表面的风蚀特征，很难保留废弃河道体系的沉积样式。扇体沉积地层只在主要活动河道的切割面上（Carmen et al.，2005）和扇中的阶地内出现，但大部分被砂岩

(从扇体表面的滩上由风搬运而来）覆盖。

从辫状河冲积扇的大小来看，Koigab 扇介于小型辫状河与辫状河为主的中等扇体（如喜马拉雅山南部发育的 Kosi 扇体）之间。

从坡度来看，Koigab 扇体（0.011）与其他辫状河为主的扇体（如 Kosi 扇体(0.0002)、阿拉斯加州扇体系统（近端 0.0066，远端-0.0033））相比更陡（Carmen et al., 2005)，显示剖面更接近碎屑流为主的扇体。

在寻找以辫状河为主的现代扇体（作为古代冲积扇层序的类比实例）时遇到了困难。在处理志留纪/泥盆纪之前的河流层序和扇体系时，上述问题尤为严重，因为自志留纪/泥盆纪开始，陆地地表才开始发育植物。一方面来说，冰川外缘冲积扇可能代表一种特殊的沉积环境，尽管这种环境提供了一种常年性河流在扇体表面的发育样式，但是其在地质历史时期的分布十分有限，仅常见于石炭纪–二叠纪、晚白垩世、新元古代和古元古代冰期。另一方面，以非冰川辫状河为主的现代扇体通常覆盖大量植被（如 Yallahs 扇三角洲的地表部分）(Wescott and Ethridge, 1980)，受到人类活动（如 Kosi 扇）和农业活动（如得克萨斯州 Colorado 扇）的严重影响。

1.4.2　沉积模式

1. 发展历程

国内外关于辫状河沉积模式的研究成果很多。最早是 1976 年，Cant 和 Walker（1976）发表了加拿大魁北克省泥盆系辫状河沉积模式，曾一度广泛当作所有辫状河的标准沉积模式。但与曲流河相比，辫状河的变化十分复杂。1985 年，Miall 利用岩相、岩相组合以及构型单元的概念，并考虑了辫状河发育的地质地理背景和气候特征，在之前的研究基础上，总结出 7 种辫状河沉积模式。

辫状河定义为宽而浅、相对笔直、以推移质为主的河道。这类河道由一系列纵横交错或辫状小型河道组成，砂坝和沙岛向河流下游迁移。Miall（1996）总结了辫状河沉积模式所用的大多数现代河流是沉积盆地外的局限剥蚀体系，保存概率极低。在三个辫状河体系中，其中两个为以碎屑流和席状流为主的体系（Best et al., 2003)。目前，所有相模式均以河道的内部特征为主，如河道砂坝，但是极少涉及泛滥平原沉积物（Miall, 1996; Bridge and Mackey, 1993b)。

在过去的十年间，对辫状河有了进一步的认识，使得建立新的改进的沉积模式成为可能。综合沉积模式必须能准确详细且定量表示河床几何形态、流动和沉积过程。现有的辫状河沉积模式不能满足这些要求，对辫状河及其沉积地层仍有很多误区需要消除。新的研究方法包括：①采用探地雷达，结合岩心和探槽，可详细描述不同尺度的辫状河沉积地层（河道尺度和沉积物粒度变化很大）。②可结合快速航空摄影来研究辫状河河道几何形态和运动学。在一些实例中，这些照片可采用数字摄影测量技术来分析得出数字高程模型。③采用新的设备和方法（如声波多普勒流动剖面仪，定位采用不同的全球导航卫星系统）研究洪水位的水流和沉积物搬运。但是这类的高流速研究很少见，这也是地形、水流、沉积物搬运、剥蚀和沉积之间相互作用的理论和现实模式没有取得很大进展的一个原因。继续进行实验室实验研究，有助于检查河道几何形态和动力学的控制因素，但不能得到自然界中所有不同的辫状河沉积模式、地层类型和尺度（Bridge and Rubin，2006）。

Bridge（1993）在研究辫状河内河道的几何形态、水流、沉积物搬运和沉积相互作用的过程中确定定性和定量的沉积模式，目前常用的是定性模式，定量模式只能建立最简单的河道几何形态和河道迁移模式。

以下分别叙述定量和定性两方面的内容。

1）*定量沉积模式*

辫状河内沉积单元的尺度取决于相关的地形特征和沉积时间（Bridge，1993）。可以识别出四种沉积尺度：①完整河道带；②河道砂坝以及邻近主次河道的充填沉积；③河道砂坝和充填地层上季节控制的沉积增加量；④沉积增加量，与分散的河床沙波有关，如砂丘、波浪和底砂席。

目前，定量模式只能建立最简单的河道几何形态和河道迁移模式。在Bridge（1993）的研究中，单一辫状砂坝被两个相同的弯曲河道从两边包围。在假定满岸流动条件下，采用稳态平衡的单一弯曲河道模式描述河床地形、流动和沉积物搬运。

定量模式的原始条件与河流的实例相同，但是河道曲流带下移了，分两期下移了1/4个波场。一条河道的弯曲度和宽度增加，另一条宽度减小。

2）*定性沉积模式*

目前更通用的是定性模式。Bridge（1993）所提出的模式强调砂坝上和河道充填内的幕式季节性加积有关的大型层理几何形态。为简化，不包括交错河道，垂向上没有净加积，也不包括后期的垂向加积和河道充填（与河道带废弃有关）。该文献显示下游砂坝变化导致砂坝尾部沉积物更好地保存和砂坝头部沉积的剥蚀削截。显示随着砂坝扩大和有限的下游转换，砂坝头部的沉积地层得以保存。图1-1显示河道扩大和充填如何导致小型剥蚀削截以及河道的视几何形态变化。在本例中，充填河道包括小型砂坝，被砂坝沉积两端堵塞。

2. 砂质辫状河沉积模式研究

1）*Smith等（2005）提出的砂质辫状河沉积模式*

针对加拿大南萨斯喀彻温河的单一辫状砂坝和复合辫状砂坝开展了探地雷达勘查，以便于验证Cant和Walker（1976）提出的具有影响力的砂质辫状河相模式（Smith et al.，2005）。研究中总共识别出四种主要探地雷达相：①高角度（高休止角）倾斜反射层，解释为迁移坝体边缘的反射特征；②不连续波状和/或槽状反射，解释为与曲脊砂丘迁移相关的交错层；③低角度（<6°）反射层，解释为迁移至坝表面的低幅砂丘或单砂坝；④倾角多变、具有凹形反射边界的反射层，解释为河道冲刷充填、横向坝和坝表面的凹陷。探地雷达相的典型垂向叠加序列（由下至上）为：河道底部不连续槽状反射层、不连续波状反射层、低角度反射层（主要为坝表面附近的沉积物响应特征）。高角度倾斜反射层仅分

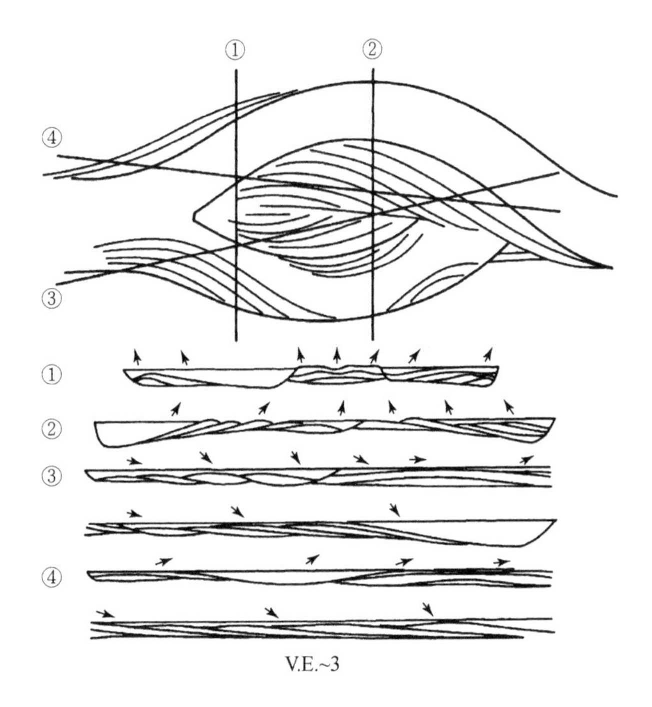

图 1-1　简化的辫状河道样式、下游迁移、弯曲扩大和河道转换有关的定性沉积模式（Bridge，1993）
下部河道开始充填，上部河道扩大

布于单砂坝表面附近，并且规模相对较小（<0.5m），但是其在复合砂坝内部的分布深度却更为广泛。

探地雷达数据表明，不同复合砂坝之间的相分布存在巨大的空间差异；单砂坝内部的相分布也存在显著差异。复合砂坝的垂向演化表现为单砂坝及其他复合砂坝的叠加，其相分布属于南萨斯喀彻温河主要坝类型的典型代表（Smith et al.，2006a）。探地雷达数据与 Cant 和 Walker（1976）提出的原始模式的对比结果表明，探地雷达数据所揭示的相尺寸、比例和分布变化明显大于 Cant 和 Walker（1976）的研究结果。最值得注意的是，Cant 和 Walker 的模式过分夸大高角度倾斜地层，实际上大多数坝主要由低幅和高幅砂丘沉积物组成。目前仍需针对更多的辫状河类型开展进一步的探地雷达研究，以便于合理地定量表征整个辫状河沉积物。只有摒弃传统的通用相模式，才可能更为深入地认识辫状河沉积物并厘清其控制因素（Smith et al.，2006a）。

2）Bristow 的砂质辫状河沉积模式

Bristow 和 Best（1993a）研究了孟加拉国的 Brahmaputra 河砂坝顶部出露的沉积构造。Brahmaputra 河是世界上最大的砂质辫状河之一，河道带宽度可达 15km，河道平均深度为 5m，最大冲刷深度可达 40m。

在研究区内按 10m 间隔清理了天然露头，并对这些层段进行记录，之后与集成照片联系起来，制作沉积构造的沉积相二维示意图，在四个砂坝顶部层段（Sirajganj 附近）描述沉积构造。这些代表了 Brahmaputra 河中典型的沉积相垂向和侧向变化。

在更大范围内，可观察到上游倾斜、沿着流动方向向下倾斜、侧向上倾斜的层理分别与上游、下游和侧向加积有关。

3）Brahmaputra 河砂坝顶部沉积模式

Bristow 和 Best（1993）描述了 Brahmaputra 河的沉积特征，根据低流速期出露的砂坝顶部层段的观察结果，建立了辫状河砂坝的综合沉积相模式。

4）Best 的砂质辫状河砂坝沉积模式

Best 等（2003）研究了孟加拉国 Jamuna 河道中的辫状砂坝的三维沉积格架。从复合辫状砂坝的探地雷达剖面、探槽和岩心内识别出交错（倾斜）地层的以下类型：

（1）大型地层组（厚度可达 8m，交错地层，倾角可达安息角或更低），与砂坝边缘沉积有关。

（2）中型地层组（厚度 1 ~4m，交错地层，倾角可达安息角或更低），与大型砂丘迁移有关。

（3）小型地层组（厚度 0.5 ~2m），由砂丘向砂坝翼部迁移形成。

5）沉积样式及辫状砂坝沉积模式

综合应用砂坝地貌内的沉积构造、界面几何形态和关键沉积单元位置，即可构建大型砂质辫状砂坝沉积的三维样式（图 1-2）。研究中可识别出七种沉积样式。

（1）砂坝边缘滑脱面：坝内部的主要沉积样式为向下游方向的斜向增生和横向坝坝缘加积，表现为砂丘尺度交错地层复合层组的叠加和坝缘背流面加积（大型低角度前积层和休止角前积层）。大型坝缘背流面的倾角将逐步增大，直至达到休止角。

（2）河道垂向加积：分布于坝体所有区域的槽状交错地层组，构成主体沉积相类型（图 1-2）。这类交错地层的形成受控于河道内部的砂丘，交错地层尺度向坝顶减小，其原因在于砂丘高度与水流深度相关。

（3）砂坝顶部垂向加积：分布于坝头、坝尾、东部坝缘的槽状交错地层组，形成于小型（高 1.5m）三维砂丘沉积（图 1-2）。坝内部因砂丘而形成的交错地层的尺度向上减小，反映坝迎水面和坝顶的水深变浅，进而导致砂丘尺度减小。

（4）上游的加积：局限分布于中坝区域上部 2 ~3m 的沉积物，其形成可能响应于坝顶浅水区的砂丘叠加。向上游方向的加积面被小型槽状交错地层组所分隔。

（5）侧向加积：分布于坝上游末端的西侧，形成于 1994 年水位下降期的早期（坝头周围的水流转向）。此外，侧向加积还形成于 1995 年坝体的西缘。侧向加积面被槽状交错地层（其形成受控于小型三维砂丘）所分隔（图 1-2）。

（6）顺流/斜向加积：分布于坝体中部和下游区域，代表过坝体的砂丘向下游方向斜向加积，形成复杂的向下游方向倾斜的界面。

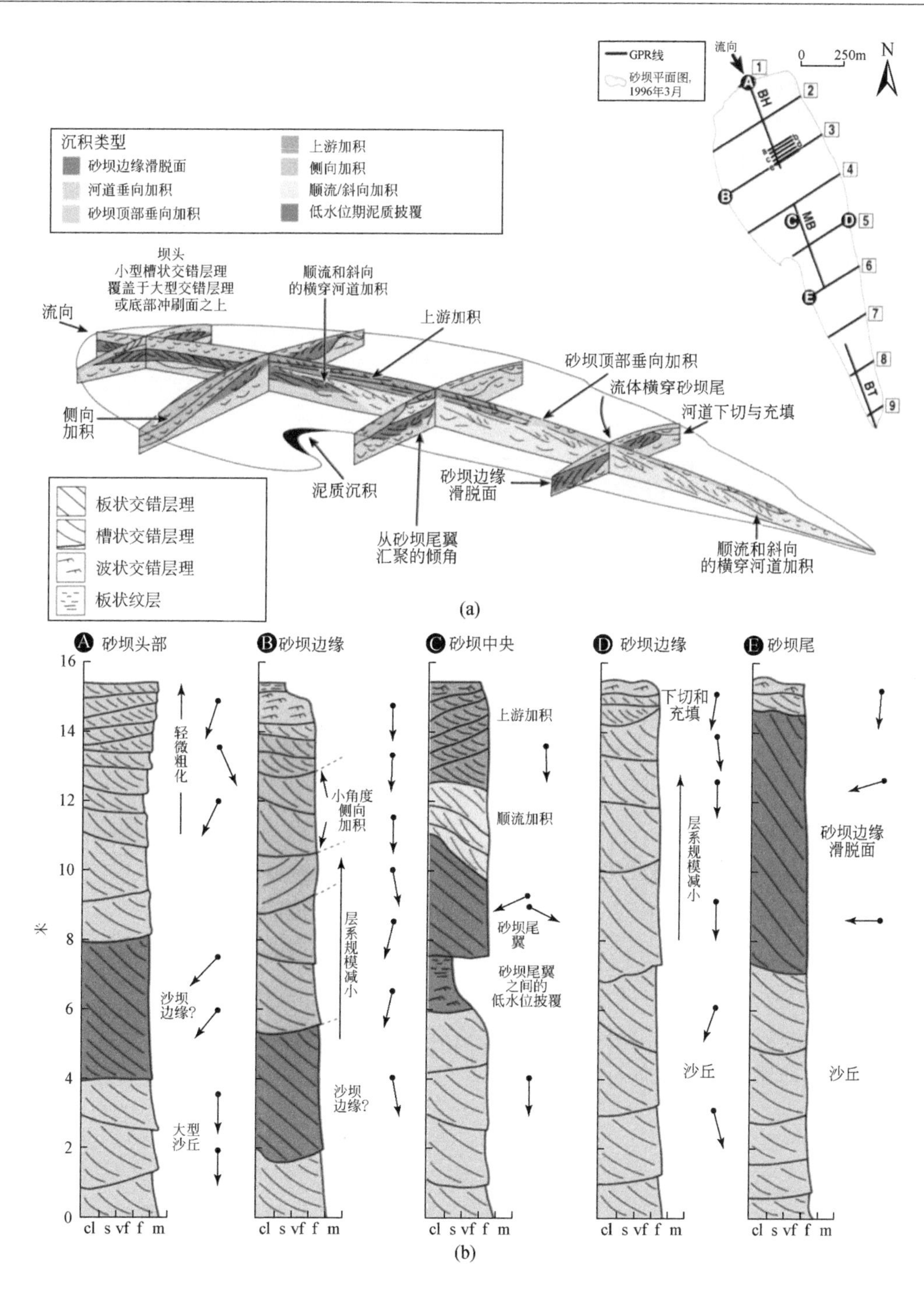

图1-2 Jamuna辫状砂坝的沉积样式和垂向相剖面（Best et al., 2003）

(a) Jamuna辫状砂坝内部的主要沉积样式三维模式，坝体长3km，宽1km，高12～15m。图中以不同颜色表示不同沉积样式，并标注主要沉积构造；(b) 大型辫状砂坝内部5个位置的示意性沉积柱状图（位置见图中插图），说明典型的沉积构造、大型层理面和沉积样式，各沉积柱状图中不同高度的箭头近似指示沉积构造的流向，向页面下方的箭头（如柱状图A坝头2m处的箭头）指示流动方向平行于平均流向（见内部位置插图的箭头），局部区域存在流向偏离平均流向的现象，如坝缘背流面的斜向、横向河道运动（如柱状图E，坝尾8.5m处）。图中cl表示泥，s表示粉砂，vf表示极细砂，f表示细砂，m表示中砂

（7）泥质披覆层：测线3的波状强反射层（探地雷达相4，图1-3），解释为低水位期坝体背流面的细粒披覆层，即细粒粉砂质和黏土质悬浮沉积。坝体西缘也可见低水位期披覆层。

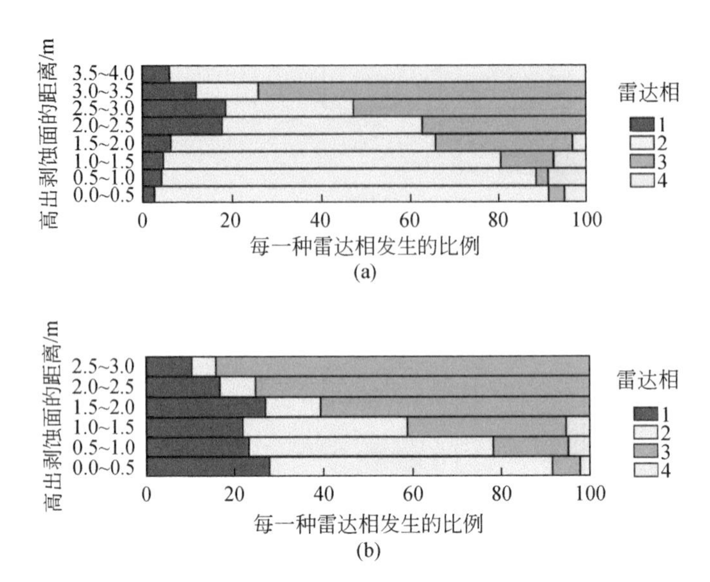

图1-3　基于所有探地雷达剖面的垂向相比例（Smith et al.，2006a）

（a）单砂坝Ea的数据；（b）复合砂坝A的数据。两种分布的主要差异在于单砂坝以因砂丘迁移而形成的交错层（相2）为主，高角度倾斜地层（相1）仅分布于剖面上部；而复合砂坝的整个剖面均发育相1

坝体内部的粒度变化很小，但是向坝体下游方向存在微弱变化，D_{50}从坝头的0.33mm减小为坝尾的0.23mm。随着坝体的迁移和垂向加积，这种粒度变化可能造成沉积物内部呈现向上变粗的趋势。在低速区，沉积物可能变细，如坝背流面（此区域沉积黏土）和坝缘西侧的遮蔽区（1996年3月采取样品的中值粒度为0.016mm）。

6）辫状河沉积物研究的新进展

砾质和砂质河流的不同之处在于：砾质河床的河流内有更多的底砂席和相关平面层理，平均粒径增加；而在砂质河床的河流内有更多的波痕（小型交错层理）和上部的平坦床沙（平面层理），平均粒径下降。文献（Best et al.，2003）显示了新的定性沉积模式，包括以下内容。

（1）地图显示理想化的活动和废弃的河道、复合砂坝和舌形单元砂坝。

（2）剖面显示大型倾斜地层及其内部结构，与复合砂坝、单元砂坝和叠置的床沙迁移有关。

（3）复合砂坝沉积地层和河道充填地层不同部分的典型沉积地层层序的垂向录井。

砾质河一般含有大量砂，而大部分砂质河中也含有部分砾。新的沉积模式可以显示以下内容。

（1）不同尺度的床沙和河道，与对应尺度的地层组的关系。

（2）不同尺度地层组之间的空间关系。

（3）地层组内沉积结构的分布。

（4）所有尺度的地层组长厚比。

3. 砾质辫状河沉积模式研究

1）Lunt等（2004）的砾质辫状河三维定量沉积模式研究

Lunt等（2004）研究砾质辫状河的三维定量沉积模式，主要研究实例是阿拉斯加北部Sagavanirktok河沉积。其研究手段包括岩心、电测井、探槽和探地雷达剖面。建立的沉积模式定量地代表了不同地层组的几何形态、空间关系和沉积结构分布。特定地层组类型和尺度的几何形态与床形类型的几何形态和迁移有关（如砂丘、席状砂、砂坝等）。

2）Koykka的中元古代砾质辫状河沉积模式

Koykka（2011）在研究挪威南部泰勒马克（Telemark）地区的走滑盆地Svinsaga组的中元古代河流沉积作用和古水文特征时，得出以下结论：Svinsaga组记录了走滑盆地相对高能的辫状河沉积特征；地层以洪水期沉积为主，包括高浓度的碎屑流、浅水辫状河及闭塞湖沉积物；根据Svinsaga组的侧向加积模式与岩相组合，计算了古水流信息；沉积岩相分析与古水力特征研究，为更好地理解古代河流沉积体系与沉积模式提供了条件。因此，古水力特征分析在不同河流体系的对比中有重要作用，也对前寒武纪独特的河流沉积旋回识别有帮助。

1.4.3　沉积构型

沉积构型是广泛应用于地层序列中各类地层或岩石单位的区域性时空有序排列型式。学者Miall（1985）根据多年的研究结果，提出了一种新的研究方法——沉积构型分析，并指出无论现代还是古代，每一条河流都具有其特殊的一面，传统的河流分类和沉积相模式都存在很多局限性。模式化仅仅是构成要素的简化，而能够反映河流本质特征的是沉积构型。他提出了如下八种河流的基本构型（Miall，1996）。这种分析方法目前已广泛应用于各种沉积环境的储层描述中。Miall的这篇文献总结了多种辫状河类型的构型模式（于兴河等，2004）。

（1）河道（channels，CH）。被扁平状或上凸的侵蚀面分隔，河流体系中存在多个这样的河道。较大的河道通常含有复杂的充填物，这些充填物由一个或多个其他构型单元类型组成。

（2）砾石坝和砾石质底形（gravel bars and bed forms，GB）。平板状或交错层理砾石组成简单的纵向砂坝或横向砂坝。

（3）砂质底形（sandy bed forms，SB）。低流态的底形产生的岩相有St、Sp、Sh、Si、Sr、Se和Ss。它们相互组合形成一系列不同几何形态的构型单元。最能体现床沙底形的构型单元为板状或席状砂体，它们常位于河道的底部、砂坝顶部或决口扇处。

（4）顺流加积底形（downstream accreting macroforms或foreset macroforms，DA）。具有内部和顶部分界面向上凸的特征。大型底形的各个组分在水动力条件下是相互联系的，表明分界面的倾斜方向平行或近平行于古水流方向。由此可知，这种构型单元类型代表着顺流加积发育成的复杂砂坝沉积。

（5）侧向加积沉积物（lateral accretion deposits，LA）。底形指示出的古水流方向与内部加积面的倾向之间的夹角较大，表明该构型单元通过侧向加积而发育。

（6）沉积物重力流（sediment gravity flow，SG）。主要通过泥石流而形成砾石沉积，主要岩相类型是Gms。

（7）纹层砂席（laminated sand sheets，LS）。表明为高流态平坦床沙的产物，主要由岩相Sh和Sl组成。

（8）越岸细粒沉积（overbank fines，OF）。由泥岩、粉砂岩和少量形成于洪水平原和废弃河道环境中的细砂岩组成，通常发育在决口扇、天然堤及泛滥平原中。

该模式特征是远端辫状平原，特别是在干旱地区，河流形成浅的交织河道，构型模式见文献（Miall，1996）。

1. 奥地利邦的St. Marein-Freischling组辫状河沉积相组合及沉积构型

Nehyba和Roetzel（2010）在研究奥地利邦Alpine-Carpathian前渊的远端外边缘上原始沉积过程中的St. Marein-Freischling组河流相沉积时，得出了有关相组合与构型单元的成果如下。

露头区的构型单元通常具有特定的相组合、界面特征（沉积构型）、外部几何形态和内部构造特征（Nehyba and Roetzel，2010；Kostic and Aigner，2007）。SMF组的研究层段可识别出4种构型单元，分别为砾石质河道砂丘和砂坝（GDB）、河道（CH）、砂质河道砂丘（SD）和废弃河道（ACH）。大多数研究露头的延伸范围相对有限（仅数米），仅能根据一个露头壁绘制沉积柱状图。出露条件限制了界面级次及典型构型单元大小与几何形态的精确识别。典型的构型单元通常与多层叠置的河道带充填物相关（Holbrook，2001；Miall，1996）。

1）*砾石质河道砂丘与砂坝*

砾石质河道砂丘与砂坝是SMF组最为重要的构型单元，主要由相Gcs和Gm组成。砾石质河道砂丘与砂坝构型单元内部可见不连续分布的砂质岩相（Sh、Sp和Sm）薄层、细粒岩相（Fm和Fh）透镜体和界面，反映相互叠加的不同尺度层组。

砾石质河道砂丘与砂坝构型单元的厚度介于0.4～3.5m。厚度超过0.6m的砾石质河道砂丘与砂坝构型单元通常属于垂向叠置的层组。砾石质河道砂丘与砂坝构型单元的外形呈透镜状、板状或微弱波状起伏，通常表现为受河道几何形态影响的席状体。砾石质河道砂丘与砂坝构型单元的横向可追踪距离可达20m，但是其延伸范围一般不足20m。

砾石质河道砂丘与砂坝构型单元通常具有冲刷侵蚀底面和上凸型顶面，少见平坦水平状下部边界。其他典型构型单元在局部地区与砾石质河道砂丘和砂坝（GDB）构型单元指状交互，通常位于砾石质河道砂丘与砂坝（GDB）构型单元顶部，两者之间呈突变接触关系（Nehyba and Roetzel，2010）。

具有冲刷底界的向上变细复合单元可解释为推移质辫状河的砂坝（McLaurin and Steel，2007；Ilgar and Nemec，2005；Miall，1996）。多级内部界面的产状和邻近层组之间的结构与构造差异和发育砂质夹层或泥质透镜体等特征均反映坝面之上存在砂丘；此外，还说明砂坝形成于多次沉积事件期间，并且可能存在砂坝朵体（Lunt and Bridge，2004）。

以岩相Gcs为主的单一层组被解释为砂丘，单一砂丘被界面所分隔，并叠加成复层组（复合砂丘）。砂丘垂向与侧向叠置形成砂坝。岩相Gm构成砂坝的核部，Gm岩相通常沉积于满岸河道条件下的大量沉积物搬运时期。在随后的流动条件下，砂坝将开始垂向加积和进积，当砂丘迁移至砂坝面时，将形成由Gcs岩相层组与复层组组成的交错层理砾岩。高流速期的大多数砂坝表面和河道内均发育砂丘（Lunt and Bridge，2004a）。砂坝通过向其上游方向、侧向和下游边缘加积或凹地充填而生长（纵向坝、横向坝和斜向坝加积）。侧向加积对应于坝发育的晚期阶段，此时垂向生长已达到极限，水流开始向坝缘周围分散。砂坝通过坝头侵蚀和坝尾沉积而向下游方向迁移。

薄层砂质和细粒岩相夹层沉积于水动力减弱的时期。砂质和泥质夹层随机分布于整个坝体沉积内部，但是通常发育于坝顶部和下游端。坝中、坝尾和汇流冲刷处可识别出向上变细的旋回（Bridge，1993）。薄层泥岩夹层也可能指示溢岸区的近端，但是目前尚缺乏证明研究层段内部保存有溢岸沉积物（天然堤、决口扇）的其他证据。此外，泥岩还可能属于废弃河道的侵蚀残余物（见ACH构型单元）。

坝体的不同部位、坝演化的不同阶段和不同位置均可见辫流坝的古水流方向存在巨大差异（Miall，1996；Bridge，1993）。砾石质河道砂丘与砂坝的不同形态可归因于不同类型的砂丘和砂坝（纵向、横向、斜向、舌形等）、侵蚀过程或实际剖面相对于古水流方向的方位变化。

2）河道

河道构型单元通常呈不对称河道形态，具有明显的侵蚀型上凸底界面和突变型平坦顶界面。在横切河流的剖面上，河道构型单元内部通常具有上凸层理。河道构型单元的内部构造通常由以Gcs岩相为主（少见St和Sp岩相）的槽状交错层组组成（Nehyba and Roetzel，2010）。在河道构型单元的底部，有时可识别出Gm岩相；河道构型单元顶部偶见Sh和Sr岩相。这类构型单元的横向延伸距离可能为数米。

这类槽状交错层理构型单元可解释为河道充填沉积物。部分情况下可将砾石质河道砂丘与砂坝沉积顶面附近的小型河道充填物（厚度可达1m）与大型河道充填物（厚度超过1m）区分开，大型河道充填物的厚度与邻近的坝体类似。小型河道可解释为冲沟或过坝体的河道，通常形成于洪泛期（Lunt et al.，2004）。单一的楔形层组（交错层具有休止角）代表小型河道末端的砾石质似三角洲朵体沉积。

大型河道充填过程并不简单（Kostic and Aigner，2007），其内部可识别出多个界面，大多数为Miall（1996）所述的三级和四级界面。河道构型单元的外形和横向延伸距离取决于古水流方向与露头方位之间的相对关系。

河道深部搬运-沉积粗粒物质，进而形成块状充填物-河道滞留物。河道深部还可搬运大型树干，并导致部分大型树干埋藏于河道滞留物内部。坝体沉积的倾斜层组横向延伸至河道充填物或者被河道充填物削截。砂质含量向河道下游方向和河道充填物顶部增加（Lunt and Bridge，2004）。河道冲刷及砂丘与砂坝加积可能导致河道方位变化，进而形成复杂的加积型几何形态。

辫流型河道样式（河道侧向迁移）很难指示河道带边缘，因为在露头区仅能观察到临时河道边缘切割至先存河道充填物。河道迁移与堤岸沉积物的侧向侵蚀有关，因此，河道堤岸物质的类型（尤其是黏性物质）也将影响河道充填物的性质。露头区已识别的沉积物表明研究层段的堤岸以非黏性砂质与砾石质物质为主。这类易于侵蚀的堤岸有助于形成宽而浅的河道。冲刷特征通常发育于河道汇流处，其形态取决于河道几何形态、汇流角度、流量、沉积物负载和冲刷作用的横向或纵向迁移。冲刷面充填伴随着以下过程：①上游端前积层沉积；②侧翼的侧向加积。大型河道属于河道带的一部分（Kostic and Aigner, 2007）。

3）*砂质河道砂丘*

砂质河道砂丘构型单元通常由岩相 Sp 和 St 组成，少见岩相 Gsc、Sr 和 Sh。这类构型单元的上部可见岩相 Sr。砂质河道砂丘构型单元的厚度变化大，通常介于 0.4～1.6m。厚度超过 0.5m 的砂质河道砂丘构型单元通常属于具有多个再活动面的垂向叠置型砂丘。砂质河道砂丘构型单元的横向延伸距离可达数米，其形态和厚度受控于邻近的 GDB 构型单元（Nehyba and Roetzel, 2010）。

砂质河道砂丘构型单元的底部和顶部界面形态多变，可能为冲刷面、平坦面、上凸面、侵蚀面或渐变面。这类构型单元通常形成于邻近的砾石质河道砂丘与砂坝构型单元之上或侧翼。砂质河道砂丘构型单元通常遭受砾石质河道砂丘与砂坝构型单元的侵蚀，其上部极少覆盖废弃河道沉积物。砂质河道砂丘构型单元的分布频率和规模均小于砾石质河道砂丘与砂坝构型单元和河道构型单元。

在流速下降期或稳定流动期，砾石质砂坝的形成和运动停止。砾石和砂质被搬运过砂坝，转而形成以岩相 Gcs、Sp 和 St 为主的砂丘。随着河流流量降低，砂坝顶部被砂席（岩相 Sh 或 Sr）覆盖或被众多短暂/交叉的河道所切割，河道内部充填与砂质砂丘迁移相关的岩相 Gcs、St、Sh、Sm 和 Sr。上述过程可改变砾石质河道砂丘与砂坝构型单元的形态。砂质层组内部的局部砾石层可能属于推移质砂席的边缘部位沉积。砂质河道砂丘构型单元通常反映低级次河道内部的沉积，其河道流量低于砾石质河道砂丘与砂坝构型单元。砂质河道砂丘构型单元具有复合加积特征（即同时发生向下游方加积和侧向加积），可能形成于水深浅的活动河道内部。在活动面反映流态波动，可能归因于季节性变化。

4）*废弃河道*

废弃河道构型单元主要由岩相 Fm 和 Fh 组成，少见岩相 Fr，部分情况下可识别出岩相 Gm、Sp、Sr 和 Sh 夹层（Nehyba and Roetzel, 2010）。岩相 Gm 的夹层极薄（可达数厘米），但是岩相 Sp 的夹层厚度可达 0.2m。废弃河道沉积物通常呈不对称河道形态，具有上凸型下部界面和突变型侵蚀顶界面。废弃河道构型单元的厚度多变，介于 0.4～1.6m，最大横向延伸距离可达 6m。废弃河道构型单元通常发育于多层叠加的砾石质河道砂丘与砂坝构型单元内部。废弃河道构型单元是分布频率最低的构型单元类型。

废弃河道构型单元可解释为废弃河道充填。此外，废弃河道构型单元还可反映河流流量显著变化时形成的典型坝体与河道样式及高程与凹陷/洼陷地貌特征。与此同时，废弃河道构型单元还可指示周期性流动特征。河道化作用对于可容纳空间形成与泥岩沉积物保存而言均至关重要。随后的流量增加导致废弃河道侵蚀，进而形成冲刷侵蚀型顶界面。静水期和黏性沉积物的仅有证据即废弃河道沉积及砾石质河道砂丘与砂坝构型单元内部的泥质内碎屑和夹层。

河道决口的频率可能与特定的气候条件（大型洪泛事件）或者构造事件相关。具有河道形态的泥岩层反映河道“快速”废弃（决口），尤其是当泥岩直接位于砾岩上时。部分河道被主水流所切断，静水条件有助于悬浮或弱水流搬运的细粒沉积物发生沉积（岩相Fh和Sh）。当废弃作用的持续时间较长时，将导致植被覆盖并形成土壤。砾石质和砂质夹层表明存在显著的流量差异，可能为洪泛期的决口河道沉积，指示河流的古河道边缘位置。

2. Pilsen盆地Nyrany段及Tynec组辫状河相组合与构型

Oplustil等（2005）研究了Pilsen盆地内Nyrany段和Tynec组河流相沉积地层的沉积相和构型分析，得出以下结论。

在Nyrany段（Kralupy和Vltavou附近的Hostibejk与Lobeč悬崖和Nové Strašecí附近的Pecínov采石场）和Tynec组（Radčice悬崖东部）的露头剖面共识别出如下3种岩相。

以泥岩为主的岩相：Fsm——纹层状砂岩和泥岩。以砂岩为主的岩相：Sh——水平层理细粒砂岩、Sc——交错层理砂岩。以砾岩为主的岩相：Gm——块状砾岩交错层理基质支撑砾岩，Gcc——交错层理碎屑支撑砾岩。

在沉积构型单元分析方面，该项研究共识别出5种构型单元：河道、砂质底形、砾石坝及底形、沉积物重力流沉积、向下游方向加积的大型层组。

在河道、废弃河道充填方面，该项研究有如下的认识。

河道沉积物由岩相Sc、Gcm和Gcc组成，其几何形态为上凸型河道形态，偶见多层叠置的河道几何形态。通常情况下，河道厚度可达2m，极少达到3.5m。河道宽度介于5～25m。整个研究区内的平均宽厚比为14.6，其中Hostibejk I悬崖为17.3，Hostibejk II悬崖为13.3，Lobeč悬崖为12.6。

对于砂坝及底形，以及砾石坝和底形，该项研究分别得出如下认识。

席状砂体由岩相Sh和Sc组成，其底部界面突变，上部通常被河道侵蚀。砂质底形的侵蚀地形可达2m，但是在Radčice悬崖仅0.1～0.6m。砂层底形通常厚约1.5m，偶尔可达3m（Hostibejk和Lobeč悬崖）。在Kralupy悬崖和Vltavou悬崖及Pecínov采石场，砂层底形的宽度通常介于20～40m；但是在Radčice地区，通常介于10～15m。研究区的平均宽厚比为19.3，其中Hostibejk I悬崖为21.8，Hostibejk II悬崖为21.2，Lobeč悬崖为20。

砾石坝及底形沉积由岩相Gcc和Gcm组成，其底部界面突变，通常侵蚀砂质底形和河道。几何形态呈舌状或席状。研究区内砾石坝及底形的平均宽厚比为30.6，其中Hostibejk I悬崖为24.6，Hostibejk II悬崖为15，Lobeč悬崖为47.7（Oplustil et al.，2005）。大多数情况下，砾石坝及底形的厚度可达2m，极少情况下可达4m。在Hostibejk悬崖，砾石坝及底形的宽度可达40m，但是在Lobeč悬崖可达135m。砾石坝及底形的侵蚀地形介于0.5～4m。仅Radčice悬崖可见底部平坦的砾石坝。这类具有突变平坦底界的席状砂体之上叠加砂质底形和河道。砾石坝的厚度介于0.3～1.5m，宽度约为15m，侵蚀地形仅 0.2m。

对于沉积物重力流沉积和向下游方向加积的大型层组，该研究分别获得如下认识。

沉积物重力流沉积由基质支撑块状砾岩组成，通常具有突变侵蚀型底面和伸长舌状几何形态，其上覆盖砾石或砂质底形，此外，还可能分布于河道沉积物内部。Lobeč悬崖和Pecínov采石场露头剖面极少发育这类沉积物。大多数情况下，沉积物重力流沉积的厚度可达 1m，宽度介于 5 ~ 7m，研究区内沉积物重力流沉积的平均宽厚比可达 10，但是其侵蚀地形仅 0.3m。

向下游方向加积的大型层组由岩相 Sc、Gcc 和 Gcm（砂质和砾石质底形沉积物）组成，具有席状几何形态，研究区内的平均宽厚比为 13.8，其中 Hostibejk I 悬崖为 16.3，HostibejkII 悬崖为 8.6（Oplustil et al.，2005）。在 Lobeč悬崖未能识别出向下游方向加积的大型层组。向下游方向加积的大型层组的厚度可达 4.5m，宽度介于 20 ~ 40m。

3. 蒙古国东南部三级辫状河体系的相组合和构型

Johnson 和 Graham（2004）研究了蒙古国东南部同裂谷期湖相三角洲的辫状河道沉积特征和储层构型，获得的研究成果如下。

按照构型要素可分为一级沉积结构（微观尺度，0.1m）、二级底形（中等尺度，0.1 ~ 1m）、三级沉积组合（宏观尺度，1m 至数十米）。

1）三级要素

宏观形态是特有的岩相和几何形态组合，代表沉积样式和地层组合的变化。在本次研究中，三级组合解释反映沉积环境的总体变化。在露头上连续的不同界面（S1/S2/S3）（Johnson and Graham，2004）为三级要素，很可能代表湖相边缘环境内的突变，没有保留过渡相。宏观尺度的岩相组合的垂向厚度为 7 ~ 10m，能追溯到东部悬崖面和西部悬崖面。

2）三级河流-三角洲体系

辫状河体系为最主要的三级要素，组成主要为板状、火山碎屑质砂岩和粉砂岩（岩相 SVb），被标志性的橘色凝灰质砂岩所覆盖。更粗的颗粒在槽状交错层理中可见，而爬升波痕中则罕见，这可用来区分此类沉积体系与同样以板状连续层理为特征的三角洲水下沉积-边缘湖泊体系。河流-三角洲中，典型的河道边缘通常是观测不到的，主冲刷面不常见，仅可见相对较小规模的冲刷面（1cm ~ 1dm 地形起伏）。分流河道间沉积的保存也相对较差，虽然泥夹砂单元可能代表广泛分布的废弃洪泛平原。因此，这里把这些地层解释为浅水辫状河沉积（Miall，1996）。露头区附近多个位置的砂岩脉（2SD，中等尺度的构型要素）也是本沉积体系的特征单元。它们是同一地层级别，根部在河流-三角洲体系的上部砂岩层中，顶部切入上覆的粉砂岩和砂岩中。但是，并未切入形成露头上部边缘的灰层中。相对于推断的湖岸线，砂坝方向是随机出现的。显然，它们是在单一的同沉积液化事件中形成的，可能与伴随火山活动期的一次地震事件有关，浸水饱和沉积物快速就位于火山灰下方，或许与一次未知的构造事件有关（Jolly and Lonergan，2002）。

4. 其他沉积构型

Skelly 等（2003）对美国内布拉斯加（Nebraska）州东北部下奈厄布拉勒（Niobrara）

河（浅水加积砂质辫状河内的河道带）沉积构型进行了研究。

尽管前人对于其他浅水砂质辫状河（如普拉特（Platte）河）的研究中，未曾出现过大规模层理的记载，但 Niobrara 河的相构型揭示了这类层理（如交叉河道和明显的上游加积单元）是河道带沉积的重要组成单元（Skelly et al.，2003）。Platte 河和 Niobrara 河在相构型上一个重要的不同点是，Niobrara 河下游河段明显存在数量有限的向下游加积的板状砂体。在 Niobrara 河中所识别的交叉河道单元和向上游方向的加积，实际上更类似于南萨斯喀彻温河和贾穆纳（Jamuna）河（雅鲁藏布江）等大型辫状河，以及 Calamus 河这种单河道、低弯度的河流中那些推测的和（或）已证实的砂坝沉积。

这些不同规模的河流沉积的相似性说明，基于 Niobrara 河下游河段近期沉积所定义的相构型，或许能作为其他现代及古代砂质辫状河沉积的概念模式，因而具有更广的适用性。Niobrara 河的加积性质也提高了其作为解释古代河流相砂岩模式的价值。

Best 等（2006）在研究砂质辫状河格架中的新组分–砂坝顶部的侵蚀坑时，得出以下结论。

通过对南萨斯喀彻温河现代砂质河流进行研究，识别出了一种新的辫状河沉积构型单元，这种构型单元形成于辫流坝顶部，具有凹状形态。这类凹状构型单元可能具有侵蚀型或沉积型下部边界，通常充填具有自然堆积角的层组（呈放射状充填凹形构型单元）。坝顶凹状构型单元的形成机理为以下三种之一：①滞留于向下游方向加积的翼部之间的坝尾沉积；②坝顶冲沟内的充填物；③侧向加积至坝头，导致先存侧向加积沉积物与新形成的侧向加积沉积物之间形成地形低洼（Best et al.，2006）。

这里所述的观察结果表明，识别古沉积记录中坝顶凹状构型单元的地貌和成因十分重要，有助于避免河道尺寸重建时的混乱，因为这种构型单元并不指示古河道尺寸，但是指示一种仅发生于坝顶的沉积过程。

Nardin 等（2010）在研究 McMurray 组的辫状河和改道河流体系时，采用加拿大 Syncrude 公司的北 Aurora 矿区激光雷达图像和地下数据综合应用，得出以下结论。

对 Aurora 北部地区的研究是根据平均井距 100m 的 380 口井的岩心、伽马射线和地层倾角仪所测数据以及 Syncrude 地区的岩相描述等资料来开展的。利用图片定位和 GPS 刻度的激光雷达图像（激光扫描）捕获矿面，这些方法增强了三维可视化并加强了对露头地层的分析。将测井曲线与三维地震数据标定，便可简化地层解释。这些数据资料基于 Athabasca 北部构建的区域层序地层框架，为低弯度河或辫状河和河道决口沉积建立预测模式提供了条件。

利用露头的密集取心，研究已为 McMurray 地层中两种不同的沉积体系建立了概念模式：低弯度河至辫状河沉积复合体和河口决口沉积复合体模式。连同 Syncrude 公司的米尔德里德湖（Mildred-Lake）矿中描述的大型点坝复合体，这些同型沉积复合体可用来指导沉积于相似沉积环境的地层解释工作，使得在此进行油田开发的油藏描述、评价以及储层建模更加容易。据此，该项研究的重要结果可归纳如下五点。

（1）地层总体向上变薄或变细，其中也含有向上变粗的单元。

（2）河道充填复杂，但一般底部为偏砂质的砂坝和下倾的偏泥质的砂泥斜互层（IHS）。

（3）砂泥斜互层的倾角为2°到向北向东超过20°。

（4）河道边界和底部不整合为河床的陡倾和/或方位角突变。

（5）100m的取心间距不能完全刻画横向地层变化。

此外，还获得如下重要观察结果：深的、窄的河道具有切割和充填构型、高空间频率；受潮汐影响的沉积，具有底部砂坝形式和向上变平的下超的砂泥斜互层；河道侧向叠加形成复合体，上覆废弃河道沉积；砂泥斜互层的倾斜方位角从中心砂体向外延伸。获得的其他沉积构型包括以下模式：重复和系统化的点坝切割中的点坝。以下三个因素的共同作用可能导致重新切割的产生：局部河道充填；河流改道；白垩系之下不整合面的同沉积运动。

1.4.4　沉积体系演化

1. 砂质辫状砂坝的形态演化

Ashworth等（2000）在研究Bangladesh的Jamuna河大型砂质辫状砂坝的形态演化和动力学时，基于坝体与河道变化的详细观察结果，可将大型砂质辫状河的心滩坝生长模式划分为6个阶段。心滩坝生长的最佳位置为水流主要汇流点的下游。

2. 辫状河席状砂的沉积演化

Bristow和Best（1993）在研究英格兰北部石炭系辫状河席状砂岩的沉积学特征时，得出以下结论。

Rough河含有河流相粗粒席状砂，露头分布在英格兰北部和中部。根据沉积构造、内部剥蚀和生长面解释为辫状河砂岩。

同时，在该项研究中，在150个不同的检测站完成总计约2000次测量。每个站的测量次数为6～600次，并提供了每个露头经过计算得出的矢量平均值的散点图。

Rough岩层中的主要沉积构造为槽状交错层理，尺度范围从小型到大型。

在其他露头内，槽状交错层理位于层段底部或中部。

在该研究中，以Shipley Glen命名的一个地层的露头解释为相对浅水的辫状河沉积，深度很可能在3～4m，含有小型砂坝，叠加三维砂丘和砂坝顶部上的平顶砂丘，而以Baildon Bank命名的另外一个地层的露头是在更大的河流中（深8～10m）沉积，厚度为8m。两个露头为两套近乎平行的河流体系。另外一种可能性是两个露头在不同时期沉积。在这个实例中，沉积相变化解释为河流样式随着时间演化，目前不能确定先后顺序。还有一种模式，可以认为两套不同的地层是在单一的大型辫状河（如Brahmaputra河）中同时沉积的，在河中任一特定时间可观察到一系列沉积样式。

在该项研究中，部分相对较薄的辫状河砂体（如英国的Rough Rock地层）优先采用三角洲顶部的辫状河沉积模式。古地理重建时结合了露头观察到的局部沉积相变、区域相变以及废弃沉积相的产状。该研究认为，任何时间内，任一主要分流体系都在活动状态，而穿过三角洲顶部的河流决口在Rough Rock地层发育成席状砂中起到重要作用。

3. 其他辫状河的沉积演化

Deviese（2010）对辫状河储层构型进行了建模。在该研究中，河流相的 Barren 红层（Barren red measures，BRM）形成了北海地区南部的 Sliverpit 盆地中多个气田主要储气层段。储层特征为低至中净毛砂比，其内部在横向和垂向上的强非均质性。辫状河平原沉积的砂体是 BRM 中主要的沉积相。

1.5　隔　夹　层

陆相储层隔夹层是影响储层流体流动非均质性的主要因素之一。全面认识隔夹层的成因、几何形态、特征、分布规律和识别方法等对精细表征油藏地质特征，研究剩余油的分布具有重要意义。

隔层也称为遮挡层或阻渗层，即储层中能阻止或控制流体运动的非渗透层，其面积一般大于流动单元面积的 1/2，厚度变化较大，一般为几十厘米至几米，最厚可达几十米。流动单元间的隔层分布较稳定，其物性边界可根据具体区域实际情况确定。

夹层是指在砂岩层内不稳定分布的相对非渗透层，不能有效阻止或控制流体的运动。实际上，在渗流特征一致的连通砂体中，一个流动单元的夹层也就是流动单元内部的夹层，面积常小于流动单元面积的 1/2，一般厚度只有几厘米至几十厘米，延伸范围较小，稳定性差。由于隔层和夹层的规模不同而表现出对油水运动规律的控制不同，但是两者的成因和特征有很大的相似性，常常统称为隔夹层。

由于沉积、成岩等地质作用不同，也相应地形成不同的隔夹层。概括起来，它们可分为泥质隔夹层、钙质隔夹层和物性隔夹层（张吉等，2003）。

隔夹层识别最直接的方法是岩心观察，间接方法包括测井结合岩心标定法或灰色系统多参数综合评判法。隔夹层的识别与划分在单井上的研究已很成熟。但是对于隔夹层的井间分布预测却是个难题。

常见的隔夹层井间预测方法包括厚油层细分对比、井间地震及随机建模等方法。其中，以地质统计学为基础的随机建模已成为国内外隔夹层表征的重要发展趋势（王健，2010）。

辫状河储层常具有多段、多韵律且广泛连通的砂体非均质性特征。在横向上砂体表现为分布面积广、连通性好且渗透率高，而在垂向上砂体为多段多韵律。隔夹层分布不稳定，导致非均质性严重。在油气田开发的各种作业中，强非均质性导致剩余油较多，采收率低。为了提高采收率，需要充分认识辫状河储层中的隔夹层成因、几何形态、分布规律及其对储层渗透率的影响。

1.5.1　几何形态

辫状河储层内隔夹层的分布评价工作很重要。因为隔夹层数量越多、分布越广泛，对开发的影响就越大。多年来，对辫状河储层内的隔夹层几何形态进行定性和定量预测的研究成果很多，其中也不乏对隔夹层类型影响因素的评述。

基于对现代和古代砂质辫状河沉积的研究（Niobrara 河、北卢普（North Loup）河以及 Kayenta 组），可建立砂质辫状河储层内泥岩尺度的概念预测模型来确定细粒岩相的几何形态，从而根据河道主流线规模归一化得出细粒岩相的分布规律（长、宽、厚）（Lynds and Hajek，2006）。

在不同的辫状河储层油田研究实践中，王改云等（2009）通过胜利油田东三段辫状河储层研究，分析了隔夹层的层次结构；孙天建等（2014）根据文献（Kelly，2009）的经验公式，基于15 个现代辫状河的实测值以及井间对比等技术手段，研究了苏丹 HE 油田内的中至粗砂质辫状河砂岩储层内的隔夹层（赵伦等，2014）；印森林等（2014）基于露头研究了砂砾质辫状河中隔夹层的成因、级次、形态及规模；等等。

研究区辫状河砂岩储层的隔夹层可划分为 3 个层次，即单层间隔层、单砂体间夹层和心滩内夹层，主要由洪泛泥岩、废弃河道泥岩和加积体之间的披覆泥岩组成。隔夹层类型有洪泛泥岩夹层、（残留）废弃河道夹层、心滩坝内淤积夹层和冲沟夹层。Li 和 Gao（2019）总结了河道构型间的四种主要隔夹层类型，指出隔层与夹层在规模与成因上存在的差异性。

隔夹层的几何形态在平面上呈条带状或局部连续状，剖面上呈层状或透镜状，主要受控于河道、心滩和冲沟。根据各种隔夹层类型，可以在测井曲线上分别对其进行如下 6 种表征。

（1）冲沟泥岩：灰色粉砂质泥岩或泥岩，洪泛期沉积于心滩顶部的冲沟内。

（2）淤积泥岩：灰色粉砂质泥岩，心滩内部加积体之间的夹层。

（3）泥砾：灰色泥砾，直径 1 ~ 2cm，厚度 5 ~ 10cm，源于砂质河道沉积物，并经历一定距离的搬运作用。

（4）钙质夹层：灰白色钙质粉砂岩或粉砂质泥岩。

（5）洪泛泥岩：灰色粉砂质泥岩或泥岩，沉积于泛滥平原及河道、废弃河道和心滩坝顶部。

（6）废弃河道：灰色粉砂质泥岩或泥岩。

隔夹层（基于废弃河道位置）宽度为 700 ~ 1500m，长度为 1000 ~ 2000m；估算得到废弃河道泥岩的宽度为 170 ~ 350m；确定心滩内夹层的宽度范围为 100 ~ 400m，长度范围为 300 ~ 800m。最终建立河道宽度与心滩坝宽度、心滩坝长度与宽度之间的相关关系。以隔夹层定量规模为约束条件，采用沉积相控制与随机建模相结合的方法，可建立能够反映不同类型隔夹层空间分布特征的三维地质模型（赵伦等，2014）。

各种隔夹层岩相类型的几何形态（泥塞、河道底部滞留泥、坝间泥、倾斜异粒岩层以及泛滥平原-漫滩沉积）都与不同的粒径有关（Lynds and Hajek，2006）。

1.5.2 沉积成因

河流相储层隔夹层的成因包括：洪水落洪期泥质沉积、洪水期水动力局部减弱形成的泥粉质沉积、每期洪水中能量波动形成的夹层以及不同时期河道沉积之间的细粒微相等。

其中，心滩坝中的泥质落淤层是辫状河中最为典型且分布最广的泥质夹层（王健，2010）。

在对科罗拉多州和犹他州侏罗系 Kayenta 组和白垩系下 Castlegate 砂岩建立砂质辫状河储层内的泥岩概念预测模型过程中，将泥岩根据岩相分为以下两种岩相（废弃河道相和滞流沉积相），并分为五种类型（泥塞和河道底部滞留泥属于废弃河道相，坝间泥、倾斜异粒岩（inclined heterolithic strata）、泛滥平原以及漫滩沉积属于滞流沉积相）（Lynds and Hajek，2006）。

1. 废弃河道相

这类细粒沉积物形成于主河道废弃或决口。河道废弃期间，河道的携水量减少，导致局部剪应力下降，继而造成细粒悬移质沉积。这类沉积物充填废弃河道，所形成的泥质沉积物的几何形态类似于原始河道的形态。

1）泥塞

由黏土组成时，泥塞通常不发育沉积构造；由粉砂和/或细砂组成时，泥塞中发育爬升波纹。此外，还常见植物碎屑（搬运有机质）。

2）河道底部滞留泥

河道底部滞留泥类似于泥塞，其成因是河道废弃期的悬移质沉淀。河道底部滞留泥与泥塞的不同之处仅在于其并不代表河道完全废弃（完全废弃的标志在于具有保存完整的河道形态泥塞），而是暂时废弃沉积泥质物，后期活动河道再次迁移至前期的废弃河道位置，部分冲刷细粒沉积物，最终在活动的砂质河道充填物之下形成厚度相对较薄的泥岩。

2. 滞流沉积相

在水流受限区或滞流区，悬移质常常沉积形成坝间泥和倾斜异粒岩层。

1）坝间泥

这类沉积物内极少发育沉积构造，其原因在于滞流区的水流速度几乎为零。然而，河床附近的低速水流通常搬运细粒坝间沉积物导致其再沉积形成一系列爬升波纹。坝间泥通常在砂坝下游趾端（downstream toes of bars）与推移质底砂呈指状交互关系，其原因在于砂坝下游出现汇流导致水流速度增加。坝间泥通常沉积于活动性迁移沙脊的下游方向（<1m（3.3ft①）），造成沉积物粒径向下游方向突然减小。

2）倾斜异粒岩层

这类沉积物指示短暂水流条件波动，通常出现于低弯度、多河道的河流环境。倾斜岩层可形成于侧向加积型砂坝，也可分布于主河道砂坝的背流面（归因于间歇性推移质沉积）。此外，倾斜岩层也可视为河流环境的潮汐作用标志。倾斜异粒岩层层组的厚度通常介于5～20cm（2.0～8.9in②），粗粒地层向下倾方向（向河道中心线沉积物）增厚。

① 1ft=0.3048m。

② 1in=2.54cm。

3）泛滥平原和漫滩沉积

漫滩沉积代表邻近活动河道带的泛滥平原（Lynds and Hajek，2006）。漫滩沉积单元可能发育波纹层理或呈块状，通常可见泥裂和根结核构造，偶见古土壤。不同于其他细粒岩相，漫滩沉积物的厚度与河道的平均水深无关。漫滩泥岩的厚度主要与邻近的活动河道带相关（活动河道带的粒径越粗，漫滩泥岩厚度越大）。Kayenta 组和下 Castlegate 砂岩研究结果表明，漫滩沉积物的厚度不超过 3 倍水深。横向厚度变化大，但是延伸宽度通常不超过数十个河道宽度。

1.5.3　隔夹层分布规律研究方法

隔夹层的分布规律直接影响油气开采和剩余油分布情况，为了完成精细油藏描述、合理的布井开发和剩余油挖潜工作，隔夹层分布规律的研究是必不可少的基础性研究工作。

研究辫状河隔夹层的一种方法是建立辫状河地质模型来预测隔夹层的分布规律，根据不同的加积速率和可容纳空间条件等因素，来分别预测沉积单元内部所保存的细粒岩相的类型与分布。还有一种研究方法是先确定隔夹层的层次，然后根据现代辫状河的研究统计结果，来确定各层次隔夹层的分布范围（长度和宽度等）。

1. 建立概念模型确定分布规律

Lynds 和 Hajek（2006）在研究科罗拉多州和犹他州侏罗系 Kayenta 组和白垩系下 Castlegate 砂岩时，建立了砂质辫状河储层内的泥岩概念预测模型过程，并研究了泥岩隔夹层的分布规律。他发现细粒岩相和河流体系内流动深度之间存在一致的关系。通过建立概念模型来认识和预测砂质辫状河储层内细粒沉积的几何形态和分布情况。河道充填成因单元包括次级的单一储层（individual reservoir），纳入五种细粒岩相。模型为认识低渗透率地层单元，以及在没有大量露头数据的情况下确定地震分辨率尺度之下的储层模型提供了系统基础。

在具有高加积速率和相对低可容纳空间的环境（如 Niobrara 河）下（Skelly et al., 2003），受高沉积速率的影响，沉积物将完全充填可用的可容纳空间，导致坝体顶部遭受多次侵蚀，优先保存河道充填单元的下部。与此相反，具有低加积速率的河流，如果冲蚀恢复时间长（avulsion-return time）或可容纳空间高，则可能保存整个河道充填单元。Kayenta 组和下 Castlegate 砂岩内部通常保存了泥塞和溢岸沉积物，由此说明其在沉积时期具有高加积速率、高可容纳空间和/或长冲蚀恢复时间。但是仍需开展进一步研究以确定上述因素之间的相互作用（即导致河道充填单元完全保存的原因）。

对辫状河体系而言，区域历史（与加积速率、可容纳空间和决口回返时间相关）直接影响沉积单元内部所保存的细粒岩相的类型与分布，因此属于储层模拟的重要因素。例如，溢岸沉积物可作为横向连续的非渗透单元，严重影响储层内部的垂向流动。然而，溢岸沉积物通常沉积于单一河道充填单元的顶部，在低加积速率、低可容纳空间或快速决口的河流体系中，这类沉积物极易遭受侵蚀而难以保存。

文献（Lynds and Hajek，2006）说明了高加积速率与低加积速率（假设其他所有条件均相同）对假定储层沉积物的影响。在此假定实例中，低加积速率条件下，很少保存泛滥平原沉积物（仅占细粒沉积物总量的 3%）；但是在高加积速率条件下，泛滥平原沉积物的发育频率相对更高（占泥岩总体含量的 20%）。与此相反，在低加积速率条件下，坝间泥岩占细粒岩相的 35%；然而，在高加积速率条件下，坝间泥岩仅占 17%。在这个假定实例中，特定细粒岩相的相对含量是保存潜力（因垂向叠加所致）的直接结果。保存的细粒沉积物总量与河道（含细粒沉积物）的叠加和数量有关。上述概念模型可应用于实际储层。厘清特定储集层段的加积速率、可容纳空间和决口回返时间对河道充填单元保存程度的影响将有助于调整相应层段（具有特定类型的岩相特征）的生产策略。

2. 根据不同隔夹层层次来确定其分布规律

在研究苏丹 HE 油田内的中至粗砂质辫状河砂岩储层内的隔夹层时，根据岩心、测井和露头综合分析，通过将辫状河砂岩储层的隔夹层划分为 3 个层次，即单层间隔层、单砂体间夹层和心滩内夹层，最终确定了不同层次隔夹层的分布范围和规律（赵伦等，2014）。

以下，对隔夹层划分的 3 个层次做进一步的研究。

第 1 个层次为单层间隔层：主要为洪泛泥岩。

这些单层间隔层呈现连续、稳定、分布范围大的特征。通过井间对比（赵伦等，2014）和标志层拉平方式，确定这类隔层的延伸范围。B1A、B1B 和 B1D 隔层呈局部连片分布，其分布面积大于其他隔层，宽度介于 500 ~ 2000m，长度介于 1000 ~ 4000m。

第 2 个层次为单砂体间夹层，主要为废弃河道。

以超过 15 条现代辫状河的统计数据为基础，构建了河道长度与宽度、心滩坝和冲沟（chute）之间的相关关系（赵伦等，2014）。根据上述相关关系与井间对比结果，估算废弃河道和冲沟泥岩的延伸范围。废弃河道和冲沟泥岩通常呈条带状或局部连片产出，主要受控于河道和冲沟。废弃河道宽 50 ~ 300m，长 800 ~ 3000m；冲沟泥岩宽 30 ~ 100m，长 300 ~ 2500m。

第 3 个层次为心滩内夹层：主要为加积体之间的泥岩。

通过底部标志层拉平和井间对比方法，计算加积体之间泥岩的倾角。计算结果表明，长轴方向的倾角约为 1.1°，短轴方向的倾角介于 2° ~ 4°（赵伦等，2014）。通过加积体宽度与厚度的相关关系及井间对比结果，即可估算加积体之间泥岩的延伸范围。估算结果表明，加积体之间泥岩的宽度介于 100 ~ 400m，长度介于 300 ~ 800m。

3. 对流体渗透率的影响规律

砂体内部高低渗透层在垂向上的分布变化构成渗透率的韵律性，正韵律油层由于中上部低渗且隔夹层的存在，注水被阻挡，因此上部成为剩余油富集区。同理，反韵律下部也可能成为剩余油富集区。砂体沉积过程中形成的各种层理构造也会对渗透率产生影响，其中的低渗夹层的水驱效果差（王健，2010）。

在计算机的帮助下，目前可以相当详细地模拟各种储层非均质性对流体流动的影响。然而，这种模拟目前因缺少与地质特征相关的定量渗透率资料而受到阻碍（于兴河等，2004）。

下面将首先叙述澳大利亚悉尼盆地内的三叠系 Hawkesbury 砂岩露头的渗透率研究成果，再叙述苏丹 HE 油田内的辫状河砂岩储层内基于隔夹层分布特征的地质模型，进而建立孔隙度和渗透率模型的流程及研究成果。

采用砂质辫状河储层的露头进行类比的方法，对澳大利亚悉尼盆地内的三叠系 Hawkesbury 砂岩中的渗透率模式进行研究。该项研究采用沉积学和地质统计学方法对澳大利亚悉尼盆地三叠系 Hawkesbury 砂岩的 1228 块岩心样品的渗透率和孔隙度实测值进行了分析，以确定辫状河沉积的水平与垂向渗透率和孔隙度变化。样品的胶结程度变化大，孔隙度介于5% ~20%，渗透率介于0. 1 ~1200mD（Liu et al., 1996）。

Hawkesbury 砂岩的渗透率与孔隙度之间未见明显相关关系。渗透率变化与沉积相类型密切相关，而孔隙度分布主要反映砂岩的成岩作用。

1）沉积相描述

众多研究结果均表明沉积相显著地控制碎屑岩的渗透率分布，因为沉积相的定义中本身即包含了影响渗透率的内容，各种相类型代表着特定的岩石物理和成岩作用信息（petrophysical and diagenetic values），而特定的岩石物理和成岩作用又控制着渗透率。沉积相中对渗透率影响最大的因素包括粒度、分选、矿物学特征、构造和胶结作用。本次露头研究的 Hawkesbury 砂岩由相对均一的岩性组成，其中主要为石英砂屑岩。根据沉积构造、粒度和分选性定义沉积相类型，研究露头区共识别出 6 种沉积相（Liu et al., 1996）。

2）渗透率非均质性的沉积解释

相 LXS、CSS 和 LPXS（Liu et al., 1996）具有高渗透率的直接原因在于其粒度相对粗、分选好、交错层组规模大。相 SPXS 和 STXS 具有低渗透率主要归因于其粒度细、粉砂质细砂含量增高。岩心分析结果表明，相 CSS 和 MS 的渗透率值域范围变化大（相 LPXS 的前积层趾端也偶见这种现象），造成这种现象的主要原因在于发育非渗透性颗粒，如泥质碎屑、碳质碎屑和石英颗粒。

本项研究的结果表明，辫状河砂岩（如澳大利亚悉尼盆地三叠系 Hawkesbury 砂岩）的渗透率分布变化极大，可能并不具有简单的对数正态分布特征。因此，不应将这类渗透率分布直接应用于储层表征和模拟（采用基于高斯正态概率分布的常规模拟技术）。以粒径、分选和沉积构造为基础，将辫状河砂岩划分为成因相关的沉积相或相组合将显著提高渗透率空间分布的预测精度。此外，相对于基于高斯正态概率分布的常规技术，基于莱维-稳定（Levy-stable）概率分布的新型随机模拟方法可以更好地处理渗透率值的大幅空间变化。

3）渗透率和孔隙度模式

（1）渗透率分布。

通常而言，高渗透带（大多数区域的渗透率大于 100mD①）主要分布于露头南墙的下部和左上 1/4 区域及西墙的下部 1/3 区域（Liu et al., 1996）。南墙和西墙剩余区域的渗透

① $1mD=10^{-3}D=0.986923\times10^{-15}m^2$。

率介于0.1～100mD。实测的最高渗透率为1233mD，最低值为0.1mD。南墙和西墙的渗透率实测值均呈非对数正态分布，而孔隙度呈双峰对数正态分布。南墙和西墙所有样品的实测渗透率平均值分别为100.7mD和76.3mD。

分析结果表明，渗透率变化与沉积相类型密切相关（Liu et al., 1996）。沉积相与渗透率之间的相关关系可总结如下。

I 相 CSS 和 LXS 具有最高的实测渗透率，个别样品的渗透率超过1000mD。总体而言，上述两种相的对数渗透率介于2.5～2.9（316～794mD）。

II 相 LPXS 和 MS 具有中等偏高的对数渗透率，值域范围介于2.0～2.8（100～630mD）。这项研究显示了 LPXS 相充填单一河道的对数渗透率直方图和平面图。渗透率直方图呈左偏对数正态分布，低值一侧的尾值代表河道侧翼的数值。

III 相 SPXS 和 STXS 通常对应于渗透率小于100mD 的区域，其平均渗透率为17.6mD，中值为7.1mD。上述两种相的实测最低渗透率为0.1mD。

IV 主要相边界区的砂岩通常含大量黏砂或粉砂，因此其渗透率极低。与全体样品的渗透率直方图相比，单一相或相组合的渗透率直方图更接近对数正态分布。根据空间组合和渗透率值，可将研究露头区的沉积相划分为两种主要相组合：a. 高渗透组，包括相 LXS、CSS、LPXS 和 MS（可能），其平均渗透率超过100mD；b. 低渗透组，包括相 SPXS 和 STXS，其平均渗透率不足18mD。Hawkesbury 砂岩内部两个相组的全体样品渗透率呈近双峰对数正态分布。两个相组之间的转换面为突变侵蚀界面，继而导致渗透率突变。

各种相内部的渗透率非均质性，主要受控于沉积构造、粒度分布和分选性的细微变化。例如，以相 LPXS 为主的单一河道砂体（Liu et al., 1996），渗透率的细微变化可能部分反映了石英质砂层/纹层与薄层粉砂质云母夹层的互层关系，也可能反映了前积层内部的相对位置。纯净粗粒石英质砂层所钻取的岩心具有相对高的渗透率。如果岩心部分钻遇石英质纹层并钻至粉砂质云母夹层，其实测渗透率相对较低。此外，前积层的趾部（the toes of the foresets）通常分选较差，因此其渗透率相对较低。

（2）孔隙度分布。

本次露头研究的孔隙度实测值主要介于5%～20%，空间上具有随机分布特征，未见明显趋势（Liu et al., 1996）。两个露头墙的孔隙度呈近正态分布。所有样品的平均孔隙度和中值孔隙度分别为14.8%和15.0%。两个露头壁的孔隙度统计参数极为相似，表明了定向独立性。与渗透率数据不同，孔隙度变化与沉积相类型无直接关系。全体样品与单一相组之间的孔隙度统计值差异远小于各相组内部的标准偏差。岩相学分析结果表明，孔隙度主要受控于砂岩内部广泛发育的后沉积成岩作用，后沉积成岩作用可能影响孔喉。Hawkesbury 砂岩内部的长石成岩蚀变导致总体孔隙度偏低。

（3）渗透率与孔隙度之间的关系。

对数渗透率与孔隙度之间未见任何线性关系，但是当孔隙度介于5%～15%时，孔隙度与渗透率之间呈非常弱的线性关系（Liu et al., 1996）。

4. 地质模型研究

针对苏丹 HE 油田内的辫状河砂岩储层，建立了基于隔夹层分布特征的地质模型（赵伦等，2014）。以隔夹层分布特征为约束条件，采用相控与随机建模相结合的方法，建立了能够准确反映不同类型隔夹层空间分布特征的三维地质模型；并且根据沉积相分析结果建立河道和心滩模型。以仅包含河道和心滩的模型为背景，采用基于目标的方法对洪泛泥岩、废弃河道、冲沟和加积体间泥岩进行模拟。以相模型为约束条件，采用序贯高斯模拟方法建立孔隙度和渗透率模型。从文献（Guin et al.，2010）中可观察到微相模型及其剖面与孔隙度和渗透率模型之间的相关性，以及隔夹层对孔隙度和渗透率的影响。

关于模拟辫状河道带内的非均质性的研究结果表明，河道带模型的众多重要属性受地层构型层级内部多级单元的影响。首先，高渗透性开放骨架砾石分布于所有层级，构成优势流动通道。在天然河道带沉积地层内部，开放骨架砾石的确构成优势流动通道（Lunt et al.，2004）。在地层构型层级的不同级别之间，渗透层的发育不尽相同。

当采用渗透率分布（仅为 I 级单元类型定义，无渗透率相关模型）填充河道带模型时，综合渗透率的半方差图具有清晰、多尺度、指数式相关结构，主要受控于地层分类层级内的多级（尺度）单元。就研究目标而言，上述综合结果令人鼓舞，表明这一模型可作为下一步研究的基础模型，以便于解决粗化问题。

数字模型与天然沉积物的定性和定量对比研究结果表明，基于几何形态的模拟方法适用于生成多尺度模型，以代表河道带沉积的多层级地层构型。采用一种自然对数渗透率分布（为各个 I 级单元类型）填充数字模型（Guin et al.，2010），旨在研究分类层级内各级单元对模型中渗透率整体空间相关结构的影响。上述方案旨在说明 I 级单元类型之间具有相对较高的渗透率差异，但是其内部渗透率差异较低，以便于突出不同尺度地质构造对渗透率空间相关结构的影响。

5. 非均质性

辫状河储层非均质性常具有以下五个特点（于兴河等，2004）。

砂体几何形态和连续性：辫状河以河道宽而浅为特征，在一个河道断面上可以出现多个河道砂坝，而废弃河道充填也以砂岩为主，因此河流宽度决定了成因单元砂体的侧向连续性。砂坝一般具有摆动频繁、迁移迅速的特点。辫状河砂体在一定的冲积平原范围内，多个时间单元的砂体侧向连续概率很高。

微观孔隙结构特征：与其他河流砂体不同之处在于，一些辫状河砂体的泥质含量很少，使得砂岩垂直渗透率和水平渗透率非常接近。

层内非均质性：往往与沉积作用密切相关，基于沉积微相组合来研究。例如，河道砂坝内由于细粒沉积缺乏，其渗透率级差要比曲流河砂体小。层内不稳定泥质夹层较少，使得全砂层规模内的垂直和水平渗透率比值较大。

平面非均质性：辫状河砂体与其他河道砂体一样，顺河道主体表现出渗透率的方向性，可连接成大面积的砂体。

对隔夹层而言，层系级次不同，其几何形态及分布规律存在较大的差异，对储层非均质性的影响也不同。砂层组间的隔层对油水分布和流动具有明显的控制作用，其上下储层的油水渗流规律尤其是水驱波及情况有明显的不同。单砂层间的隔层分布较为复杂，普遍较薄，纵向非均质性较强。夹层的存在对油层动用情况和水驱波及系数具有重要影响。夹层的发育会降低油层的动用程度，使油层水淹情况复杂（王改云等，2009）。

可通过多个实例的地下数据和现场类比，确定影响河流相储层性质的非均质性尺度划分（Moreton，2001）。

以下叙述辫状河储层非均质性的研究实例。

1）加利福尼亚州 Kern 河油田辫状河道沉积的三维建模

研究加利福尼亚州 Kern 河油田时，根据岩心和测井分析结果，对含重油的辫状河道沉积中的低渗透率层段进行三维建模（Knauer et al.，2003）。青色的粉砂质隔层不仅稳定分布在含油层上部和下部，而且在含油层内部呈连续状分布，对储层的垂向和侧向上的非均质性影响很大，导致存在大量开发未波及的原油。

2）强非均质性的辫状河储层建模和试井结果分析

对强非均质性的辫状河储层内存在的过渡带和动态校正中的饱和度建模后，得出的结论是：辫状河储层具有极强的非均质性（变异系数大于 1），存在不同尺度的非均质特征。这类高净毛比的沉积体系由互层状产出的河道砂岩、溢岸沉积、泛滥平原泥岩和土壤层等组成。此外，温暖湿润气候条件下的植被活动也可产生复杂的成岩元素，使其成为砂岩的主要特征或再改造形成已胶结河道砂岩的滞留沉积物（Corbett，2014；2012）。

河道砂岩内部的夹层表明，各井的油水过渡带并非发育相同的相带。此外，在油水界面之上的过渡带内，钙质层的分布也极不稳定。若能对产层段进行准确模拟，可增加石油原始地质储量。

在 Corbett 的文献中，通过试井结果对河道砂岩的夹层进行研究：对部分井而言，试井所揭示的地质特征更为逼近几何平均，因此随机地质模型与试井结果的拟合性最佳。随着相关长度增大，算术平均的拟合性可能更好。即使全局属性保持恒定，受局部河道的影响，不同井的最佳拟合可能为不同类型的平均值。

就辫状河体系而言，单井试油数据的拟合效果极为关键，因为不同的井位于具有不同河道夹层和不同局部相关长度的区域。为了获得单井最佳局部拟合效果，采用箱式网络（box-cropping）系统（Hamdi et al.，2014）。采用这种方法后，即可将单井的最佳拟合模型保存于全局模型，而无需对全局模型进行较大改变。

1.6　油气田开发与辫状河研究

辫状河储层的研究在油气田开发中的应用包括如下几个方面：非均质性特征、剩余油分布、隔夹层预测、井间砂体预测、流动单元模型、砂体几何形态预测及水驱规律研究。在这里，这些辫状河研究可以归纳为如下三个部分：构型研究、隔夹层研究，以及心滩内部的剩余油。

1.6.1　构型研究

王越等（2016）在关于辫状河砂体构型与非均质性特征的论文中，首先提出辫状河砂体规模大、物性好，是优质的油气储集砂体，其内部复杂的构型与非均质性特征直接控制剩余油的分布。开展砂体构型及非均质性研究对剩余油的预测和挖潜具有重要意义，是提高油田采收率、最大限度开发油气资源的关键所在。然而，他们分析了其中存在的如下问题：①目前关于辫状河砂体构型特征的研究多侧重于心滩砂体，而河道砂体内部构型单元具有怎样的几何属性及叠置关系，需要进一步研究；②前人针对辫状河砂体的纵向非均质性特征研究较多，而对于砂体在横向上具有怎样的非均质性特征，有待进一步探索。因此，王越等以扒楼沟剖面二叠系山西组辫状河砂体实测和精细解剖为基础，通过岩相分析、薄片鉴定及物性测试，定量表征辫状河砂体内部构型单元的几何属性及横向非均质性特征，确定优质储层发育位置，为辫状河砂体内剩余油预测和挖潜提供依据。

于欢（2015）的研究成果包括单砂体的精细划分与对比、辫状河储层内部构型精细描述、辫状河非均质性等三个部分。这个成果表明，以大庆萨北开发区 P13 沉积单元为研究对象，纵向上识别出 2 个超短期旋回层序，平面上划分出心滩坝和辫状河道，并精细描绘出内部夹层分布特征为水平产状，分布稳定性差，仅在小范围内零星分布，多呈孤立的土豆状或窄条带状。辫状河储层平面及层内非均质性中等。在后续水驱开发阶段，剩余油平面上主要存在于微构造高部位、注采不完善部位、辫状河道边部，纵向上主要存在于油层顶部、夹层遮挡部位。研究成果对一类油层聚驱后挖潜具有指导意义。

汪必峰等（2007）以胜坨油田二区沙二段 34 小层辫状河沉积砂体为例，建立其流动单元和建筑结构模型。通过 2 种模型对比研究可知，建筑结构和流动单元具有很好的对应关系，两者均是按照沉积体内部水动力条件变化所划分出来的储集体，具有相似储集条件的流动单元和建筑结构单元具有相同的平面和空间分布范围。将流动单元和建筑结构模型分别与剩余油饱和度模型进行叠合分析可知，储集物性较差的流动单元和建筑结构单元的大部分区域有剩余油分布，储集性能较好的流动单元和建筑结构单元的边缘部位及不同类型流动单元和建筑结构单元的交界部位也有剩余油分布。

赵伦等（2014）以哈萨克斯坦南图尔盖盆地 Kumkol 高含水油田为例，建立曲流河、辫状河、三角洲三种沉积砂体构型模式，研究不同类型砂体接触叠置关系及内部构型特征对水淹规律、水驱开发效果的影响。

曲流河、辫状河、三角洲砂体叠置结构与构型特征明显不同。曲流河砂体以点坝单砂体内发育倾斜的侧积层为主要构型特征，砂体间叠置关系简单；辫状河砂体以心滩单砂体内发育垂向加积的落淤层为主要构型特征，相对于曲流河砂体，平面上相带发育简单，非均质程度较弱；三角洲砂体由于水下分流河道和河口坝单砂体内发育近水平分布的泥质夹层，且不同砂体之间频繁叠置，沉积结构及构型特征复杂，非均质性最强。

他们的结果表明，不同类型砂体叠置结构与构型特征对水淹规律有明显的控制作用。数值模拟的成果表明，曲流河砂体剩余油主要分布在储集层顶部，辫状河砂体剩余油主要分布于砂体顶部和落淤层下部及侧部遮挡部位，三角洲砂体剩余油主要分布在砂体中上部及泥质夹层遮挡层段。不同类型砂体叠置结构与构型特征直接影响注水开发效果，辫状河砂体水驱开发效果最好，曲流河砂体次之，而三角洲砂体开发效果最差，潜力较大。

1.6.2 隔夹层研究

王改云等（2009）以胜利油田三区东营组三段为例，对辫状河储层中隔夹层的层次结构进行了分析。认为在精细油藏描述阶段，隔夹层有砂层组间的隔层、小层间的隔层、单砂层间的隔层及层内的夹层4个层次。不同尺度的隔夹层在岩石类型、发育程度、厚度及展布特征等方面均存在较大差异，导致其对剩余油的控制作用不同。其中，砂层组间的隔层全区稳定分布，厚度较大，对油气能起到完全封堵的作用，而单砂层间的隔层稳定性差，虽然也是连片分布，但出现多个砂体连通区，易发生窜流，使纵向非均质性增强。小层间的隔层则介于两者之间。层内夹层则因为东三段地层已精细划分到单砂层，发育程度中等，仅在局部使油水关系复杂。

刘钰铭等（2011）以大庆喇嘛甸油田葡Ⅰ组PⅠ23砂层为研究对象，研究了辫状河厚砂层内部夹层表征。在单井夹层识别基础上，将辫状河厚砂层层内夹层分为单砂体间夹层和单砂体内夹层。单砂体间夹层发育于两期河道砂体叠置区域，为泛滥平原细粒沉积，河道底部滞留泥砾隔层，以及废弃河道充填；而单砂体内夹层主要包括心滩坝内部落淤层、坝间泥岩和串沟充填等。在连片分布厚砂层中划分单期河道砂体，从而揭示了单砂体间夹层的展布。他们所做的多井对比预测出心滩坝内部构型界面展布，并在内部界面约束下采用随机模拟方法建立了心滩坝内部夹层三维模型。然而，坝内夹层分布零散，连续性差。在单砂体间夹层及心滩坝内局部一定规模夹层的分割作用下，可以形成相对剩余油富集区。

岳大力等（2012）利用砂质辫状河，采用水驱油物理模拟的手段，总结了心滩内部泥质夹层（落淤层与沟道）控制的剩余油分布模式。模拟结果显示，夹层延伸长度、注采井与夹层的匹配关系、射孔位置等因素均对剩余油分布有控制作用。夹层水平延伸长度越大，夹层顶部和底部剩余油富集范围越大；如果两组模拟试验注采井射孔层位相同，采油井钻遇夹层的情况下剩余油更为富集；在注水井全井段射孔的条件下，与采油井全井段射孔相比，采油井上部射孔夹层附近剩余油富集范围较大，采出程度较小。

王敏等（2018）指出，辫状河储层的夹层预测是油藏描述的重点内容。目前，夹层的预测主要集中于夹层发育模式研究和心滩坝体的构型单元解剖，且多运用单一的预测方法。南苏丹P油田辫状河储层夹层类型多、规模差异大、分布复杂，定量表征难度较大。从夹层的沉积成因入手，依据不同沉积方式形成的沉积砂体及其内部泥质夹层形态与结构不同的特点，综合岩心、测井与地震等多种资料，提出多信息关联的辫状河储层夹层预测方法。

在密井网区建立骨架剖面与三角网小剖面，运用测井资料的垂向高分辨率与地震资料的横向强连续性特征确定不同类型夹层的井间发育规模。在建立岩相模型的基础上，以隔层厚度分布图为约束条件，采用确定性建模方法建立稳定泥岩隔层分布模型。以沉积微相研究结果和夹层规模预测结果为约束条件，采用随机建模方法分别在砂岩相和泥岩非隔层相中模拟心滩坝、河道和各类型夹层的分布。最终，确定了研究区主要存在4种成因类型的夹层，并在多信息关联的基础上建立反映多类型夹层空间分布的辫状河储层精细地质模型。发现对于厚度大于2m的夹层可以通过井震结合的方法验证其井间规模，定量确定不同层位、不同类型夹层顺物源与切物源的发育规模，为夹层模型的建立奠定基础；基于克里金（Kriging）插值方法建立的岩相概率模型增加岩相模型准确率至94%。以隔层厚度平面分布图为约束条件的确定性建模方法可准确建立砂组及小层间隔层分布模型。在各成因类型夹层井间规模预测的基础上，基于目标的随机模拟方法可以针对不同成因类型夹层的发育形态、数量、规模和趋势分别设定模拟参数，确定性与随机性相结合，实现了辫状河储层精细地质模型的建立。同时，对相关储层的夹层预测具有一定的指导作用。

袁新涛等（2013）针对辫状河储层内隔夹层的复杂结构特征，依据沉积学及高分辨率层序地层学基本原理，对Fula油田辫状河储层内隔夹层的沉积成因及井间预测方法进行研究。结果表明，废弃河道、坝间泥、心滩落淤层、越岸沉积是构成辫状河夹层的主要沉积类型，泥质沉积物的保存与可容纳空间、沉积物供给速度有密切联系。在沉积成因分析的基础上，可根据单井测井解释和连井对比来描述各类夹层的空间形态，建立夹层的沉积模式。在辫状河相储层中，应用多点地质统计学方法预测井间泥质夹层分布，可以更有效地体现夹层的几何形态和分布规律，其更加符合辫状河夹层的沉积模式。

1.6.3　心滩内部的剩余油

杨少春等（2015）认为辫状河心滩是油气富集的重要储层之一，注水开发会影响并改变心滩内部剩余油分布形式，储层非均质性是影响心滩内部剩余油分布的关键地质因素。他们以江苏真武油田三垛组一段6砂组辫状河心滩为例，利用岩心观察、岩心分析和测井曲线资料，结合现代沉积考察，平面上将心滩分为滩头、滩尾、滩翼和滩中等4个部分，垂向上将心滩序列划分出垂向加积体、落淤层、侧向加积体、垂向加积面和侧向加积面等5种结构，认为“三体两面”为心滩垂向序列的典型内部结构，落淤层和侧积体是影响心滩内部存在较强非均质性的主要因素。其中，落淤层主要发育泥质、钙质和物性等3种类型，是心滩内部非均质性的主控因素。侧积体与围岩性质差异较大，它的存在加剧心滩内部的非均质性。心滩内部非均质性控制剩余油的分布，落淤层发育的滩尾、滩中和侧积体发育的滩翼剩余油较为富集，而注采井和落淤层的匹配程度对剩余油的分布也起着重要的影响作用，建议注水井应该分布在心滩的滩头位置，而采油井应在心滩的滩尾、滩中和滩翼位置。

卢亚涛（2011）认为，喇嘛甸油田PⅠ23沉积单元为辫状河沉积，主要发育辫状河道、心滩、河漫滩三种沉积微相。其中，心滩砂体内部构型相对复杂，控制的剩余油较多。以4-4#站高浓度试验区储层为例，运用Mail提出的储层建筑结构界面分析方法，通过小井距井之间的连井剖面和测井曲线对比定义了6级界面。在沉积模式指导下得出了平面相组合模式，即平面以河道充填和心滩沉积为主。在明确心滩砂体沉积环境及形成机理的基础上得出沉积特征及识别方法，并对心滩内部构型进行解剖，实现了垂积体追踪与预测。利用实验区内新钻井的测井解释结果，一方面完善了心滩砂体内部构型，另一方面新井解释的含油饱和度、水淹特征等信息直接揭示了高浓度聚合物对辫状河心滩的动用规律。位于心滩内部的新井解释结果表明，心滩中部水淹以高、中为主，而心滩两翼岩性夹层多、渗透性差，低水淹和未水淹比例大，剩余油多。

1.7　小　　结

本章收集、整理国内外对辫状河沉积研究的进展，以露头分析和现代辫状河沉积研究成果为主，辫状河沉积储层和实验等其他内容为辅。在以 Miall 为主的河流相研究成果基础上，叙述了 Lunt、Bridge、Smith、Best 和 Leleu 等国外从事辫状河沉积研究五位专家的研究进展。同时，本章还包括了 Miall（1993）、Kelly（2009）、Gibling（2006）等多位专家对河流相沉积，特别是辫状河沉积相关的岩相、几何形态、沉积模式等进行的归纳和总结。1.6 节还叙述了辫状河研究在油气田开发中的应用。

1.1 节重点叙述探地雷达、激光探测和测量以及数字高程模型等技术，其应用获得了显著的效果，并具有极大的应用前景。探地雷达技术主要用于现代沉积物和第四系沉积地层的研究，在现代辫状河沉积构型和沉积相三维描述方面取得了重大进展。但不能广泛应用于古沉积地层。激光探测和测量技术适用于微观到宏观尺度的野外地质调查工作，可通过提供目标露头区域的精确格架，具有收集野外数据的能力，使用相对简单，也容易获取点数据云。可基于航天飞机雷达地形测绘数据，建立完整的数字高程模型。最后对 7 项应用于露头和现代沉积的技术分别从精度、应用和优劣势四个方面进行技术对比，叙述了辫状河储层研究方法，叙述了地震、测井、岩心以及综合方法。

1.2 节首先叙述了 Miall 经典的岩相分析方案。采用目前通用的岩相划分标准和方案，划分出不同的岩相类型后，根据不同的沉积微相来确定不同的岩相组合。岩相的空间变化分为垂向变化和平面变化两方面。奥地利邦 Alpine-Carpathian 前渊 SMF 组沉积垂向岩相组合，采用马尔可夫分析法识别研究层段的优势相变。南萨斯喀彻温砂质辫状河的平面分布情况得出粒度最粗的沉积物分布于活动河道的最深部（尤其是汇流处）和河道凹岸；而细粒沉积物通常分布于复合坝上部。

1.3 节叙述有关辫状河沉积几何形态研究的成果。现代辫状河沉积的研究方法很多，可采用岩心、电测井、探槽和探地雷达等来确定其几何形态。实验室研究主要采用模型模拟方法，能够识别产生不同河道充填形式的沉积过程。露头沉积几何形态研究实例叙述了世界上多个露头几何形态的研究成果总结，得出辫状河沉积几何形态受构造背景、构造运动、物源、气候等影响很大。在综合研究摩洛哥 High Atlas 的 Oukaimeden 辫状河沉积砂岩组的露头数字化模型中，确定一系列沉积地质体的几何形态并确定输入地质模型中的几何形态参数。

1.4 节是对于辫状河的沉积体系方面的研究。其中，包括沉积作用、沉积模式、沉积构型和沉积体系演化等内容。采用埃塞俄比亚 Blue Nile 盆地内巴雷姆阶–塞诺曼阶砂岩沉积地层来研究高流态和低流态的辫状河沉积作用。河道底部滞留沉积物、水平层理和块状砂岩一般指示高流态沉积作用，而板状交错层理和槽状交错层理砂岩指示低流态沉积作用。辫状河沉积作用的主控因素有地形梯度、构造背景和气候等。沉积模式首先叙述 Miall 总结的河流相经典沉积模式，然后分砂质和砾质辫状河来分别叙述国外专家采用不同技术手段对不同辫状河实例研究得出的沉积模式。1.4.3 节首先叙述 Miall 总结的 8 种河流基本构型。典型的构型单元通常与多层叠置的河道带充填物有关。构型单元的不同形态可归因于不同类型的砂丘和砂坝（纵向、横向、斜向和舌形等）、侵蚀过程或实际剖面相对于古水流方向的方位变化。

1.5 节叙述了辫状河隔夹层研究。隔夹层的几何形态可根据已知的河道规模来确定其长度、宽度和厚度，也可先确定隔夹层的层次，再通过沉积相控制和随机建模相结合来确定不同层次隔夹层的几何形态。可通过建立概念模型作为认识隔夹层三维分布规律的基础，研究高加积速率和低加积速率对辫状河储层沉积的影响，分析两种情况下隔夹层的形成情况。还可将隔夹层划分层次后分别研究不同层次隔夹层的分布规律，例如，洪泛泥岩具有连续、稳定分布的特征。通过两个实例来研究隔夹层对流体渗透率的影响。澳大利亚悉尼盆地内的三叠系 Hawkesbury 砂质辫状河沉积，通过沉积学和地质统计学方法来分析实测的孔隙度和渗透率。由此发现两者之间没有直接相关性。研究发现，渗透率分布与沉积相类型密切相关。孔隙度具有随机分布特征，没有明显趋势。孔隙度主要受控于砂岩内部广泛发育的后沉积成岩作用。苏丹 HE 油田辫状河砂岩储层建立基于隔夹层分布特征的地质模型，采用相控和随机建模结合方法建立能准确反映隔夹层空间分布的三维地质模型。

1.6 节叙述了辫状河储层研究在油气田开发中的应用。其中的研究包括如下几个方面：非均质性特征，剩余油分布，隔夹层预测，井间砂体预测，流动单元模型，砂体几何形态预测，水驱规律研究。

1.7 节对全章的内容进行了小结。

通过这次对辫状河沉积研究进展的全面研究，叙述了目前辫状河沉积研究采用的主要技术手段，补充了辫状河地质知识库中所需要的定性和定量表征各类辫状河相关沉积体的各项研究参数、沉积模式、沉积特征等，将为辫状河储层的地质建模、辫状河储层的地质知识库、储层精细描述和预测等理论发展和各种具体方法提供了地质学方面一个实用的铺垫。

参考文献

李海明，王志章，乔辉，等.2014 现代辫状河沉积体系的定量关系［J］. 科学技术与工程，14（29）：21-28.

刘钰铭，侯加根，宋保全，等. 2011. 辫状河厚砂层内部夹层表征——以大庆喇嘛甸油田为例［J］. 石油学报，32（5）：836-841.

卢亚涛.2011. 心滩砂体内部构型及其剩余油分布特征研究［J］. 科学技术与工程，11（10）：2303-2305.

孟阳. 2014. 基于匹配追踪时频分解技术的辫状河道油藏储层预测［J］. 地球科学进展，29（1）：104-110.

孙天建，穆龙新，赵国良. 2014. 砂质辫状河储集层隔夹层类型及其表征方法——以苏丹穆格莱特盆地 Hegli 油田为例［J］. 石油勘探与开发，41（1）：112-120.

汪必峰，黄文科，戴俊生，等. 2007. 砂体内部建筑结构和流动单元模型对比研究——以胜坨油田为例［J］. 油气地质与采收率，14（6）：5-8.

王改云，杨少春，廖飞燕，等. 2009. 辫状河储层中隔夹层的层次结构分析［J］. 天然气地球科学，

20 (3): 378-383.
王健. 2010. 储层隔夹层模型研究 [D]. 青岛: 中国石油大学 (华东).
王敏, 穆龙新, 赵国良, 等. 2018. 多信息关联的辫状河储层夹层预测方法研究: 以南苏丹P油田Fal块为例 [J]. 地学前缘, 25 (2): 92-97.
王越, 陈世悦, 李天宝, 等. 2016. 扒楼沟剖面二叠系辫状河砂体构型与非均质性特征 [J]. 中国石油大学学报 (自然科学版), 40 (6): 1-8.
杨少春, 赵晓东, 钟思瑛, 等. 2015. 辫状河心滩内部非均质性及对剩余油分布的影响 [J]. 中南大学学报 (自然科学版), 46 (3): 1066-1074.
印森林, 吴胜和, 陈恭洋, 等. 2014. 基于砂砾质辫状河沉积露头隔夹层研究 [J]. 西南石油大学学报 (自然科学版), (36): 36.
于欢. 2015. 辫状河储层内部构型精细描述及剩余油分布 [J]. 大庆石油地质与开发, 34 (4): 73-77.
于兴河, 马兴祥, 穆龙新, 等. 2004. 辫状河储层地质模式及层次界面分析 [M]. 北京: 石油工业出版社.
袁新涛, 吴向红, 张新征, 等. 2013. 苏丹Fula油田辫状河储层内夹层沉积成因及井间预测 [J]. 中国石油大学学报 (自然科学版), 37 (1): 8-12.
岳大力, 赵俊威, 温立峰. 2012. 辫状河心滩内部夹层控制的剩余油分布物理模拟实验 [J]. 地学前缘, 19 (2): 157-161.
张吉, 张烈辉, 胡书勇, 等. 2003. 陆相碎屑岩储层隔夹层成因、特征及其识别 [J]. 测井技术, 27 (3): 221-225.
赵伦, 王进财, 陈礼, 等. 2014. 砂叠置结构及构型特征对水驱规律的影响——以哈萨克斯坦南图尔盖盆地Kumkol油田为例 [J]. 石油勘探与开发, 41 (1): 86-94.
Anderson M P, Aiken J S, Webb E K, et al. 1999. Sedimentology and hydrogeology of two braided stream deposits [J]. Sedimentary Geology, 129: 187-199.
Ashmore P E. 1988. Bed load transport in braided gravel-bed stream models [J]. Earth Surface Processes and Landforms, 13 (8): 677-695.
Ashworth P J, Best J L, Roden J E, et al. 2000. Morphological evolution and dynamics of a large, sand braid-bar, Jamuna River, Bangladesh [J]. Sedimentology, 47: 533-555.
Bellian J A, Kerans C, Jennette D C. 2005. Digital outcrop models: Applications of terrestrial scanning lideer technology in stratigraphic modeling [J]. Journal of Sedimentary Research, 75: 166-176.
Bentham P A, Talling P J, Douglas W. 1993. Braided stream and flood-plain deposition in a rapidly aggrading basin: The Escanilla formation, Spanish Pyrenees [J]. Geological Society London Special Publications, 75 (1): 177-194.
Best J L, Ashworth P J, Bristow C S, et al. 2003. Three-dimensional sedimentary architecture of a large, mid-channel sand braid bar, Jamuna River, Bangladesh [J]. Journal of Sedimentary Research, 73 (44): 516-530.
Best J, Woodward J, Ashworth P. 2006. Bar-top hollows: A new element in the architecture of sandy braided rivers [J]. Sedimentary Geology, 190: 241-255.
Bhang K, Schwartz F. 2008. Limitations in the hydrologic applications of C-band SRTM DEMs in low-relief settings [J]. Geoscience and Remote Sensing Letters, 5: 497-501.
Bridge J S. 1993. The interaction between channel geometry, water flow, sediment transport and deposition in braided rivers [J]. Braided Rivers: Geological Society Special Publications, 75 (1): 13-71.
Bridge J S, Mackey S D. 1993a. A revised alluvial stratigraphy model [C] //Marzo M, Puidefábregas C.

Alluvial Sedimentation: International Association of Sedimentologists, Special Publication 17, Utrecht: 319-337.

Bridge J S, Mackey S D. 1993b. Alluvial Sedimentation [M]. Special Publication No. 17 of the International Association of Sedimentologists. Blackwell Scientific Publications, 319-336.

Bridge J S, Tye R S. 2000. Interpreting the dimensions of ancient fluvial channel bars, channels, and channel belts from wireline-logs and cores [J]. The American Association of Petroleum Geologists Bulletin, 84 (8): 1205-1228.

Bridge J S, Rubin Y. 2006. Spatial variability in river sediments and its link with river channel geometry [J]. Water Resource Research, 42, W06D16, doi: 10.1029/2005WR004853.

Bristow C S. 1993. Sedimentary structures exposed in bar tops in the Brahmaputra River, Bangladesh [J]. Braided Rivers, 75 (1): 277-289.

Bristow C S, Best J L. 1993. Sedimentology of the Rough Rock: A carboniferous braided river sheet sandstone in northern England [J]. Journal of the Geological Society, 180 (1): 291-304.

Buckley S J, Howell J A, Enge H D, et al. 2008. Terrestrial laser scanning in geology: data acquisition, processing and accuracy consideration [J]. Journal of the Geological Society, London, 165: 625-638.

Cant D J, Walker R G. 1976. Development of a braided-fluvial facies model for the Devonian Battery Point Sandstone, Quebec [J]. Canadian Journal of Earth Sciences, 13 (1): 102-119.

Carmen B E, Krapf C B E, Stanistreet I G, et al. 2005. Morphology and fluvio-aeolian interaction of the tropical latitude, ephemeral braided-river dominated Koigab Fan, north-west Namibia [M] // Blum M D, Marriott S B, Leclair S F. Fluvial Sedimentology VII: Special Publication No. 35 of the International Association of Sedimentologists, 99-120.

Chang H H. 1979. Minimum stream power and river channel patterns [J]. Journal of Hydrology, 41 (3-4): 303-327.

Chang H H. 1985. Design of stable alluvial canals in a system [J]. Journal of irrigation and drainage engineering, 111 (1): 36-43.

Clifford N J, Hardisty J, French J R, et al. 1993. Downstream variation in bed material characteristics: A turbulence-controlled form-process feedback mechanism [J]. Braided Rivers: Geological Society Special Publications: 89-104.

Corbett P. 2012. The role of Geoengineering in Oilfield Development [M] // Gomes, et al. New Technologies in Oil and Gas Industry. Intech Open.

Corbett P. 2014. Two challenges in highly heterogeneous braided fluvial reservoir saturation modeling in the transition zone and dynamic calibration [C] //76 EAGE Conference and Exhibition, Amsterdam: 1-4.

Da Silva A M A F. 1991. Alternate bars and related alluvial processes [D]. Kingston: Queen's University.

Deviese E S J. 2010. Modeling fluvial reservoir architecture using flumy process [R]. Delft: Department of Geotechnology, Delft University of Technology.

Fabuel-Perez I, Hodgetts D, Redfern J. 2009. A new approach for outcrop characterization and geostatistical analysis of a low-sinuosity fluvial-dominated succession using digital outcrop models: Upper Triassic Oukaimeden Sandstone Formation, central High Atlas, Morocco [J]. American Association of Petroleum Geologists Bulletin, 93: 795-827.

Fabuel-Perez I, Hodgetts D, Redfern J. 2010. Integration of digital outcropFmodels (DOMs) and high resolution sedimentology-workflow and implications for geological modeling: Oukaimeden Sandstone Formation, High Atlas (Morocco) [J]. Petroleum Geoscience, 16: 133-154.

Falivene O, Arbues A, Gardiner A, et al. 2006. Best practice stochastic facies modelling from a channel-fill turbiddite sandstone analog (the Quarry outcrop, Eocene Ainsa basin, northeast Spain) [J]. American Association of Petroleum Geologists Bulletin, 90: 1003-1029.

Farr T G, Rosen P A, Caro E, et al. 2007. The shuttle radar topography mission [J]. Reviews of Geophysics, 45 (2): 18-25.

Ferguson R I. 1993. Understanding braiding processes in gravel-bed rivers-progress and unsolved problems [J]. Braided Rivers: Geological Society Special Publications: 73-87.

Foufoula-Georgiou E, Sapozhnikov V. 2001. Scale invariances in the morphology and evolution of braided rivers [J]. Mathematical Geology, 33: 273-291.

Gibling M R. 2006. Width and thickness of fluvial channel bodies and valley fills in the geological record: A literature compilation and classification [J]. Journal of Sedimentary Research, 76: 731-770.

Guin A, Ramanathan R, Ritzi Jr. R W, et al. 2010. Simulating the heterogeneity in braided channel belt deposits: 2 examples of results and comparison to natural deposits [J]. Water Resources Research, 46 (4): 475-478.

Hamdi H, Ruelland P, Bergey P, et al. 2014. Using geological well testing for improving the selection of appropriate reservoir models [J]. Petroleum Geoscience, 20 (4): 353-368.

Hartley A J, Weissmann G S, Nichols G J, et al. 2010. Large distributive fluvial systems: Characteristics, distribution, and controls on development [J]. Journal of Sedimentary Research, (80): 167-183.

Holbrook, J M. 2001. Origin, genetic interrelationships and stratigraphy over the continuum of fluvial channel-form bounding surfaces: An illustration for middle Cretaceous strata, southeastern Colorado [J]. Sedimentary Geology, 144: 179-222.

Huggenberger P, Regli C. 2006. A Sedimentological Model to Characterize Braided River Deposits for Hydrogeological Applications [M]. New York: John Wiley & Sons.

Ilgar A, Nemec W. 2005. Early Miocene lacustrine deposits and sequence stratigraphy of the Ermenek Basin, Central Taurides, Turkey [J]. Sedimentary Geology, 173: 233-275.

Johnson C L, Graham S A. 2004. Sedimentology and Reservoir Architecture of a Synrift Lacustrine Delta, Southeastern Mongolia [J]. Journal of Sedimentary Research, 74 (6): 770-785.

Jolly R J, Lonergan L. 2002. Mechanisms and controls on the formation of sand intrusions [J]. Geological Society of London, 159: 605-617.

Kaykka J. 2011. The sedimentation and paleohydrology of the Mesoproterozoic stream deposits in a strike-slip basin (Svinsaga Formation), Telemark, southern Norway [J]. Sedimentary Geology, 236: 239-255.

Kelly S. 2009. Scaling and Hierarchy in Braided Rivers and Their Deposits: Examples and Implications for Reservoir Modelling [M]. Blackwell Publishing Ltd.

Knauer L C, Horton R, Britton A. 2003. Analysis of low-permeability intervals in a heavy oil, braided stream deposit using a combination of core and log analysis, Kern River Field, California. AAPG, 2003 (PPT).

Kostic B, Aigner T. 2007. Sedimentary architecture and 3D ground-penetrating radar analysis of gravelly meandering river deposits (Neckar Valley, SW Germany) [J]. Sedimentology, 54: 789-808.

Koykka J. 2011. Precambrian alluvial fan and braidplain sedimentation patterns: Example from the Mesoproterozoic Rjukan Rift Basin, southern Norway [J]. Sedimentary Geology, 234 (1): 89-108.

Krapf C B E, Stanistreet I G, Stollhofen H. 2009. Morphology and Fluvio-Aeolian Interaction of the Tropical Latitude, Ephemeral Braided-River Dominated Koigab Fan, North-West Namibia [M]. Blackwell Publishing Ltd.

Labourdette R, Crumeyrolle P, Remacha E, et al. 2007. Characterisation of dynamic flow patterns in turbidite reservoirs using 3D outcrop analogues: Example of the Eocene Morillo turbidite system (south-central Pyrenees, Spain) [J]. Marine and Petroleum Geology, 25 (3): 255-270.

Lane S N, Widdison P E, Thomas R E, et al. 2010. Quantification of braided river channel change using archival digital image analysis [J]. Earth Surface Processes and Landforms, 35: 971-985.

Leckie D A. 2003. Modern environments of the Canterbury Plains and adjacent offshore areas, New Zealand—an analog for ancient conglomeratic depositional systems in nonmarine and coastal zone settings [J]. Bulletin of Canadian Petroleum Geology, 51: 389-425.

Legleiter C J, Roberts D A, Marcus W A, et al. 2004. Passive optical remote sensing of river channel morphology an in-stream habitat; physical basis and feasibility [J]. Remote Sensing of Environment, 95: 231-247.

Leleu S, Van Lanen X M T, Hartley A J. 2010. Controls on the architecture of a Triassic sandy fluvial system, Wolfville Formation, Fundy Basin, Nova Scotia, Canada: Implications for the interpretation and correlation of ancient fluvial successions [J]. Journal of Sedimentary Research, 80: 867-883.

Li S L, Gao X J. 2019. A new strategy of crosswell correlation for channel sandstone reservoirs—an example from Daqing oilfield, China [J]. Interpretation, 7 (2): 409-421.

Lichti D D, Jamtsho S. 2006. Angular resolution of terrestrial laser scanners [J]. Photogrammetric Record, 21: 141-160.

Liu K, Boult P, Painter S, et al. 1996. Outcrop analog for sandy braided stream reservoirs: Permeability patterns in the Triassic Hawkesbury Sandstone, Sydney Basin, Australia [J]. American Association of Petroleum Geologists Bulletin, 80 (12): 1850-1866.

Longman M W, Koepsell R J. 2005. Defining and characterizing mesaverde and Mancos sandstone reservoirs based on interpretation of image logs, Eastern Unita Basin, Utah [R]. A Research Study for the Utah Geological Survey: 122.

Lunt I A, Bridge J S. 2004. Evolution and deposits of a gravelly braid bar, Sagavanirktok River, Alsaka [J]. Sedimentology, 51: 415-432.

Lunt I A, Bridge J S, Tye R A. 2004. A quantitative, three-dimensional depositional model of gravelly braided rivers [J]. Sedimentology, 51: 377-414.

Lunt I A, Smith G H S, Best J L, et al. 2013. Simpson, deposits of the sandy braided South Saskatchewan River: Implications for the use of modern analogs in reconstructing channel dimensions in reservoir characterization [J]. American Association of Petroleum Geologists Bulletin, 97 (4): 553-576.

Lynds R, Hajek E. 2006. Conceptual model for predicting mudstone dimensions in sandy braided-river reservoirs [J]. American Association of Petroleum Geologists Bulletin, 90 (8): 1273-1288.

Mallat S G, Zhang Z. 1993. Matching pursuits with time-frequency dictionaries [J]. IEEE Transactions on signal processing, 41 (12): 3397-3415.

Marcus W A, Legleiter C J, Aspinall R J, et al. 2003. High spatial resolution hyperspectral mapping of in-stream habitats, depths, and woody debris in mountain streams [J]. Geomorphology, 55: 363-380.

McLaurin B T, Steel R J. 2007. Architecture and origin of an amalgamated fluvial sheet sand, lower Castlegate Formation, Book Cliffs, Utah [J]. Sedimentary Geology, 197: 291-311.

Miall A D. 1985. Architectural-element analysis: A new method of facies analysis applied to fluvial deposits [J]. Earthscience Reviews, 22 (4): 261-308.

Miall A D. 1988. Reservoir heterogeneities in fluvial sandstones: Lessons from outcrop studies [J]. The

American Association of Petroleum Geologists Bulletin, 72 (6): 682-697.

Miall A D. 1993. The architecture of fluvial-deltaic sequences in the upper Mesaverde Group (Upper Cretaceous), Book Cliffs, Utah [J] . Braided Rivers, 75: 305-332.

Miall A D. 1994. Reconstructing fluvial macroform architecture from two-dimensional outcrops; examples from the Castlegate Sandstone, Book Cliffs, Utah [J] . Journal of Sedimentary Research, 64 (2b): 146-158.

Miall A D. 1996. The Geology of Fluvial Deposits [M] . New York: Springer.

Miliaresis G. 2008. The landcover impact on the aspect/slope accuracy dependence of the SRTM-1 elevation data for the humboldt range [J] . Sensors, 8 (5): 3134-3149.

Moreton D J. 2001. Characterising alluvial architecture using physical models, subsurface data and field analogue [D]. Leeds: University of Leeds: 388.

Moreton D J, Ashworth P J, Best J L. 2002. The physical scale modeling of braided alluvial architecture and estimation of subsurface permeability [J] . Basin Research, 14: 265-285.

Nardin T, Cater B J, Bassey N E. 2010. Braided River and avulsive depositional systems in the mcmurray formation-LIDAR and subsurface data intergration at Syncrude's Aurora North Mine [C] //AAPG Conference, Calgary.

Nehyba S, Roetzel R. 2010. Fluvial deposits of the St. Marein-Freischling formation-insights into initial depositional processes on the distal external margin of the Alpine- Carpathian Foredeep in Lower Austria [J] . Austrian Journal of Earth Sciences, 103 (2): 50-80.

Olson M. 2012. Slope and bifurcation on braided distributive fluvial systems [D] . Albuquerque: University of New Mexico.

Oplustil S, Martinek K, Tasaryova Z. 2005. Facies and architectural analysis of fluvial deposits of the Nyrany member and the Tynec formation (Westphalian D-Barruelian) in the Kladno-Rakovnik and Pilsen basins [J] . Bulletin of Geosciences, 80 (1): 45-66.

Page K J, Nanson G C. 1996. Stratigraphic architecture resulting from Late Quaternary evolution of the Riverine Plain, South-Eastern Australia [J] . Sedimentology, 43 (6): 927-945.

Pucillo K. 2005. Influence of palaeochannels on groundwater access and movement in the Coleambally Irrigation District [D] . Wollongong: University of Wollongong: 386.

Regli C, Huggenberger P, Rauber M. 2002. Interpretation of drill core and georadar data of coarse gravel deposits [J] . Journal of Hydrology, 255 (1): 234-252.

Rust B R, Jones B G. 1987. The Hawkesbury Sandstone south of Sydney, Australia; Triassic analogue for the deposit of a large, braided river [J] . Journal of Sedimentary Research, 57 (2): 222-233.

Sagy A, Brodsky E E, Axen G J. 2007. Evolution of fault- surface roughness with slip [J] . Geology, 35: 283-286.

Sapozhnikov V B, Foufoula-Georgiou E. 1997. Experimental evidence of dynamic scaling and indications of self-organized criticality in braided rivers [J] . Water Resource Research, 32: 1109-1112.

Smith G H S, Ashworth P J, Best J L, et al. 2005. The morphology and facies of sandy braided rivers: Some considerations of scale invariance [M] // Blum M D, Marriott S B, Leclair S F, et al. Fluvial Sedimentology VII: Special Publication No. 35 of the International Association of Sedimentologists: 145-158.

Smith G H S, Ashworth P J, Best J L, et al. 2006a. The sedimentology and alluvial architecture of the sandy braided South Saskatchewan River [J] . Canada Sedimentology, 53: 413-434.

Smith G H S, Best J, Bristow C, et al. 2006b. Braided rivers: Where have we come in 10 years? Progress and future needs [M] // Smith G H S, Best J L, Bristow C S, et al. Braided Rivers- Process, Deposits,

Ecology and Management: International Association of Sedimentologists: 1-10.

Singh H, Parkash B, Gohain K. 1993. Facies analysis of the Kosi megafan deposits [J]. Sedimentary Geology, 85 (1-4): 87-113.

Skelly, R L, Bristow C S, Ethridge F G. 2003. Architecture of channel-belt deposits in an aggrading shallow sandbed braided river: The lower Niobrara River, northeast Nebraska [J]. Sedimentary Geology, 158 (3-4): 249-270.

Sliman O. 2013. Integrated characterization of lower Nubian hydrocarbon reservoirs, with special emphasize on geostatistical uncertenties [D]. Szeged: University Szeged.

Smith B, Sandwell D. 2003. Accuracy and resolution of shuttle radar topography mission data [J]. Geophysical Research Letters, 30 (9): 258-281.

Tewari R C, Hota R N, Maejima W. 2012. Fluvial architecture of Early Permian Barakar rocks of Korba Gondwana basin, eastern-central India [J]. Journal of Asian Earth Sciences, 52: 43-52.

Tye R S. 1991. Fluvial-sandstone reservoirs of the Travis Peak Formation, East Texas basin [M] // Miall A D, Tyler N. The Three-dimensional Facies Architecture of Terrigenous Clastic Sediments and Its Implications for Hydrocarbon Discovery and Recovery: SEPM Concepts in Sedimentology and Paleontology, (3): 172-188.

Walker W S, Kellndorfer J M, Pierce L E. 2007. Quality assessment of SRTM C-and X-band interferometric data: Implications for the retrieval of vegetation canopy height [J]. Remote Sensing of Environment, 106: 428-448.

Warburton J, Davies T R H, Mandl M G. 1993. A meso-scale field investigation of channel change and floodplain characteristics in an upland braided gravel-bed river, New Zealand [C] // Best J L, Bristow C S. Braided Rivers: Geological Society Special Publications, 241-255.

Wellner R W, Bartek L R. 2003. The effect of sea level climate, and shelf physiography on the development of incised-valley complexes: A modern example from the East China Sea [J]. Journal of Sedimentary Research, 73: 926-940.

Wescott, F G, Ethridge. 1980. Fan-delta sedimentology and tectonic setting, yallahs fan delta, southeast jamaica [J]. American Association of Petroleum Geologists Bulletin, 64 (3): 374-399.

Westaway R M, Lane S N, Hicks D M. 2000. Development of an automated correction procedure for digital photogrammetry for the study of wide, shallow gravel-bed rivers [J]. Earth Surface Processes and Landforms, 25: 200-226.

Wolela A. 2009. Sedimentation and depositional environments of the Barremian-Cenomanian Debre Libanose Sandstone, Blue Nile (Abay) Basin, Ethiopia [J]. Cretaceous Research, 30: 1133-1145.

Yalin M S, Da Silva A M F. 1992. Horizontal turbulence and alternate bars [J]. Journal of Hydroscience and Hydraulic Engineering, 9 (2): 47-58.

Zarn B. 1997. Einfluss der Flussbettbreite auf die Wechselwirkung zwischen Abfluss, Morphologie und Geschiebetransportkapazität [D]. Zurich: ETH Zurich.

第2章　辫状河岩相单元与砂体定量研究

本章以委内瑞拉奥里诺科重油带MPE3地区与Junin4地区的辫状河沉积为例，阐述辫状河岩相单元划分方法、构型模式，并结合水平井信息介绍辫状河砂体定量研究与岩相预测方法，最后分析沉积相带及隔夹层的分布特征。

2.1　研究区概况与地质背景

2.1.1　研究区地质概况

东委内瑞拉盆地的北界为埃尔皮拉尔走滑断层；南界为圭亚那地盾的前寒武系；东界为大西洋沿海大陆架；西界为埃尔包尔隆起（Garciacaro，2011）。东委内瑞拉盆地发育于超大陆Pangea陆壳上，为中生界、新生界发育的前陆盆地，古生界沉积极少（Callec et al.，2010），其陆上面积为218998km^2，海上面积为48550km^2。古生代以来，盆地的构造演化可分为3个阶段（Aymard et al.，1990），即裂谷阶段（晚三叠世—侏罗纪）、被动边缘阶段（白垩纪—始新世）及前陆盆地阶段（渐新世至今）。奥里诺科重油带位于南美洲典型前陆盆地——东委内瑞拉盆地的南部（程小岛等，2013；刘亚明等，2013），是目前世界上储量最大的重油带（邹才能等，2010；佚名，2006）。这个重油带被断裂带分为4个油区，自西向东分别为Boyacá、Junin、Ayacucho和Carabobo四个油区（邹才能等，2016；Soto，2011；Garoiacaro，2011）。其中，MPE3油田位于委内瑞拉奥里诺科重油带卡拉沃沃（Carabobo）区；而Junin 4区块位于奥里诺科重油带Junin区块（图2-1），新近系早中新统为本区的主要含油层段（陈浩等，2016a），储层为砂质辫状河沉积，主要物源方向为北东向（陈浩等，2016b），储层物性较好，为高孔特高渗储层，平均孔隙度30.2%，平均渗透率5000mD。其中，MPE3油区采用丛式水平井平行布井方式，水平段为南北向。目前，区内拥有直井25口，水平井372口，水平井间隔300~600m，水平段长度达到800~1200m。

研究区Oficina组的最大洪泛面位于Yabo段的顶部，测深大概2840ft①，该段泥岩厚度在50~110ft，该段泥岩显示出高伽马、低电阻率的特征，目的层主要由3个油层组成，从上至下命名为O-11、O-12和O-13，其中O-12可进一步分为O-12s、O-12i两个砂层（图2-2），主要发育辫状河道、心滩、泛滥平原等三种沉积微相（Soto，2011）。

① $1ft=3.048\times10^{-1}m$。

潮坪
潮坪三角洲
浪控-潮控三角洲
潮汐沙坝
潮汐方向和强度
分流河道河口坝
潮汐入口
障壁岛
河口河道
Junin4
MPE3
三角洲平原
海岸平原和
更老的沉积地层
Boyacá
Junin
Ayacucho
Carabobo

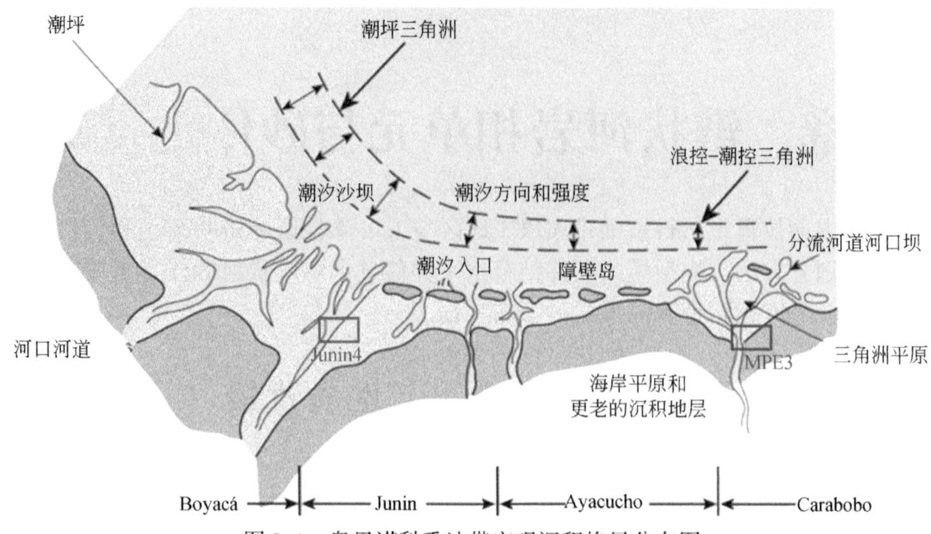

图 2-1　奥里诺科重油带宏观沉积格局分布图

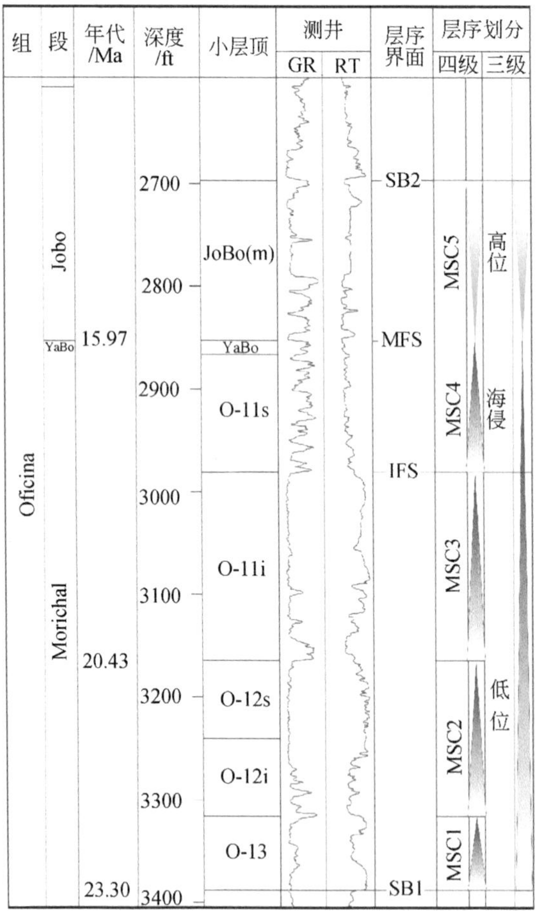

组
段
年代/Ma
深度/ft
小层顶
测井
GR
RT
层序界面
层序划分
四级
三级
Oficina
Jobo
YaBo
Morichal
15.97
20.43
23.30
2700
2800
2900
3000
3100
3200
3300
3400
JoBo(m)
YaBo
O-11s
O-11i
O-12s
O-12i
O-13
SB2
MFS
IFS
SB1
MSC5
MSC4
MSC3
MSC2
MSC1
高位
海侵
低位

图 2-2　研究区层序与小层划分图

2.1.2　区域沉积特征

区域沉积分析认为，重油带沉积物源主要来自南部的圭亚那（Guyana）地盾。重油带 Junin 区块沉积物源也来自南部圭亚那地盾。由于该地区河流与潮汐水动力变化较为剧烈，砂体成因、形态和分布规律变化也较为频繁，同样争议较大。Eisma 等（1978）通过对奥里诺科重油带的沉积物进行研究，指出该地区三角洲平原区域主要发育潮汐影响或潮汐控制的三角洲。Martinius 等（2012）对重油带中西部的沉积特征进行研究，通过孢粉数据和大量的研究指出该区受潮汐影响，发育较为复杂的沉积体系。而 Muller（1959）和 Laraque 等（2013）认为该区域主要发育辫状河和曲流河沉积环境。Chen 等（2014）在研究距离重油带较近的奥里诺科河三角洲的 Trinidad 露头时，通过大量的野外观察指出该地区沉积受控于潮水的作用和海平面的剧烈变动，因此沉积模式较为复杂。研究区目的层段 Oficina 组下段和 Merecure 组沉积时期为一套河流三角洲沉积体系。

现代奥里诺科三角洲和工区当时沉积的三角洲在模式和形态上具有很大的相似性，它们的共同特点是：三角洲平原的面积特别大，占整个三角洲的绝大部分，而三角洲前缘和前三角洲几乎不发育或发育较差，且三角洲靠海部分受潮汐作用的影响亦十分明显。通过查阅国内外相关文献及调研现代奥里诺科三角洲的研究资料，将该类三角洲划分为三角洲平原水上部分和三角洲平原水下部分。其中，又可以根据潮汐活动的特点，以最大高潮线为界将三角洲平原水上部分细分为上三角洲平原和下三角洲平原两部分；三角洲平原水下部分则包括三角洲前缘和前三角洲。上下三角洲平原划分的主要依据是看是否受到潮汐作用的影响，上三角洲平原主要受控于河流沉积作用，下三角洲平原受河流和潮汐的共同作用。

基于前人研究成果，在岩心观察描述的基础上，综合岩石学特征、粒度结构特征、岩心沉积微相，并结合测井曲线特征、砂体平面、剖面特征，认为 MPE3 区与 Junin4 区目的层为受潮汐影响的河流三角洲沉积环境。Oficina 下段下部发育上三角洲平原辫状河和曲流河沉积，Morichal 下段上部发育受潮汐影响明显的下三角洲平原分流河道沉积。三角洲前缘河口坝砂体沉积特征在 Junin4 工区范围内不明显，推断其可能分布在更靠近盆地方向的工区外北部地区。

由于不同学者的研究时期和研究区位置不一致，或研究范围较为局限，只能作为沉积背景研究的参考资料。通过对整个奥里诺科重油带中新世沉积演化过程的调研，分析认为奥里诺科重油带由晚白垩世到渐新世早期到早中新世再到晚中新世，从河控三角洲到潮控三角洲到河口湾的演化过程，而对于 MPE3 工区，则发育从远源砂质辫状河河控三角洲到潮汐影响的三角洲再到潮控三角洲的沉积演化过程，其中 O-11、O-12 和 O-13 油层段辫状河道沉积十分发育。

2.2 岩相单元划分

2.2.1 储层岩石学特征

1. 岩石颜色

工区内砂岩基本都含油，颜色受含油性的影响，从深黑色到棕色到浅黄色不等。泥岩颜色变化明显，其中，E 砂组内部泥岩为灰白色，Oficina 组下段以灰黑色泥岩为主，对沉积环境具有指示作用。目的层由下向上基准面逐渐上升，泥岩的颜色加深，沉积环境由上三角洲平原逐渐过渡为下三角洲平原，上三角洲平原泥岩中局部夹泥炭成分，有机质含量富集。

2. 岩石成分

主要目的层的岩石矿物以石英为主，石英含量为 65% 以上，长石含量低于 10%，黄铁矿、菱铁矿、方解石和白云石含量一般不超过 5%（表 2-1）。

表 2-1 各油层段岩石矿物成分分析表 （单位:%）

层位	统计井数	样品数	石英	黏土	钾长石	钠长石	黄铁矿	菱铁矿	方解石	白云石
Mioceno	4	11	53.36	20.45	6.45	2.55	1.09	1.73	11.64	2.73
Básales	4	8	64.5	19.25	3.5	4.5	1.13	1.25	4.88	1
Oligoceno	4	9	69.67	15.22	2.67	0.22	1.11	2.33	7.22	1.56
Cretacico	4	3	68	19	0	0	0.67	0.33	10	2

经分析，该区特殊矿物基本可以分为铁质矿物和钙质矿物两类，从矿物出现的形式来说，铁质矿物多以结核或晶体出现，钙质多以钙质胶结出现。黄铁矿其含量较低，反映弱还原～弱氧化的沉积环境，属于下三角洲平原沉积环境。储层段黏土矿物含量见表 2-2，主要目的层的黏土矿物以高岭石+绿泥石为主，其含量占黏土矿物总含量的不到 50%，Oligoceno 层伊利石含量较高，其含量占黏土矿物总含量的 34.95%。

表 2-2 储层段黏土矿物含量表 （单位:%）

层位	样品数	高岭石	绿泥石	高岭石+绿泥石混层	伊利石	伊利石/蒙脱石	蒙脱石	伊利石+蒙脱石混层
Mioceno	11	31.55	0.00	44.73	18.55	1.45	3.18	0.55
Básales	8	20.13	5.50	47.88	24.25	0.00	2.25	0.00
Oligoceno	21	21.81	0.57	28.43	34.95	13.05	1.19	0.00
Cretacico	3	59.67	0.00	24.67	13.67	0.00	2.00	0.00

总体来讲，Junin4 与 MPE3 两个区块的储层岩性为细砂岩-砂砾岩，颗粒成分主要为石英，含少量长石。Oficina 组下段的 A、B、C、D 砂组以中砂岩和细砂岩为主；E 砂组主要为细粒石英砂岩，含薄层泥岩和少量钙质；Cretacico 的 Canoa 组为中—粗颗粒砂岩储

层，泥质夹层较发育。

3. 结构特征

粒度是反映碎屑岩结构成熟度的主要方面，分析粒度就是分析碎屑岩颗粒的大小以及粒度的分布。碎屑岩粒度的分布和分选性是搬运能力的度量尺度，是判断沉积时的自然地理环境、流体性质和水动力条件的良好标志。

Junin4 区中，岩性分选中等，磨圆较差，呈疏松、弱—未固结。储层粒度分析结果统计粒度结构统计见表 2-3。粒度结构参数统计分析结果为：Básales C 段平均粒度中值为 0.213mm，偏度 0.52，尖度 1.44。Básales D 段平均粒度中值为 0.267mm，偏度-0.21，尖度 1.22。Oligoceno E 段平均粒度中值为 0.258mm，偏度-0.53，尖度 1.80。表明该地区为近物源沉积，主要以河流砂沉积为主。

表 2-3 Junin4 油田储层砂岩粒度结构参数统计

层位	样品数	粒度中值/mm	平均粒度/mm	标准偏差	偏度	尖度
Básales C	1	0.213	0.204	0.54	0.52	1.44
Básales D	3	0.267	0.450	1.44	-0.21	1.22
Oligoceno E	1	0.258	0.414	1.23	-0.53	1.80

由于样品点较少，仅分析总结了 C、D、E 砂层组主要微相的粒度概率曲线特征。E 砂组复合心滩坝和河道充填砂粒度概率曲线可总结为两类，前者表现为两段式，发育滚动和跳跃总体，缺乏典型的悬浮总体；后者为三段式，在滚动和跳跃总体之间发育一个显著的过渡带，反映出水动力条件频繁变化的特点（图 2-3）。

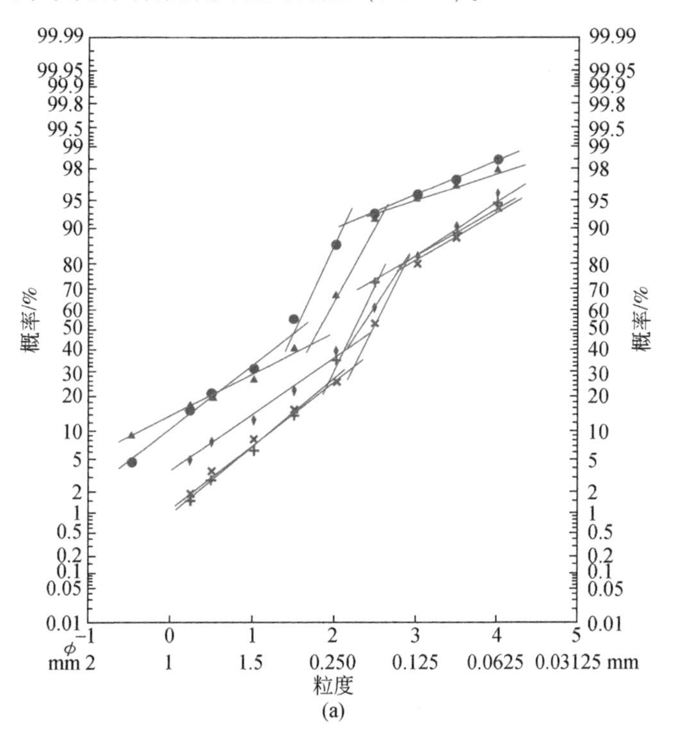

(a)

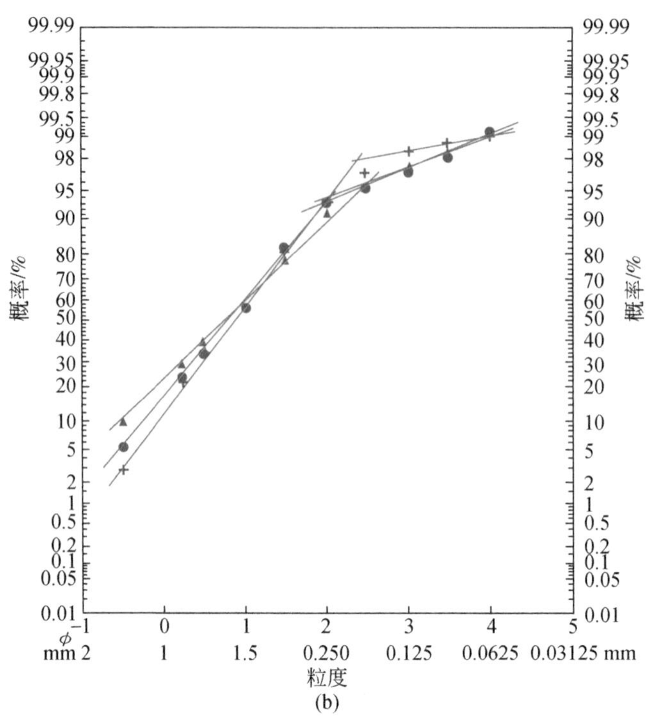

图 2-3　辫状河心滩坝和河道充填粒度概率曲线特征

(a) 辫状河心滩坝；(b) 辫状河河道

E 砂组河道间沉积粒度概率曲线呈三段式，细粒的悬浮组分含量较多，斜率低，分选较差（图 2-4）。

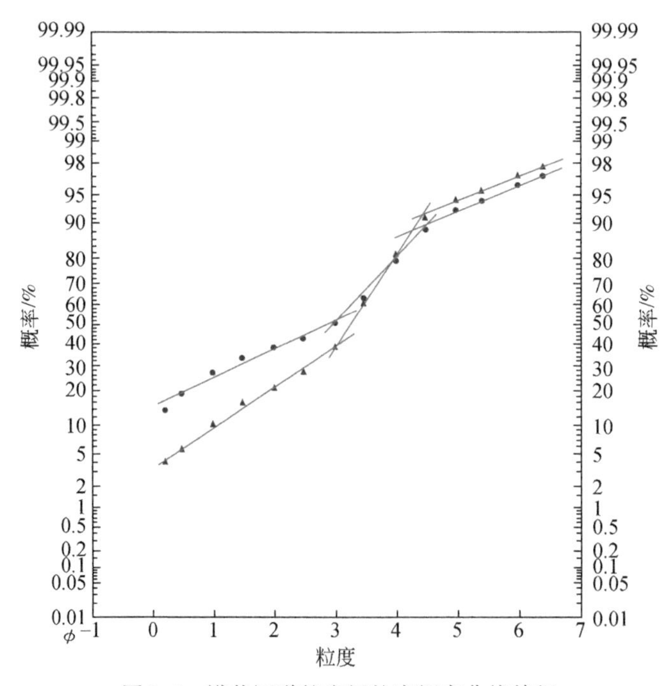

图 2-4　辫状河道粒度间粒度概率曲线特征

C、D砂组曲流河道岩性以中细砂岩为主，是仅次于E砂组辫状河道的有利储层类型，粒度概率曲线为三段式，有部分悬浮组分存在（图2-5）。

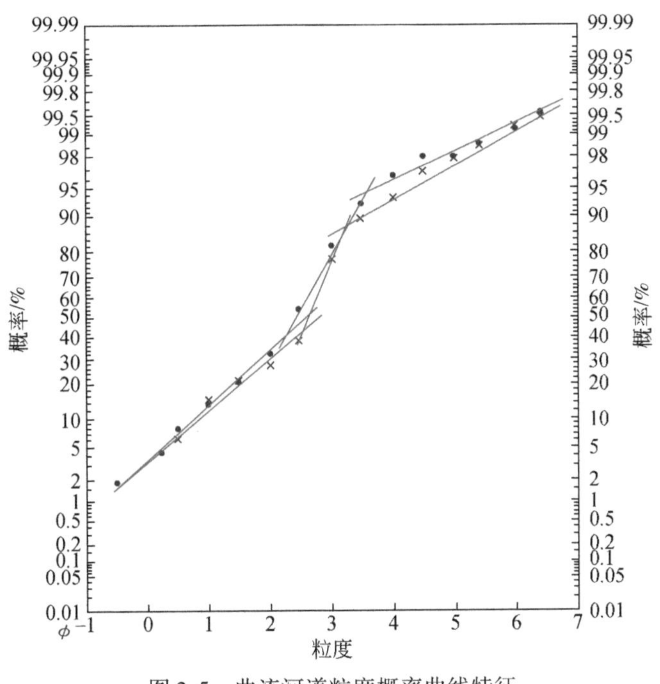

图2-5　曲流河道粒度概率曲线特征

MPE3区中，Morichal和Jobo段砂岩成分中颗粒占64%，基质占12%，胶结物占3.9%，孔隙度占12%，但主要目的层孔隙度为21%～37%，平均值在32%左右，峰值孔隙度在33%左右；渗透率为20～18900mD，平均5350mD左右，峰值渗透率在8000mD左右；为特高孔、特高渗储层。砂岩岩矿组分中石英占76.5%，岩屑占0.4%，斜长石占0.1%，黄铁矿占1.0%，泥质占13.3%，碳质占1.9%，白云母少量，其他占6.7%。颗粒以石英为主，占99.4%，岩屑占0.5%，斜长石占0.1%。

通过MPE3区的粒度分析资料，统计分析结果为：Morichal和Jobo段平均粒度中值为0.24mm，泥质含量5.75%，分选系数1.44。砂岩颗粒磨圆度为次圆状—圆状，分选中等到好，生物扰动现象常见，整体结构成熟度较高，砂岩为颗粒支撑，具有层状结构。从粒度分布图（图2-6）可以看出，砂岩颗粒大小为0.05～0.6mm，峰值为0.3mm左右。

4. 沉积构造特征

根据取心井照片观察，主要存在以下几种明显的层理构造。

1）块状层理

块状层理是最发育的层理类型，特别是E层辫状河复合心滩沉积，均以块状层理为主，垂向上也没有明显向上的变细特征，单层厚度普遍较大，反映辫状河在沉积与迁移过程中具有流速快，携载沉积物量大，沉积速度快的特点（图2-7）。

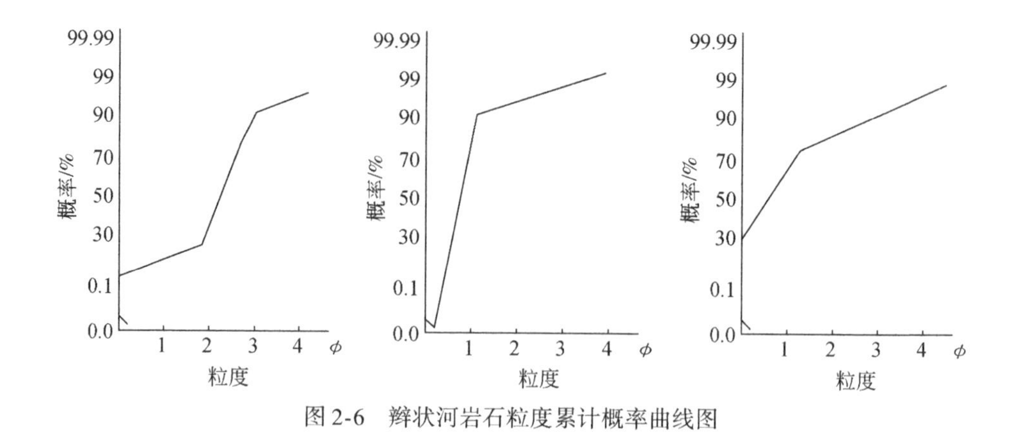

图 2-6　辫状河岩石粒度累计概率曲线图

2）槽状交错层理

该类交错层理规模较大，在岩心上只能看到局部特征，层理由垂向颗粒的明显变化显示，槽的底部为细砾岩，向上为中—细砂岩，两种不同岩性呈现纹层并向下出现收敛趋势（图 2-8），岩性不同，物性有明显差异。

3）水平层理

主要发育于泛滥平原、分流河道间沉积，岩性以粉砂质泥岩、泥质粉砂岩、泥岩为主，局部夹粉砂质条带，有时出现粉砂岩夹泥质条带，层理纹层不明显，其成因可能与季节性洪水泛滥后悬停的细粒组分沉积有关（图 2-9）。

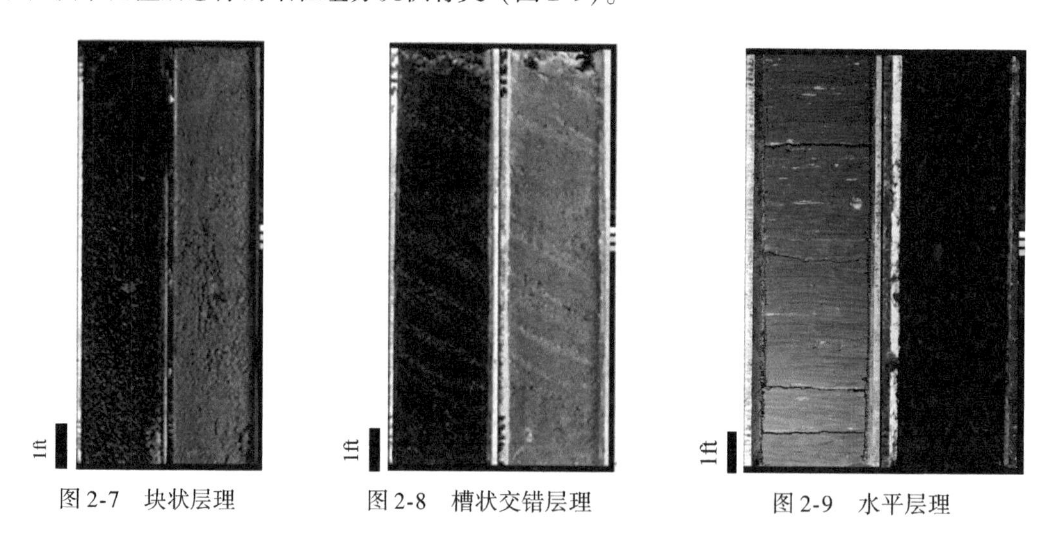

图 2-7　块状层理　　图 2-8　槽状交错层理　　图 2-9　水平层理

4）透镜状层理和包卷层理

透镜状层理广泛发育于有利于泥质沉积的较动荡水动力环境下，表现为砂质沉积物呈透镜体包含在泥质沉积物中，这些砂质透镜体空间上呈断续分布，在研究区，通常出现在泛滥平原洪水期、决口扇/溢岸等相关环境中。

包卷层理与透镜状层理共生，当水动力作用较强时，部分细粉砂质沉积被冲进泛滥平原中形成包卷状，应该与决口/溢岸作用有关（图 2-10）。

5）波状层理

波状层理常在砂泥供应稳定、沉积和保存都较为有利的强弱水动力条件交替的情况下形成，在波状层理中，砂和泥呈交替的波状连续层，主要发育在粉砂岩、泥质粉砂岩和泥岩、粉砂质泥岩互层的地层中。研究区发育不对称波状层理，其波峰波谷两翼不对称，指示单向流水特征（图 2-11）。

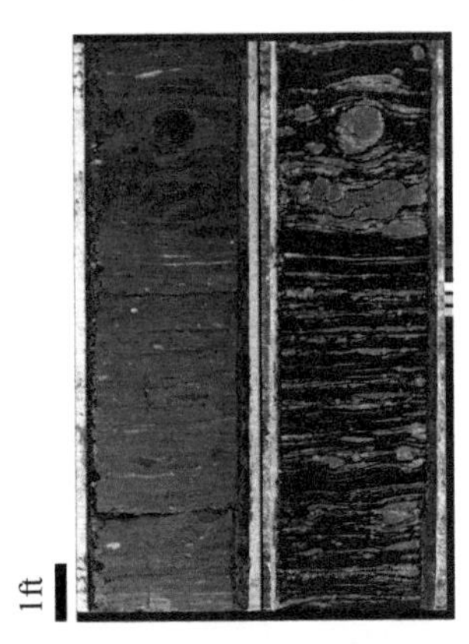

图 2-10　透镜状层理和包卷层理

图 2-11　波状层理

5. 生物化石特征

研究区的生物化石不太发育，一般来看，在下三角洲平原的泥岩和粉砂质泥岩中，局部可见黑色炭屑或泥炭、植物叶片及植物根系化石，反映其时而水上时而水下频繁交互的沉积环境。

2.2.2　岩相类型识别与划分

岩相是在一定沉积环境中形成的岩石或岩石组合，包括其岩性（颜色、成分）、结构（粒度、分选、磨圆）、沉积构造、古生物化石等特征。岩相是沉积相的主要组成部分，与沉积相具有从属关系。岩心是油田地质开发研究中最直接、最全面的第一手资料，是研究确定岩相和沉积微相最直接的依据。

以 MPE3 区内系统取心井 CES-2-0 为例，该井取心深度为 3428.0 ~ 3117.0ft，取心进尺 255ft，实际取心 156.6ft，取心率 61.41%。全段岩心主要以砂泥岩组合为特征，砂岩所占比例相对较大，从 3352.5ft 开始向上至 3341ft 为一套底部灰白、向上偏灰至灰黑色的中—粗砂岩，可见明显的泥砾或泥质团块，顶部可见槽状交错层理，推测其为远源砂质辫状河河道；3321 ~ 3302ft 段岩心，底部为一套灰黑色中粗砂岩相，无明显层理，分选中等偏好，可明显观察到油侵现象，向上过渡为细砂岩、粉砂岩，可见粉砂质泥岩及薄层泥岩，可见波状层理，推测其细粒沉积为泛滥平原沉积微相；3310 ~ 3276ft，底部见 2ft 以粉细沙为主，中间可见砂质团块，向上至 3291ft 为一套中粗砂岩，颗粒分选磨圆较好，局部可见槽状交错层理，向上可见一套较薄的砂泥薄互层，再过渡为一套质较纯的中—细砂岩；3271 ~ 3213ft 段内从底部到 3263ft 为一套从下至上从灰白到深灰色的中—粗砂至细砂的过渡段，砂质较纯，分选磨圆较好，层理不明显。之后为一大套的深灰色中粗砂岩，见明显的泥岩撕裂屑和底部块状层理，中部见槽状交错层理，结合区域沉积背景，分析认为其主要为辫状河三角洲心滩沉积。3170 ~ 3163ft 段为灰褐色中粗砂岩，可见明显的泥质条带，顶部可见生物扰动痕迹；3162 ~ 3157ft 为一套灰—灰黑色粉砂或粉砂质泥岩；3152 ~ 3142ft 为一套深灰色泥质粉砂岩，可见明显的包卷层理和透镜状层理，对发育于泥质沉积的动荡水动力环境下，表现为砂质沉积呈透镜体包含于泥质沉积物中，在空间上呈连续分布，结合沉积背景资料，推测其为泛滥平原洪水期的沉积环境；3142 ~ 3138ft 从下向上粒度逐渐变粗，在砂质中出现泥质团块，并过渡为砂质较纯的中粗砂沉积；3132 ~ 3117ft 为一套质地较纯的灰色中细砂岩，间块状层理，其间可见极少的薄层泥质粉砂的细粒沉积。

结合 1.2 节有关岩相研究的方法，根据研究区实际岩心观察结果，发表研究区岩性以粗-中砂岩为主，砾岩和细砂岩其次，局部发育泥岩。岩石颜色以灰绿色、灰色、灰黄色为主，偶见褐色、灰黑色泥岩。以砂泥岩合为主，可识别出 12 类岩相（图 2-12）。

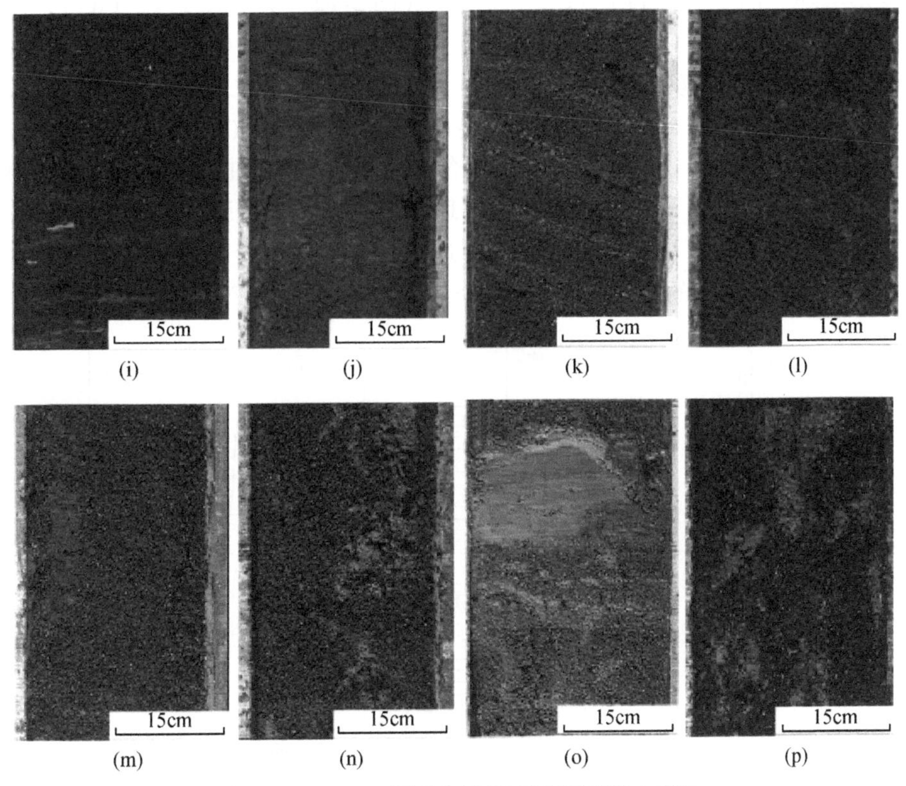

图2-12　MPE3区辫状河主要岩相类型岩心照片

（a）1007.7m，纹层状粉砂质泥岩；（b）963.8m，水平纹层泥质粉细砂岩；（c）1007.4m，纹层状泥岩与粉砂岩混合；（d）910.2m，水平纹层泥质粉砂岩；（e）958.9m，沙纹层理泥质粉细砂岩；（f）960.7m，具有变形层理泥质粉细砂岩；（g）964.7m，生物扰动细砂岩；（h）835.1m，平行层理细砂岩；（i）966.2m，含泥质纹层中—细砂岩；（j）952.2m，薄泥质条带中砂岩；（k）927.3m，板状交错层理中—细砂岩；（l）987.6m，块状层理中砂岩；（m）994.6m，槽/板状交错层理中砂岩；（n）991.8m，含泥砾中砂岩；（o）882.3m，含泥质团块与条带粗砂岩；（p）993.6m，含泥质团块粗砂岩

图2-12主要包括泥岩—泥质粉砂岩类（图2-12（a）~（d））、粉细砂岩—细砂岩类（图2-12（e）~（h））、中—细砂岩至中砂岩类（图2-12（i）~（n））、含砾砂岩—粗砂岩类（图2-12（o）~（p））。砂岩以中—细砂岩最为发育，中间夹薄层粉砂岩和泥岩，可见含砾砂岩（图2-12（o））与泥质团块较发育的粗砂岩（图2-12（p））。中—细砂岩岩性疏松，主要由较为纯净的未固结砂岩组成，分选中等—好（图2-12（e）~（n）），部分由于泥质的影响导致分选较差。颗粒磨圆度为次棱角—次圆，成分成熟度中等。整体来看，由下至上颗粒分选、磨圆度、成分成熟度均逐渐变好，反映受水动力影响逐渐变得更强烈。粉细砂岩与泥岩多表现为砂泥质混合的岩性特征（图2-12（a）~（f））。镜下观察统计发现，矿物成分以石英为主（平均含量在90%以上），黏土矿物以高岭石为主（占黏土矿物总含量的70%以上）。沉积构造主要发育层理构造、冲刷构造和生物构造。层理构造主要有槽状与板状交错层理（图2-12（m）、图2-12（k））、块状层理（图2-12（l）、图2-12（n））、平行层理（图2-12（h））、沙纹层理（图2-12（a）、图2-12（c）、图2-12

(e))、变形层理（图2-12（f））和水平纹层理（图2-12（b）、图2-12（d）），其中槽状与板状交错层理在O-12～O-13小层最为发育。砂岩底部偶见冲刷面，并伴有少量的泥砾，也常见明显虫孔与生物扰动的迹象（图2-12（g））；砂岩中常见泥质纹层（图2-12（i））、泥质条带（图2-12（j））或泥质团块（图2-12（o）、图2-12（p））。

研究区常见的辫状河岩相单元及岩相组合以O-12～O-13油层为例（图2-13），砂岩相中以Sm（块状砂岩相）、St（槽状交错层理砂岩相）、Sp（板状交错层理砂岩相）、Sr（波状层理砂岩相）、Sb（生物扰动砂岩相）最为常见；粉细砂岩相以Fr与Fl最为常见；因此，研究区辫状河储层的岩相组合方式以Sm+St+Sm+Sr+Sb+Fr+Fl为主。

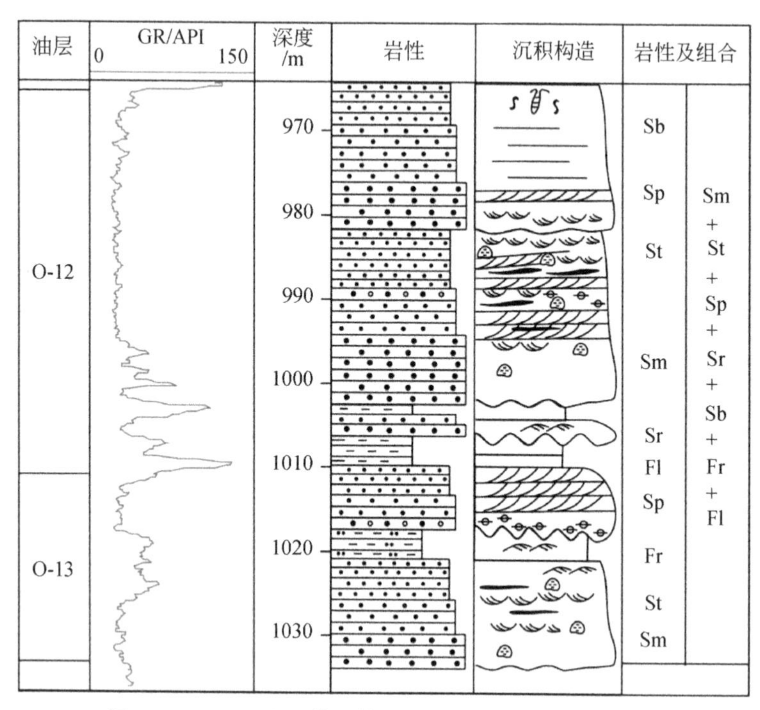

图2-13　MPE3地区典型辫状河岩相单元与组合划分图

利用反映储层物性特征的泥质含量、孔隙度、渗透率资料，可将研究区岩相单元划分为四类（表2-4）。Ⅰ类代表高孔、高渗含砾或粗砂岩，主要由a、b类岩相组成；Ⅱ类代表中孔、中渗的中粗砂岩，主要由c、d类岩相组成；Ⅲ类代表中低孔、低渗的细粉砂岩，主要由e、f类岩相组成；Ⅳ类代表渗流屏障，主要为泥岩和粉砂岩，由g、h类岩相组成（图2-12）。

表2-4　岩相单元划分的物性标准

岩相单元	孔隙度/%	渗透率/mD	泥质含量/%
Ⅰ类	>30	>5000	<8
Ⅱ类	28～30	1000～5000	8～12
Ⅲ类	25～29	100～1000	12～26
Ⅳ类	≤25	≤100	26～52

岩相单元的分布与沉积微相具有一定的关系，同一个沉积微相中不同区域的岩相单元可能不同（图 2-14）。Ⅰ类岩相主要分布于心滩中，还有少数位于河道下部；Ⅱ类岩相主要分布于河道上部，部分分布于心滩和河道间；Ⅲ类岩相主要分布于辫状河道边部和河道间，少数位于心滩中。Ⅳ类岩相主要泛滥平原、心滩内部的落淤沉积及河道边部。

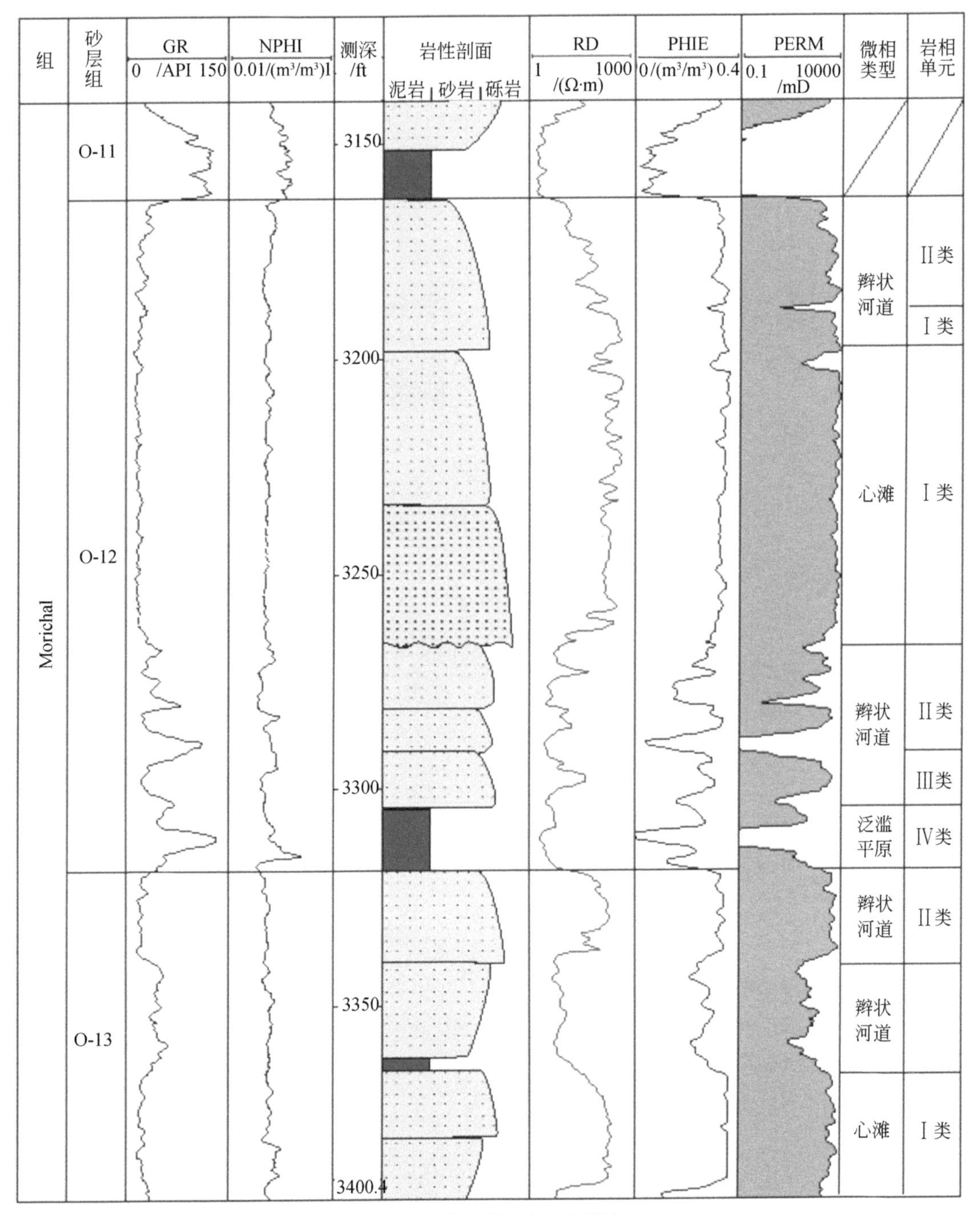

图 2-14 岩相单元与沉积微相

以往的研究中更多利用直井对岩相的纵向变化进行描述，而利用水平井资料可以更精细地划分和描述岩相的横向分布和变化规律，特别是同一个微相中岩相的横向变化，这是以往利用直井难以实现的。

水平井的测井解释成果可以对岩相的横向变化做出更准确的刻画。横向上砂体内部岩相的变化非常频繁（图2-15），这也反映了辫状河沉积过程中水道经常变迁所带来的沉积复杂性以及储层的非均质性，但水平井钻遇的岩相类型总体以相对优质的Ⅰ类与Ⅱ类岩相为主。

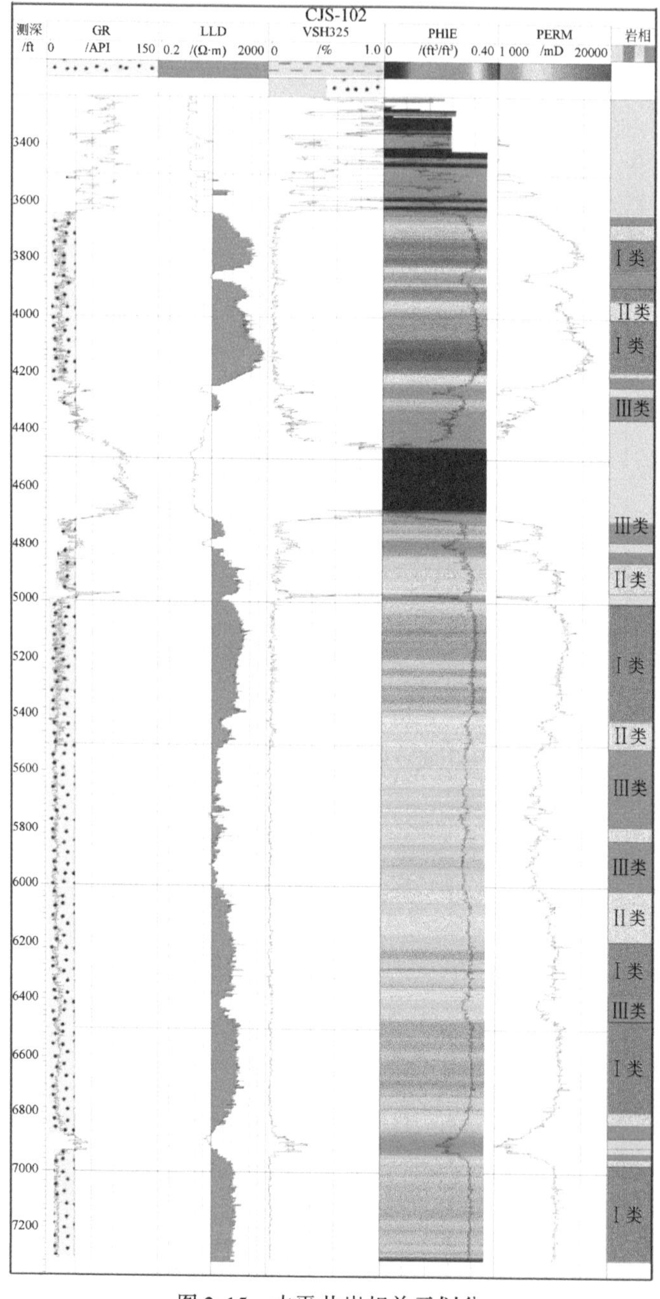

图2-15　水平井岩相单元划分

2.3 储层成因砂体规模定量研究

传统砂体规模研究，在缺乏水平井信息时，多结合野外露头与现代沉积考察的结果进行成因类比，很难对实际地下井区做出比较客观而准确的定量预测。而研究区有大量水平井，因此可以充分利用水平井信息，尤其是可以利用水平井横穿砂体的特点，确定不同成因砂体的宽度；利用多水平井平行布井的特点，可以确定砂体的长度；利用钻穿目的层的直井段，可以确定砂体的厚度；结合水平井与直井，通过多井对比和平面组合最终可以确定研究区地下砂体形态及长宽比等定量信息。

2.3.1 水平井穿越砂体形式

工区内水平井水平段横穿河道砂体的形式，大致可以分为以下三种情况：直穿型、上穿型、下穿型（图2-16）。直穿型表现为两种形式：一种为没有穿过单砂体，为无效数据（图2-16（a））；另一种为穿过单砂体，属于有效数据（图2-16（b））。上穿型也表现为两种：一种没有经过或很少钻进目的层位单砂体，为无效数据（图2-16（c））；另一种上下跳跃的幅度比较大，但终端从单砂体穿过，属于需要轨迹校正的有效数据（图2-16（d））。下穿型有两种形式：一种为直接下穿至其他层位的单砂体，为无效数据（图2-16（e））；另一种下穿单砂体，但终端横穿目的砂体，也属于需要轨迹校正的有效数据（图2-16（f））。

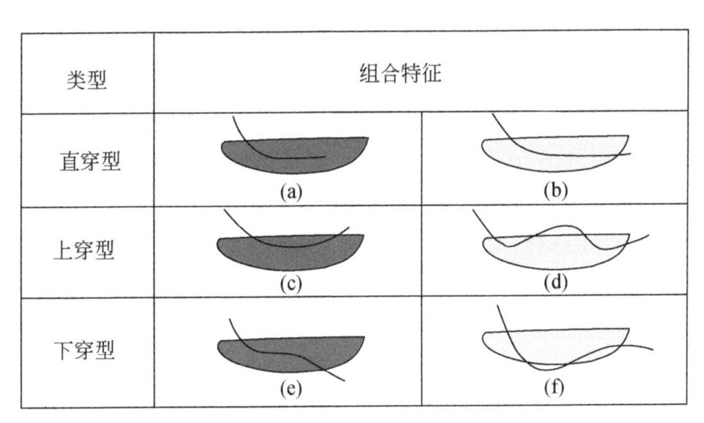

图2-16 水平井穿越河道砂体的模式示意图

在选择有效水平井数据的基础上，将水平段轨迹先沿着砂体平面方向投影（图2-17（a）），之后再沿垂直于河道方向投影（图2-17（b）），最终将水平段数据转化为能描述河道沉积特征的有效数据（图2-17（c）），可以对砂体边界和规模以及砂体内部夹层做出客观定量的分析。

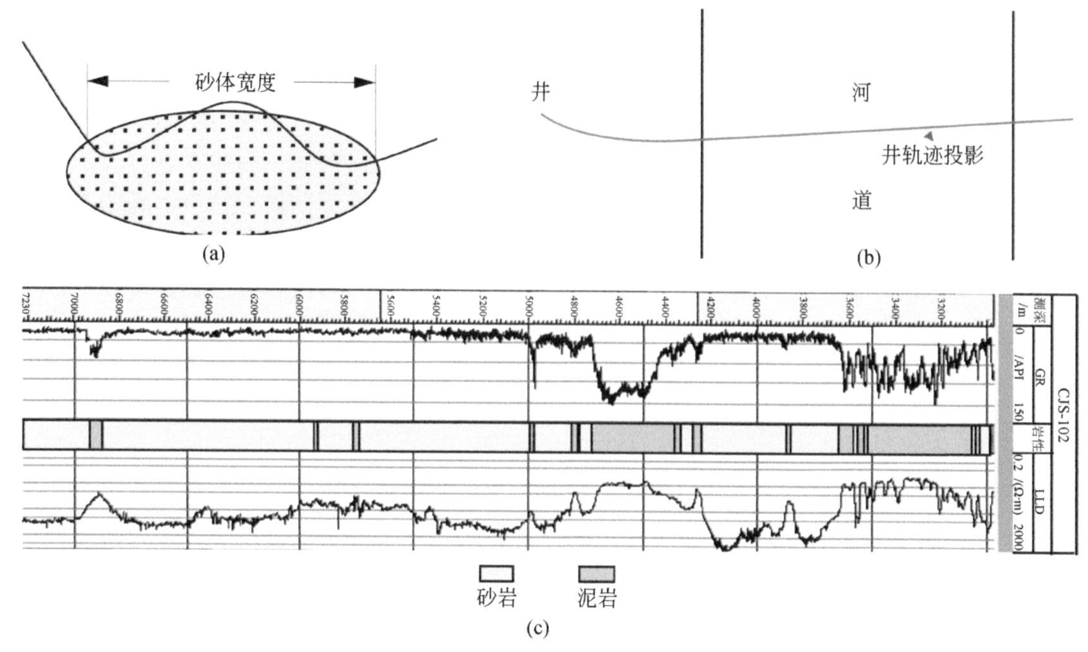

图 2-17　水平井测井曲线校正

（a）水平井轨迹与砂体关系示意图；（b）水平井轨迹及其在垂直河道方向的投影示意图；（c）水平井测井曲线校正后砂体解释结果

2.3.2　水平井刻画单期砂体规模

本区河道砂体为向上变细的正旋回，自然伽马曲线多表现为锯齿块状或钟形。心滩自然伽马曲线表现为箱形或者齿化箱形，砂岩单层厚度从几米到十几米，垂向相互叠加。研究区实际生产井有 4 套水平井井网，分别生产 O-11、O-12s、O-12i 和 O-13 油层的油气，各层段井网中的水平井井段只穿越相应的层位（图 2-18（a））。

在结合水平井井段研究心滩砂体及河道平面展布情况时，通过对水平段 GR 曲线的观察可以发现，水平段的 GR 曲线多为弱齿化箱形，曲线较平稳，某些部分曲线值较高，针对这种异常的曲线变化，总结出平面上砂体的可能分布情况（图 2-18（b）），反映了水平井井段穿过河道砂体时，其河道砂体的侧积作用及其之间的泥质夹层部分会出现 GR 曲线持续增大的情况，而在穿过心滩内夹层及河道与心滩的边界位置时会出现 GR 值增大的情况。

通过对 4 套水平井网特点及典型穿越砂体模式的总结，可以对工区内的目标层位水平面砂体的展布情况进行分析。本章以 O-11 油层为例，分析工区某小块区域中心滩砂体及河道的展布情况。由于该时期地层较稳定，且水平井距较小，可先根据同一区域内O-11井网的水平井，分析其穿过 O-11 油层校直之后的测井段曲线特征，分析其在该层（O-11）的沉积微相，如图 2-18（a）所示的 CJS-153、CJS-142、CJS-151 三口井在 O-11 校直段可以反映这三口井在 O-11 的沉积微相；再根据水平井井段远端的直井或斜井所穿过 O-11 油

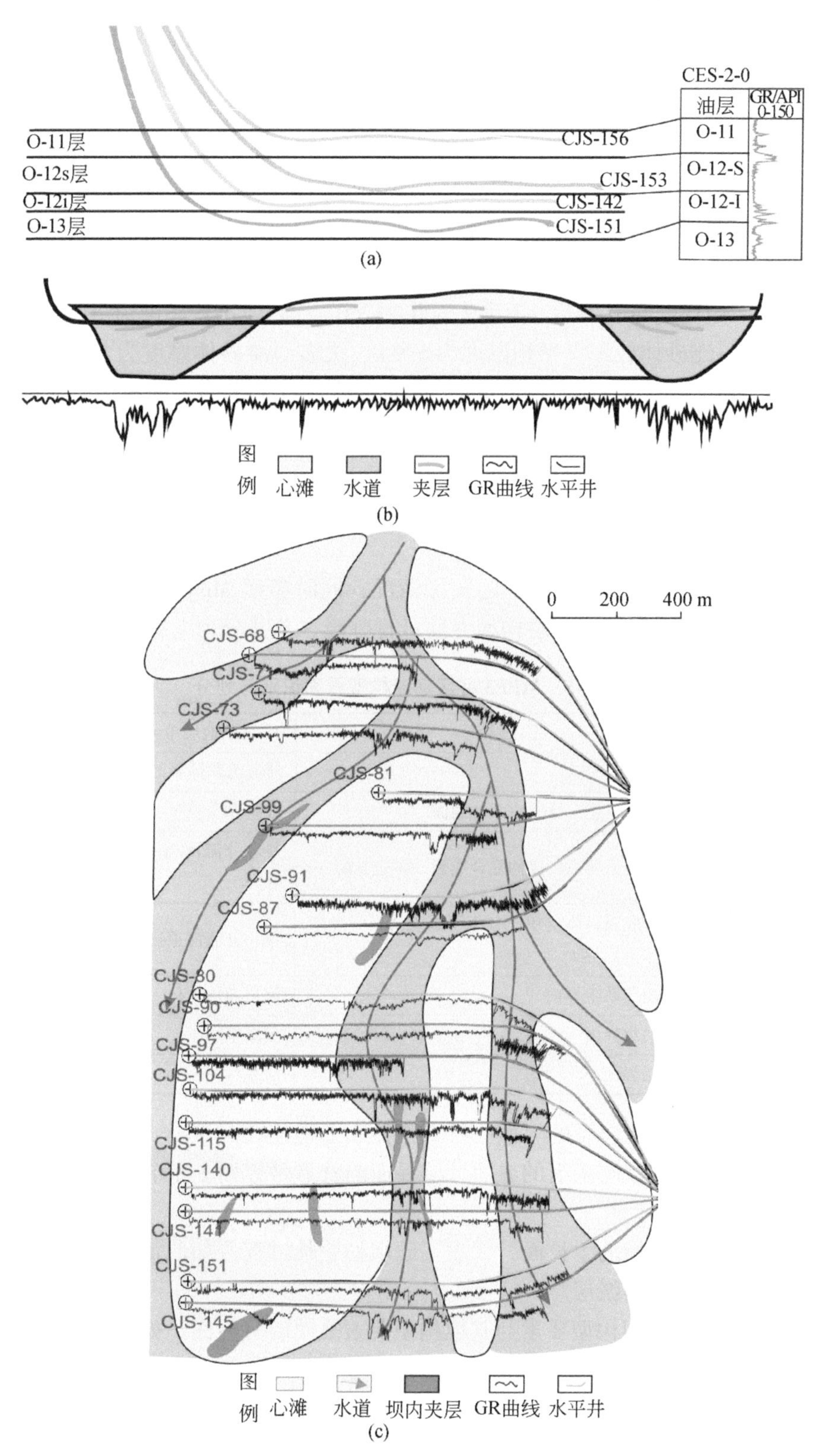

图 2-18　水平井刻画心滩及河道的平面展布示意图

（a）水平井开发层系示意图；（b）水平井钻遇河道、砂坝及夹层示意图；（c）水平井钻遇并确定砂体规模示例图

层校直之后的测井曲线特征，确定 O-11 远端的沉积微相，再结合水平井穿过河道与心滩的模式（图 2-18（b）），大致确定心滩砂体及河道的规模与展布情况。

通过大量相互平行的水平井数据的对比分析，在单砂体级别实现了对河道、心滩的地下平面分布形态的刻画，并实现了对不同微相单砂体和内部夹层规模特征的描述（图 2-18（c））。

对研究区所有井进行对比统计发现，本区辫状河道单期砂体宽度集中分布在400～1000m，平均宽度为640m，单期河道充填砂体的平均厚度为 2.7m，大多为 2.0～4.0m；单期心滩砂体平均宽度为1030m，大多为600～1200m，心滩平均长度为2010m，大多介于1500～2500m，心滩砂体较厚，平均厚度为 5.9m，大多心滩砂体厚度为 5.0～7.0m；夹层厚度多在 1m 范围之内，但横向规模变化很大，总体在数十米内分布较多，横向宽度大于100m 的比较少见，而这正是辫状河砂体典型“砂包泥”特征的体现。

2.3.3　辫状河构型模式

结合 MPE3 井区 Morichal 段油藏的实际情况，同时参照 Miall 的界面分类方案，依据从小到大的要素对研究区河流储层构型界面进行分级，总共分为七级构型界面（表 2-5）。

表 2-5　MPE3 井区河流构型界面识别与划分

层次构型界面级别	成因	地层单元	岩性
七级构型界面	多期复合河道	河流沉积体系	稳定厚层泥岩
六级构型界面	河道充填复合体的底部冲刷面	砂组界线	厚层泥岩
五级构型界面	单一分流河道构成的复合成因砂体边界面	复合分流河道及单砂体界线	稳定泥岩层
四级构型界面	单一成因砂体（单一分流河道或河道间溢岸砂体等）界面	单一分流河道边界	泥岩夹层
三级构型界面	层理层系组界面	河道内加积体	薄层泥岩夹层
二级构型界面	纹层组界面	层系组	侵蚀面
一级构型界面	纹层界面	层系	侵蚀面

一级构型界面是交错层系的界面，特点是界面上是连续沉积。

二级构型界面是交错层系组的界面，该界面的特点是界面上下岩相类型存在变化，特别是层理类型。

三级构型界面是砂坝的生长面，代表了砂坝的生长过程，如曲流河边滩内部的侧积层以及辫状河心滩内部的落淤层。

四级构型界面是砂坝构型要素与其他构型要素之间的分界面，如曲流河的边滩界面。

五级构型界面是单河道之间的分界面，它是一期河道的死亡面。

六级构型界面是复合河道的分界面，也就是单砂体之间的分界面，该界面的主要特点是在该界面内的砂体，可以在平面上由一条或多条河道组成，但是在垂向上并没有稳定的隔层将其再分，也就是说平面上具有可分性但是在垂向上不具有可分性。

七级构型界面为大型沉积体系的界面，为多期复合河道砂体叠加而成的河流相体系分界面。

MPE3 区典型岩心照片分析显示，在岩心上从大到小可以识别出一至六级构型界面，但由于一至三级界面的要素规模较小，在此重点标研究四至六级构型界面，且各级构型界面与岩性突变面、隔夹层边界面对应良好（图2-19）。

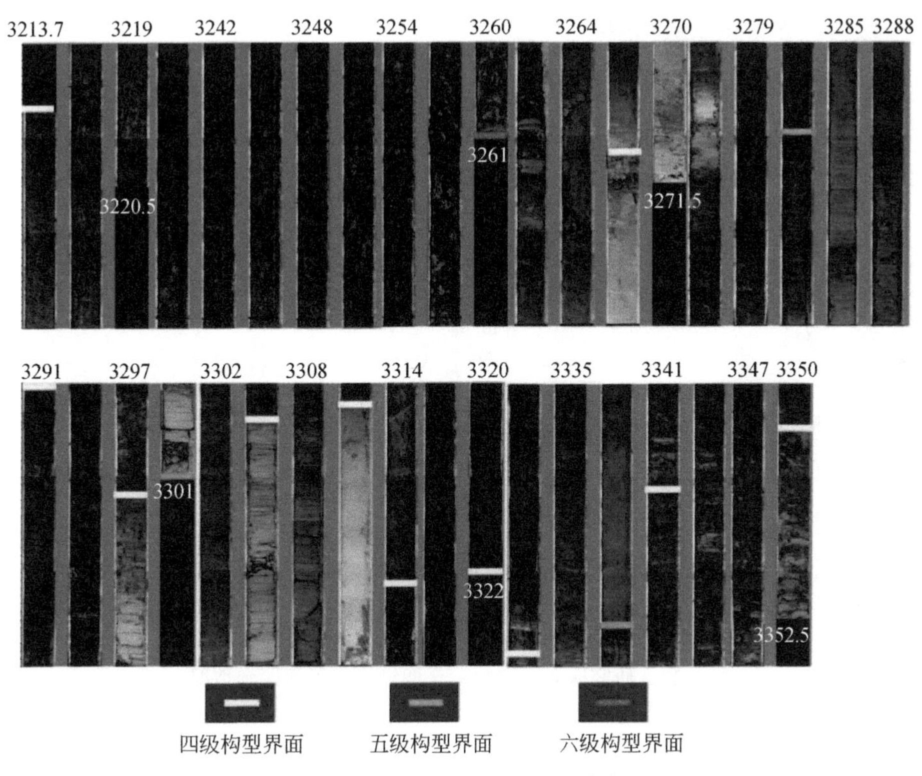

图2-19　取心段构型界面识别（单位：ft）

从岩心上可明显地识别出，从3352.5ft开始向上至3341ft为一套底部灰白，向上偏灰至灰黑色的中—粗砂岩，可见明显的泥砾或泥质团块，顶部可见槽状交错层理，推测其为远源砂质辫状河河道沉积，即识别出代表河道冲刷面的四级构型界面，3322～3302ft段岩心，底部为一套灰黑色中粗砂岩相，无明细层理，分选中等偏好，可明显观察到油侵现象，向上过渡为细砂岩、粉砂岩，可见粉砂质泥岩及薄层泥岩，可见波状层理，推测其细粒沉积为泛滥平原沉积微相，可识别出五级构型界面，3261～3213ft段为一套从下至上从灰白到深灰色的中—粗砂至细砂的过渡段，砂质较纯，分选磨圆较好，层理不明显。之后为一大套深灰色中粗砂岩，可见明显的泥岩撕裂屑，底部为块状层理，中部见槽状交错层理，结合区域沉积背景，分析认为其主要为辫状河三角洲心滩沉积，可清楚地识别出代表心滩沉积体的四级构型界面，且在2161ft处可识别出代表六级构型界面的河道带沉积边界。

六级构型界面为河道充填复合体底部冲刷面，其限定的沉积单元为复合河道或复合分流河道的顶界面。研究层段各砂组之间发育稳定泥岩段，即为六级复合河道界面。五级构型界面为单一河道构成的复合成因砂体边界面，其限定的沉积单元为复合河道砂体及单砂体。与小层间泥岩隔层相对应，各小层之间发育的相对稳定泥岩层，即为五级复合成因砂体边界面；四级构型界面为单一成因砂体界面，其限定的沉积单元为单一分流河道及单一成因砂体。与砂体间泥岩隔层相对应，研究层段各小层内部单一河道间的泥岩夹层，即为四级单一成因砂体界面。

1. 一级构型界面和二级构型界面的识别

一级构型界面与二级构型界面级次很小，定义为交错层系和交错层系组的界面，在沉积学中对应层系及层系组界面。在本研究区，主要利用岩心资料识别出一级构型界面和二级构型界面，如在 CJS-1-0 取心井槽状交错层理砂岩中可见（图 2-20）。

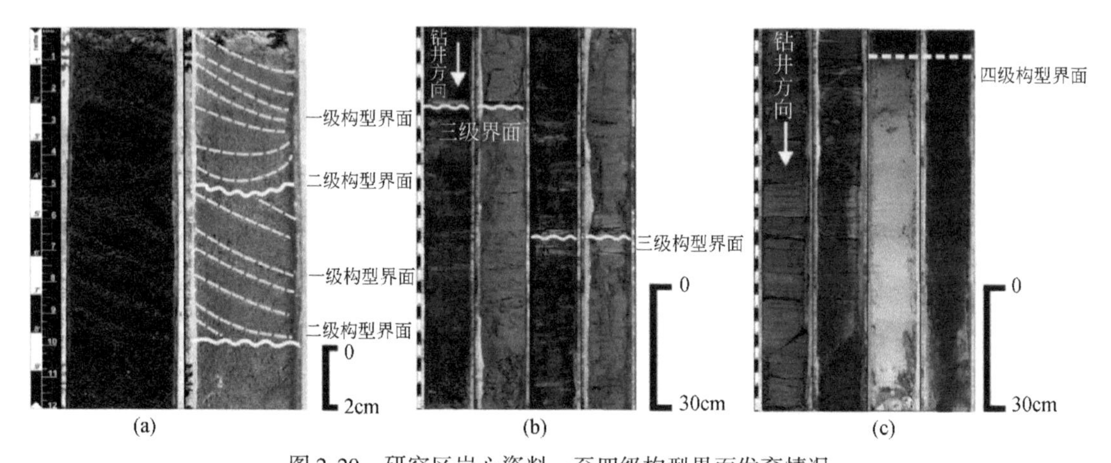

图 2-20　研究区岩心资料一至四级构型界面发育情况

（a）一级构型界面和二级构型界面；（b）三级构型界面；（c）四级构型界面

2. 三级构型界面和四级构型界面的识别

三级构型界面为巨型底形的内部界面，一般认为是单成因砂体内部增生单元之间的界面，如落淤层或河口坝增生体间的分界面。在工区较典型的三级构型界面即心滩坝内落淤层（指示一期三级心滩坝增生单元发育结束），落淤层发育部位一般岩性偏细，为粉砂岩或泥岩，与周围储层差异较大（图 2-20）。在测井上，落淤层发育处 SP 曲线会出现轻微回返，高 GR 曲线值，微电极曲线出现回返，幅度差减小。另外，从构型界面测井响应特征曲线上也能观察到在界面发育处孔渗情况变差的特征（图 2-21）。

四级构型界面一般为巨型底形顶底分界面，对应单成因砂体间的分界面，在工区多表现为河道沉积体与泛滥平原间界面或者心滩砂坝间界面，限定的构型单元为单河道砂体或心滩坝沉积。在岩心上一般为砂岩过渡为泥岩的岩相转换面（图 2-20）或者是冲刷面，在测井上可观察到 SP 曲线靠近基线，GR 曲线为高值，电阻率曲线值很小以及孔渗情况变差等特征（图 2-21）。

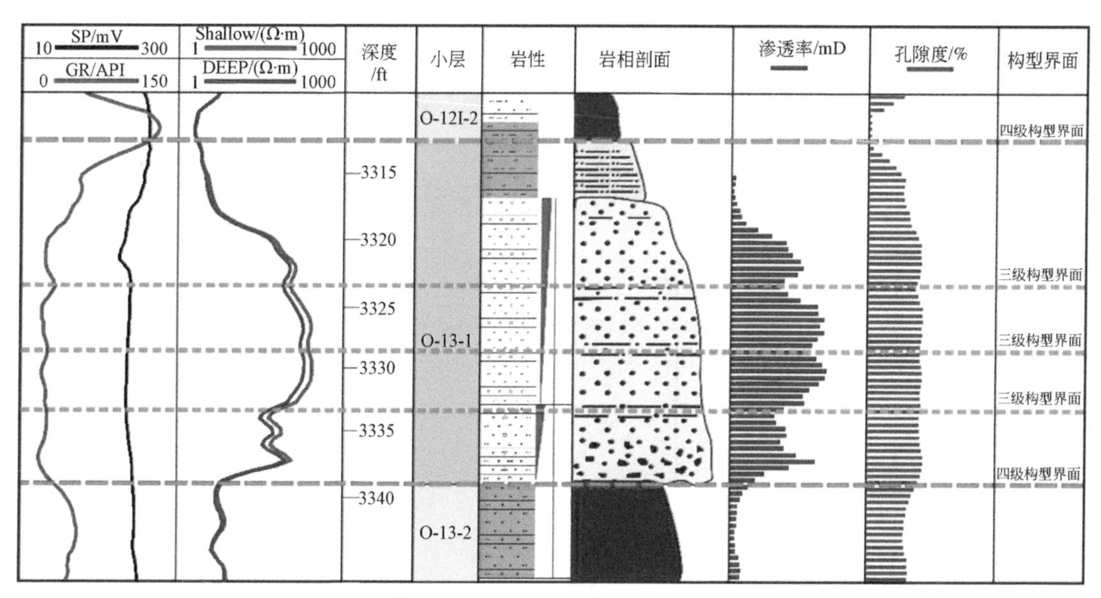

图2-21 取心井三级构型界面和四级构型界面测井响应特征

3. 五级构型界面和六级构型界面的识别

五级构型界面为大型河道或小型水道（心滩坝）复合体之间的分界面，与小层间的分界面基本对应，大型河道砂或者若干小水道（心滩坝）复合体内发育的相对稳定泥岩层或河道底部冲刷面即为五级构型界面。如图2-22所示，该界面为岩心上典型冲刷面，底部滞留沉积中泥砾发育；在测井曲线上具有“SP曲线靠近基线，高GR曲线值、低电阻率”的特征（图2-23）。

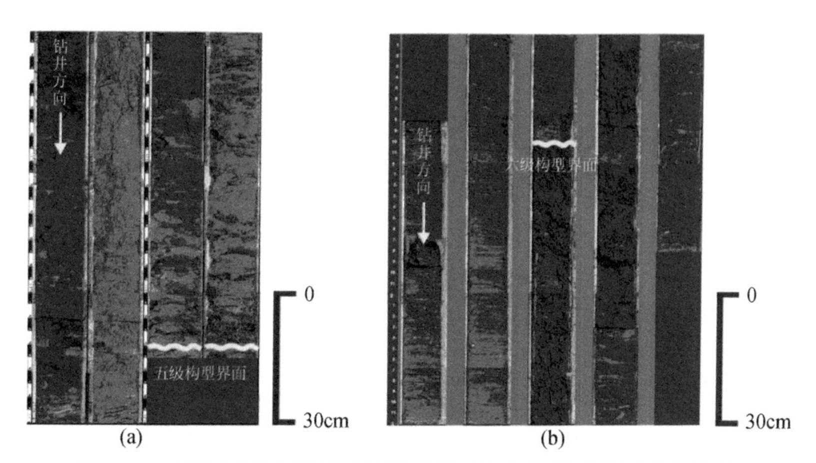

图2-22 研究区岩心资料五级构型界面和六级构型界面发育情况

（a）五级构型界面；（b）六级构型界面

六级构型界面一般为河道充填复合体顶底界面，与砂组界面相对应。岩心上厚度相对较大、特征相对明显的泥质层段对应六级构型界面（图2-22）。需要注意的是，一般较高

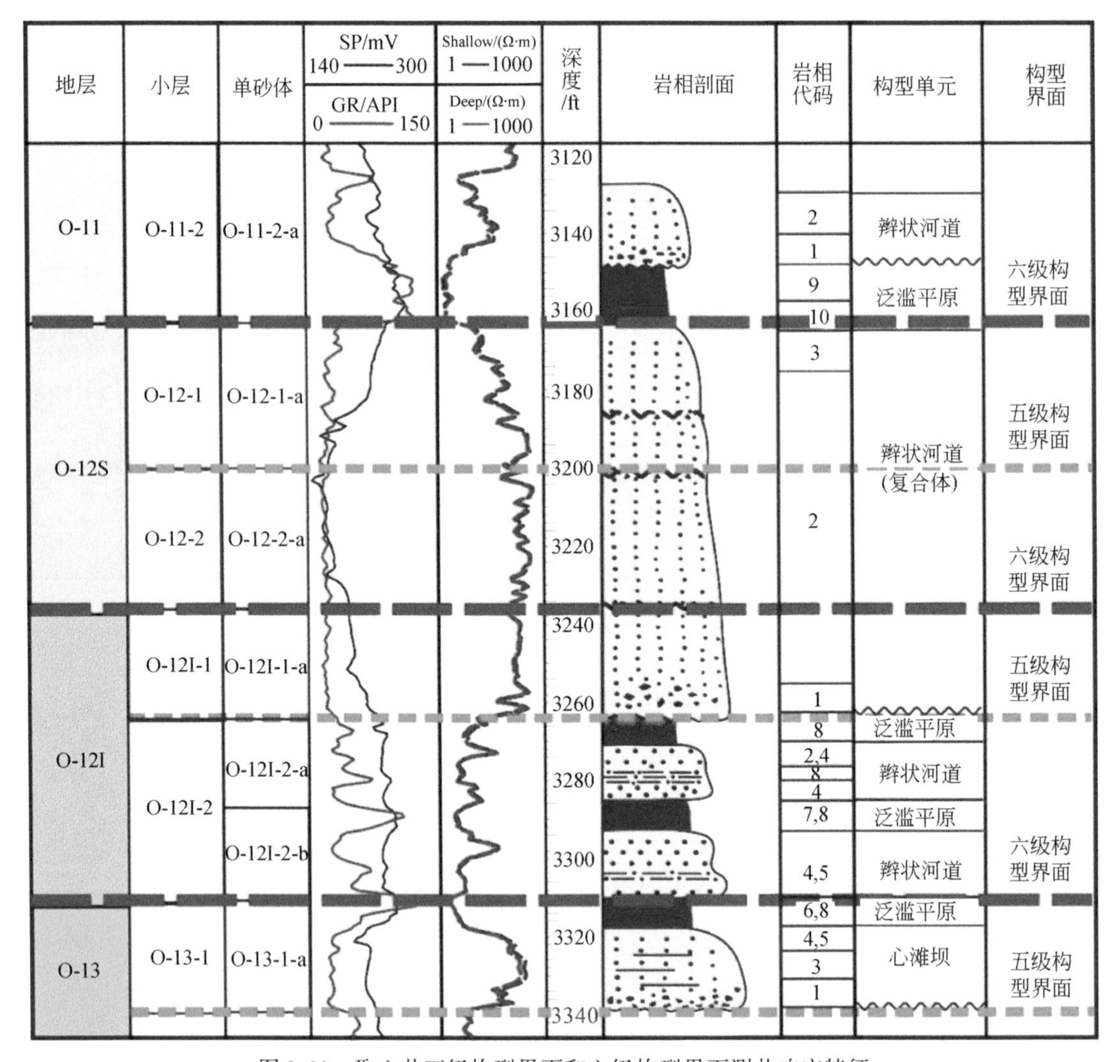

图 2-23　取心井五级构型界面和六级构型界面测井响应特征

级次的构型界面在岩心上并非单纯的一个层面，而是有一定厚度的层段。在测井响应上，六级构型界面特征明显，表现为 SP 曲线接近泥岩基线，GR 曲线为高值，微电极曲线值很低，回返明显（图 2-23）。另外，利用地震识别法也可以辅助识别六级构型界面，具有地震反射特征清晰，振幅能量较强，同相轴连续性差的特征。

4. 七级构型界面的识别

七级构型界面对应异旋回事件的沉积体界面，如大的沉积体系、扇域、层序的界面。此处为大型沉积体系界面，限定的沉积单元为沉积体系，对应为最大海泛面。

在本研究区七级构型界面对应的是 Yabo 段发育处的界面。在测井上，SP 曲线出现轻微回返，高 GR 曲线值，微电极曲线回返至基线位置，幅度差很小，该级次构型界面在研究区各测井剖面上都稳定广泛分布（图 2-24）。在地震剖面上表现为相对稳定的光滑同相轴，振幅能量较强，同相轴连续性好。利用地震资料识别出的构型界面在剖面上分布稳定，可作为验证工区地层格架建立的合理性的重要依据。如图 2-25 所示，地震剖面显示南北向地层具有“南薄北厚”的特征，而东西向地层厚度相对一致，略微呈现“西厚东薄”特征，与地层对比结果一致。

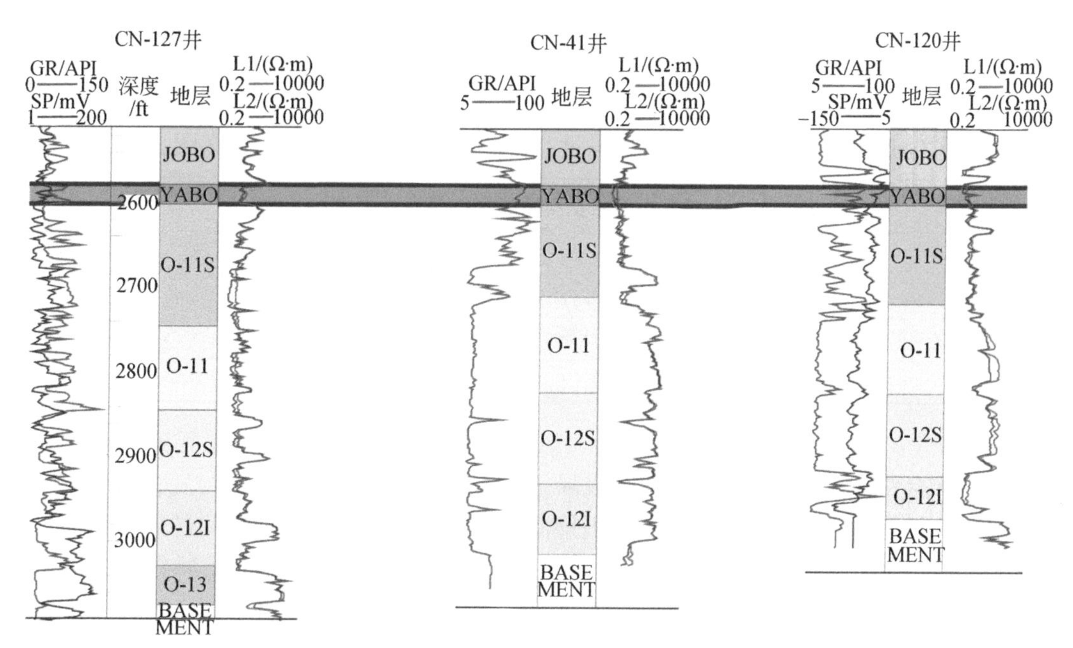

图 2-24　MPE3 区七级构型界面测井响应特征

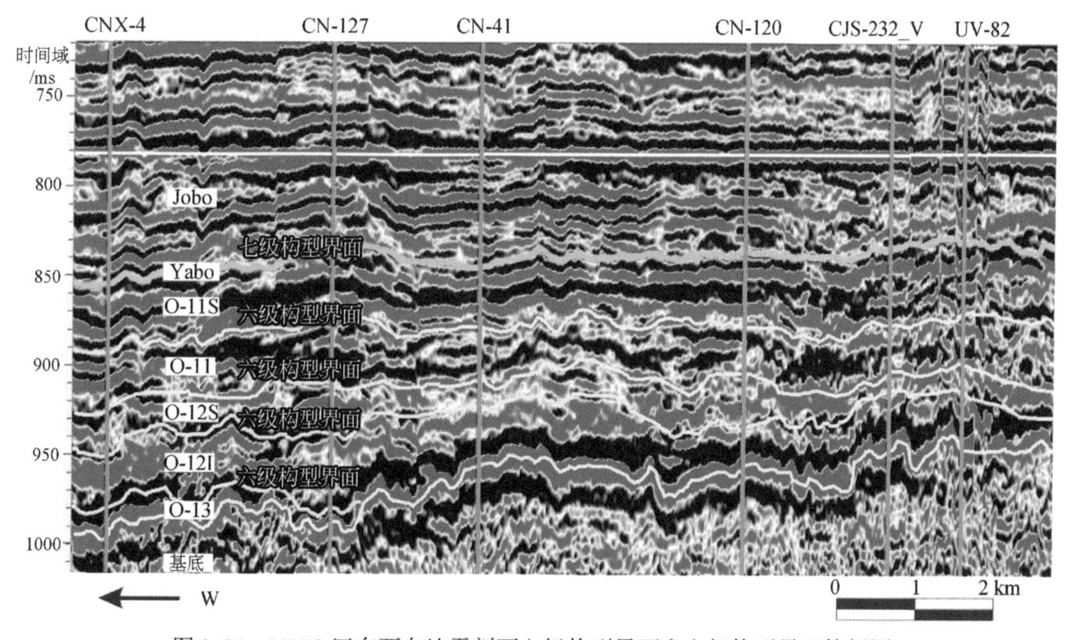

图 2-25　MPE3 区东西向地震剖面六级构型界面和七级构型界面特征图

综合利用研究区资料，对剖面上的储层构型单元的厚度等规模参数进行统计分析（表2-6）。研究结果表明，心滩砂坝（复合体）为研究区最主要的构型单元类型，发育较广泛。心滩砂坝在剖面上的形态为“底平顶凸”，单个心滩坝的厚度为几米到十几米，而心滩砂坝复合体的厚度一般可达到20～40m（个别砂坝复合体的厚度可超过40m）。辫状河道砂体也是研究区的重要构型单元，厚度几米到十米，厚度一般不会超过15m。泛滥平原泥岩层一般发育在不同期次心滩坝与心滩砂坝（辫状河道砂体）之间，在储层中起隔挡作用，厚度几十厘米到几米，一般小于5m。未受到后期水流的侵蚀-冲刷或者受到的影响较小的局部区域，保留的泛滥平原泥岩厚度相对较大，最大可超过10m（图2-26）。

表2-6　Morichal段辫状河储层构型单元剖面规模参数

构型单元	剖面上厚度	剖面形态	发育数量
心滩砂坝	单个心滩，几米至十几米；心滩复合体，多为20～40m	底平顶凸	很多
辫状河道	几米至十米，但是一般厚度不超过15m	顶平底凸	较多
泛滥平原	几十厘米至几米，一般不超过5m	层状	很少

利用测井及地震资料可以大致确定心滩砂坝以及辫状河道等构型单元的大致发育位置，并结合各构型单元规模参数的研究成果，明确不同构型单元平面上的发育位置和发育规模。此外，结合古水流方向及现代沉积特征，可以大致确定心滩坝砂体的形态以及发育方向。因此，确定了研究区的构型单元类型、发育位置、发育规模以及展布形态等特征后，就能够基本确定构型单元的平面展布特征。在O-11层发育的主要为心滩砂坝和辫状河道等构型单元，泛滥平原在局部区域发育，心滩砂坝形态多为近椭圆状，受到南西—北东向古水流的影响，迎水面一般为圆形—椭圆形，背水面堆积的沉积物因被水流切割冲刷，呈尖棱角状。

5. 水平井信息约束的辫状河构型模式

MPE3工区存在大量的水平井资料，含有大量的地下地质信息，所以如何高效地利用这些水平井资料来刻画砂体的叠置模式则尤为重要。结合各井台附近的直井及过路井等反映的地质信息，从而刻画砂体的叠置模式，以研究区中17井台及4井台的O-12s小层为例，运用水平井与直井结合的方法刻画了该小层的砂体叠置情况（图2-27），从图中可以看出，虽然从岩心和测井曲线上可以识别出6种构型要素，但研究区中西部主要表现为心滩与河道及泛滥平原的叠置关系，而偏东部主要表现为曲流河道与点坝的叠置关系。

由于辫状河水体能量强，河道宽而浅，侧向迁移迅速，导致多期次的河道充填和心滩砂体叠加、切割，形成了大面积叠加的复合砂体。因此，难以对辫状河河道亚相的心滩与河道充填两种微相进行识别和划分，大多仅依靠砂体的厚度、粒度进行划分，将厚度大、粒度粗的砂体识别为心滩，厚度较小但又不具有溢岸细粒沉积的砂体识别为河道，这种做法显然存在误差和局限性。

从岩心资料、测井信息等方面探讨两者的区别。研究认为，心滩与河道充填微相在岩性、测井响应、顶部落淤层、底部滞留沉积等因素方面存在特征差异。

总结辫状河心滩特征及其与河道充填的区别如下。

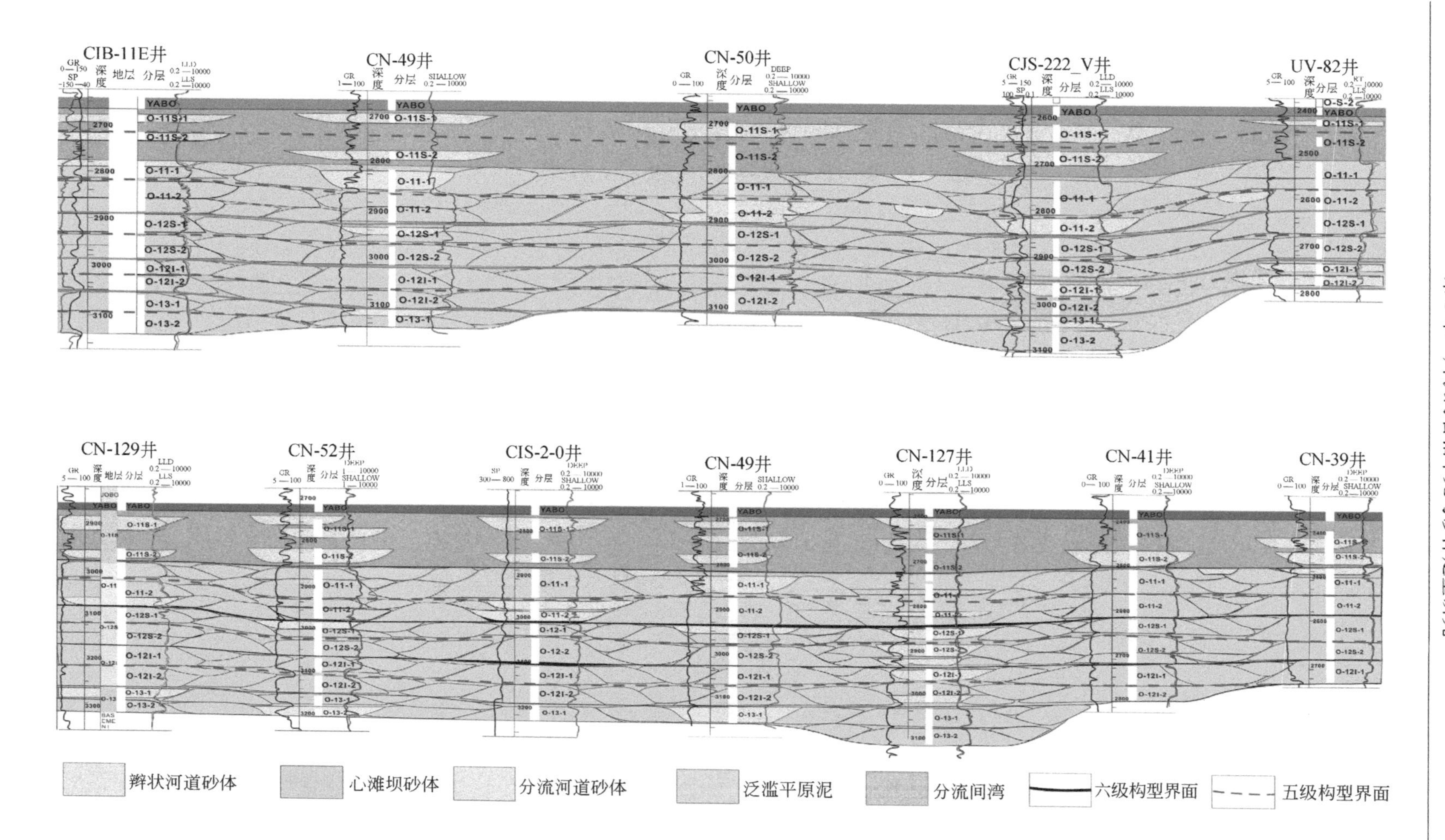

图2-26　MPE3工区五级构型单元剖面图

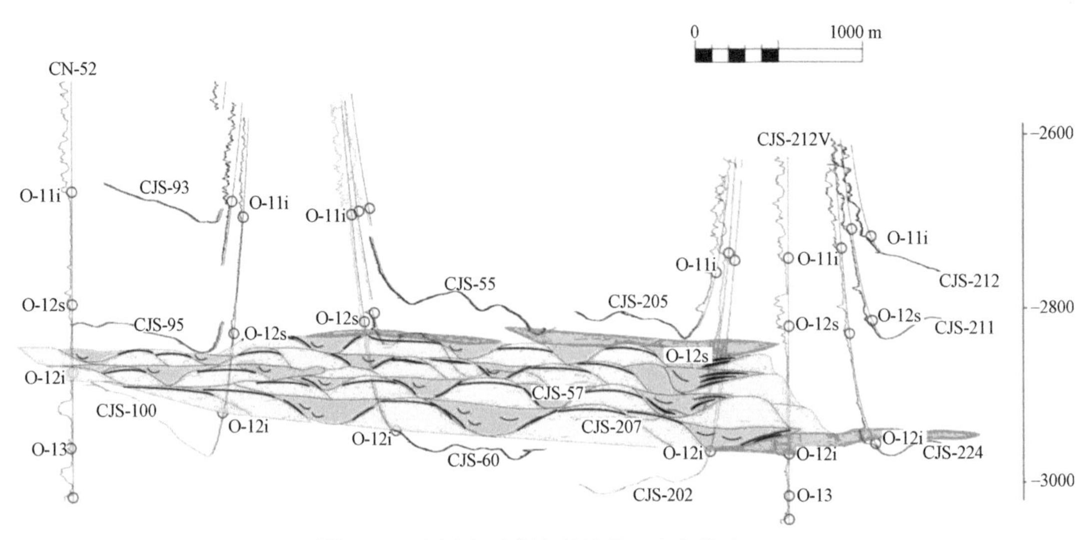

图 2-27　应用水平井资料的构型表征模式图

心滩是辫状河区别于其他河流相的典型标志，也称为河道砂坝。心滩是在多次洪泛事件不断向下游移动的过程中由垂向加积或者顺流加积而形成的。心滩砂体岩性较粗，厚度较大，单期心滩坝厚度为2～5m，平均厚度为3.3m，以交错层理中砂岩为主，夹少数薄泥粉砂质夹层，夹层厚度为0.1～0.2m。自然电位曲线以箱形、齿化箱形、箱形–钟形叠加为主。然而，多期心滩坝在垂向上经常以相互切割叠置的方式形成复合心滩坝，其厚度变化范围很大。

河道沉积以下切与充填为主，伴有一定的摆动，其粒度较心滩细，厚度较薄，一般小于3m，为全泥粉砂质沉积或底部砂质顶部泥粉砂质沉积，通常底部伴随出现滞留泥砾层，整个河道充填沉积构成明显正韵律，测井曲线以钟形为主，其次为箱形和钟形–箱形叠加，曲线幅度多低于相邻心滩坝。通常，迎流面的河道充填沉积厚度要大于背流面的厚度，有时由于河道堤岸遭受侵蚀垮塌，还会在上部沉积序列中夹杂泥砾沉积。

在总结了辫状河心滩坝与河道充填的构型叠置测井差异后，结合河道的整体叠置模式，从而抽象出辫状河道与心滩坝及泛滥平原的叠置模式（图 2-28）。

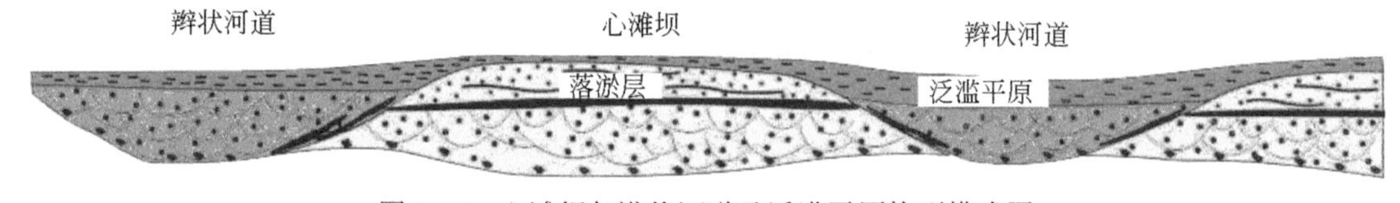

图 2-28　心滩坝与辫状河道及泛滥平原构型模式图

四级构型界面限定单一心滩坝，心滩坝在平面上呈椭圆形，在剖面上呈箱形，一般在低基准面时期心滩坝规模较大，在高基准面时期心滩坝规模较小，现代沉积研究揭示，心滩坝纵剖面中心部位内部界面总是近似水平的，坝头处稍陡，坝尾则较平缓，体现出较明显的顺流加积特征。横剖面近乎水平，两翼稍微下倾。三级界面限定单一垂积体，垂积体是在心滩坝不断垂向加积的过程中由于季节性水动力变化而形成的，垂积体在平面上呈头部凹陷的椭圆形，在剖面上以一定的角度倾向四周。心滩坝的构型要素也可以划分为三个：垂积体、落淤层和垂积面。而辫状河道充填，其充填厚度比心滩小，且垂直水流方向上期河道充填较为对称，底部可见明显的滞留泥砾充填，对于该构型模式中的隔夹层，泛滥平原沉积主要覆盖于心滩与辫状河道沉积之上，一般作为可对比的层间隔层，心滩顶部一般会发育落淤层，落淤披覆泥沉积为洪泛衰落期在心滩坝顶部、边部、背水面尾部垂积加积形成的近平行或倾斜的细粒沉积物。以灰色泥质粉砂岩或粉砂质泥岩为主，发育平行层理，心滩坝内部沟道则在研究区发育极少，在心滩坝与辫状水道的沉积转换部位会存在道坝转换夹层，同样也是由一些细粒落淤物质沉积而成的，故也称落淤层。

对五级构型单元的研究主要以小层为单位，通过测井响应特征可以在各小层内识别出若干个心滩坝砂体以及辫状河道砂体。在单井上，一般每个小层尺度范围内发育 1 ~ 2 个心滩坝或辫状河道；在剖面上，不同规模的心滩坝以及辫状河道复合形成大型心滩坝/辫状河道复合体。而在 Morichal 段的形成过程中，不同层位不同时期的水动力环境不同，因此地层中各个层位的不同期次和规模的心滩坝砂体与辫状河道砂体在沉积过程中就会垂向相互叠置、横向接触，最终形成成因复杂且大面积分布的大型复合砂岩储集体。

由于工区范围大且井距相对较大，对在全区范围尺度延伸的剖面开展四级构型单元研究的意义相对不大且准确度不高。为了相对准确地研究四级构型单元剖面分布特征，主要是在研究区选择典型水平井组进行研究。在 MPE3 区的中部选取一个井组为典型解剖区，利用同一水平井组中水平井井距小的特点，开展四级构型单元剖面研究。在四级构型单元剖面图（图 2-29）上，主要发育心滩坝沉积以及少量的辫状河道沉积。

对构型单元在剖面上的垂向叠置及侧向拼接的接触关系开展研究，有利于明确构型单元的展布及开展构型单元期次的划分。在五级构型单元的剖面图上可以看到，心滩坝与辫状河道之间或者多个心滩砂坝砂体之间常常表现为侧向上的切截–拼接的关系，以及垂向上切割–叠置关系（下切幅度一般较小）。在五级构型单元剖面图上也能够观察到心滩坝与心滩坝砂体（或河道砂体）垂向上的叠置发育、侧向上的相互切截，整体上具有“垂向叠置–侧向切截”的特征。

综合分析四级、五级构型单元可知，研究区一共发育 5 种类型的构型单元切割–叠置模式。①心滩坝–辫状河道的切割型接触关系：表现为心滩坝砂体与辫状河道砂体在侧向上的切割式接触，垂向上的叠置关系不明显。②心滩坝–辫状河道叠置型接触关系：心滩坝砂体与辫状河道砂体间主要呈现垂向叠置关系，侧向上的接触面较小。③心滩坝–心滩坝叠置型接触关系：不同期次心滩坝之间在垂向上的切割–叠置，侧向上的接触面积少。④心滩坝–心滩坝切割型接触关系：表现为不同期次心滩坝侧向切割接触，后期的心滩坝在前期砂体上继续沉积。⑤心滩坝–心滩坝分离型接触关系：表现为两期心滩坝独立发育，两者之间无垂向上或侧向上的接触关系。将根据上述对构型单元接触关系的总结，绘制构型单元切割–叠置关系模式图（图 2-30）。

通过对研究区主要目的层（Morichal 段）的构型单元发育特征进行研究，认为研究区储层主要以心滩坝、辫状河道这两类砂质构型单元为主，在砂岩储层复合体中常发育泛滥平原、落淤层、废弃河道等类型的粉砂质–泥质隔夹层。辫状河的沉积过程中，不同规模的心滩与不同期次的辫状河道垂向叠置，侧向切割，最终形成了分布范围广、成因类型多

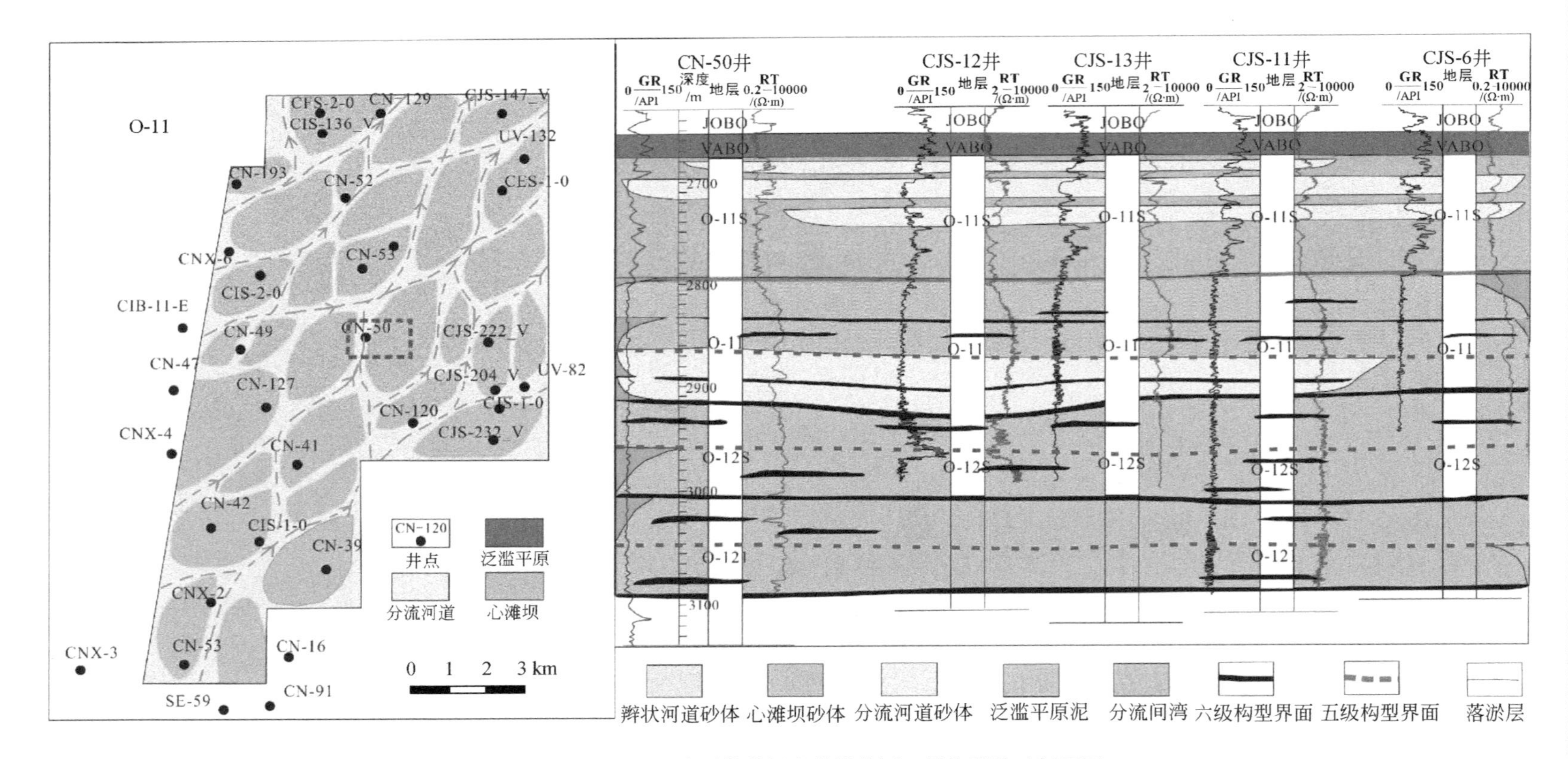

图2-29　水平井井组中的辫状河四级构型单元剖面图

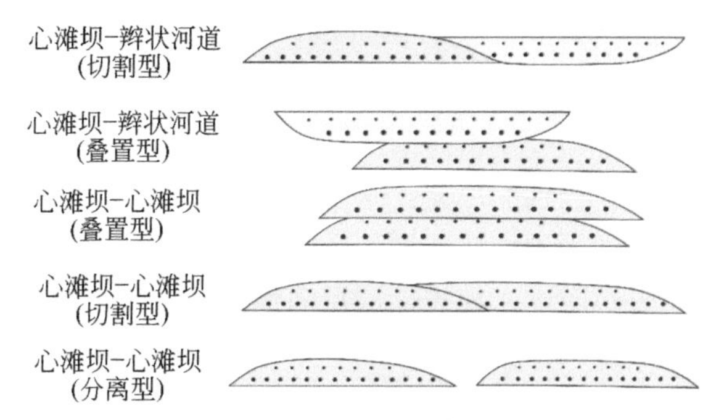

图2-30　研究区目的层主要砂质构型单元切割-叠置关系模式图

样的大型复合砂岩储集体。储层砂体整体连通，隔夹层的存在使得局部被隔挡进而影响剩余油的形成与分布。砂岩复合体中不同的单成因砂体之间存在不同的叠置-拼接方式，内部建筑结构较为复杂。

2.3.4　砂体定量表征

基于辫状河沉积模式，以岩心结合测井资料为基础，由于同期单河道在顺物源方向上沉积厚度一般不会出现较大变化，使用单井测井资料可以统计单期河道层沉积厚度，通过PP波地震剖面识别垂向上砂体期次，PS波地震剖面确定砂体横向变化边界，再结合PS波地层切片振幅平面分布特征，确定砂体规模，统计心滩长度、宽度和河道宽度等反映砂体规模的地质信息。利用本区水平井资料，改进Kelly（2006）的经验公式，建立本区单一心滩宽度与其长度（图2-31）、单河道宽度、泥岩夹层宽度之间的相关关系：

$$l_b = 6.97\ W_b^{0.8597},\qquad R^2 = 0.923$$

$$W_e = 0.294\ W_b^{1.0136},\qquad R^2 = 0.845$$

$$W_d = 0.51\ W_b^{0.7523},\qquad R^2 = 0.820$$

式中，l_b为心滩长度（m）；W_b为心滩宽度（m）；W_e为河道宽度（m）；W_d为泥岩夹层宽度（m）。

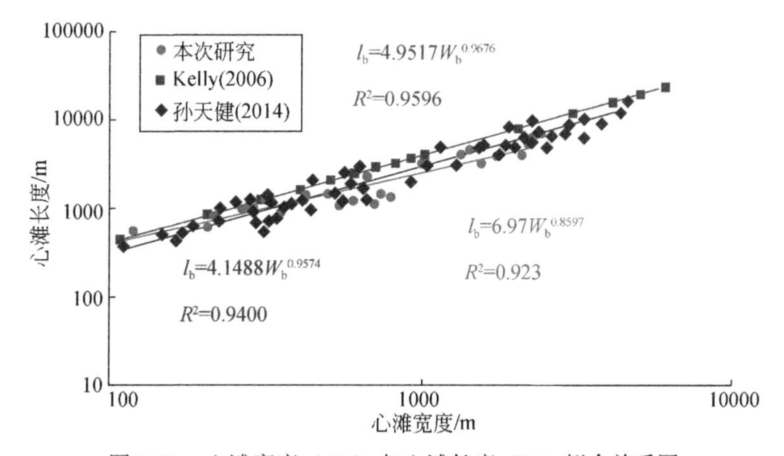

图2-31　心滩宽度（W_b）与心滩长度（l_b）拟合关系图

2.4　岩相单元预测

岩相是比沉积微相更小一级别的单元，基于直井与水平井信息融合，结合如前所述的砂体长宽比、宽厚比等信息，采用地质建模的方法可以模拟岩相的分布。当然，仅靠井信息仍然不够，因此在岩相模拟时加入地震储层反演预测结果将使模拟结果更符合地下真实情况。因此，本次岩相模拟分两个步骤：一是水平井信息参与地震储层反演，二是结合直井水平井的岩相划分结果，再融合水平井信息的地震储层反演结果，最终形成岩相模拟模型，实现了对水平井信息的深度挖掘。

2.4.1　水平井参与地震反演

将水平井井段信息应用于地震反演，由于 800～1200m 长的水平段极大地提高了参与反演的储层样点数量，减小了井间储层预测的不确定性，可以明显提高储层内部地震反演精度和可靠性，为储层非均质特征描述和内部夹层特征研究提供了可靠的资料基础。水平井参与反演后，克服了直井在储层段数据量少和分布局限的缺点，反演结果在平面上描述砂体规模和形态的同时，储层横向变化特征描述的精度明显得到提高（图 2-32）。

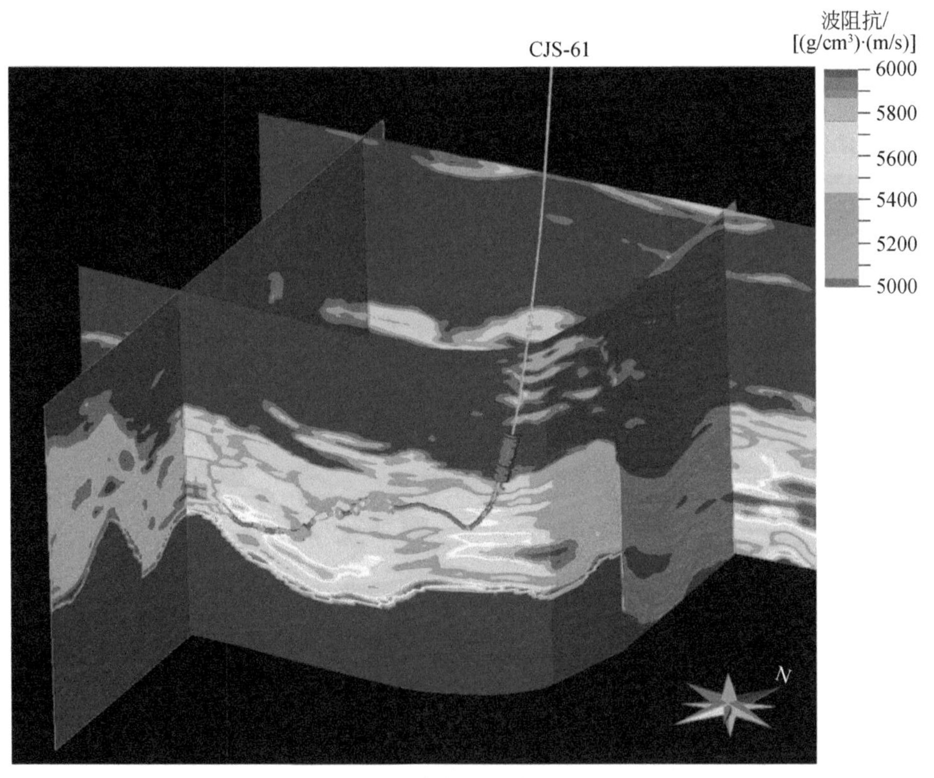

图 2-32　水平井参与地震储层波阻抗反演

2.4.2　利用水平井预测岩相单元分布

在单井（与直井）岩相单元划分、砂体定量分析结果以及地震反演属性体的约束下，采用序贯指示模拟的方法，采用储层地质建模软件进行储层内部的岩相横向分布预测（图2-33）。将水平井信息引入储层地质建模（尤其是岩相单元分布预测）中，借助水平井砂体横向变化信息，可以克服仅利用直井资料、三维地震资料等常规油藏描述手段不能精细刻画储层横向非均质性的难题，进而有效提高井间储层砂体的认识程度。一方面，水平井岩相单元划分结果可以作为硬数据提供岩相预测的约束条件，而且提供了储层横向岩相单元变化的基础数据；另一方面，水平井信息参与的地震反演成果提高了横向预测可靠程度；同时，利用水平井得到的砂体横向变化规模（长度、宽度、厚度信息）也可以提供岩相建模的重要约束信息。岩相单元预测结果表明，储层内部岩相的纵向分布规律细致而富于变化，更能反映真实的沉积环境，这是仅利用直井模拟难以达到的。

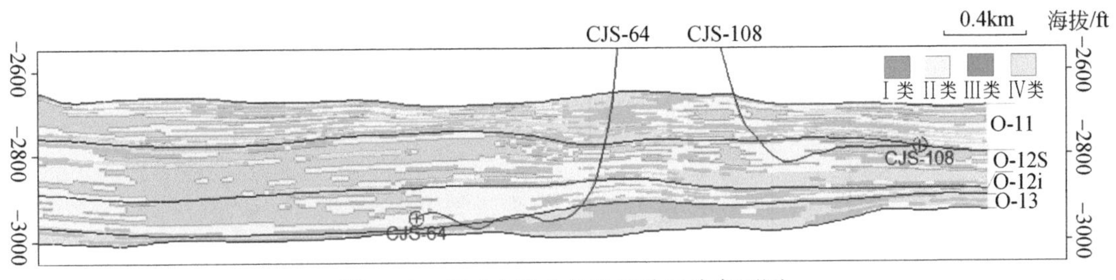

图2-33　基于水平井的岩相单元分布预测

2.5　地震信息辫状河储层分布预测

2.5.1　典型地震相解释

通过对MPE3工区内的三维地震体进行研究，依据同相轴的叠加方式、强弱等规律将其分成3种地震相（表2-7）：叠置充填相（Sf.1）、侧积充填相（Sf.2）及波形席状相（Sf.3）。叠置充填相的外部下切河谷形态明显，内部同相轴平行或双向上超，同相轴较不连续、排列杂乱；侧积充填相的外部下切形也比较明显，其内部同相轴侧积特征明显；而波形席状相表现为同相轴连续且波形起伏。

叠置充填相（表2-7，Sf.1）的边界有明显的下切侵蚀现象，底部极性强，内部极性较弱，杂乱式充填。向上同相轴向上叠置，单条反射轴极性较强，连续性较好。此类地震相主要发育在O-13～O-12砂组，以三角洲平原为主（表2-7），在O-13底部常表现出明显下切河谷的形态，O-13～O-12砂组内部表现出的河道相互下切叠置特征十分明显，砂体主要为辫状分支河道及心滩坝沉积（图2-34），推测该类地震相主要反映辫状河摆动过程中砂体易摆动，砂体主要体现为垂向加积特征。

表2-7　三种典型地震相沉积解释与砂体构型

类型	原始剖面	解释剖面	地震剖面反射结构	砂体构型	沉积解释
Sf.3		1ms 100m	反射轴极性较为均匀，连续性较强:同向轴多为近乎平行，无明显交切		发育层段: Yabo~Jobo 主要类型:潮控三角洲河口坝–席状砂及小型分支河道，三角洲前缘
Sf.2		1ms 100m	反射轴极性较为均匀，连续性较差:同向轴多为侧向迁移，双相交互叠置，呈现明显的交切		发育层段: O-11~O-11s 曲流分支河道或受潮汐影响的分支河流，三角洲平原与前缘过渡
Sf.1		1ms 100m	反射轴极性较为均匀，连续性较差:同向轴多为双向上超，双相交互叠层，呈现明显的交切		发育层段: O-13~O-12 大型下切河谷或辫状分流河道，三角洲平原

侧积充填相（表 2-7，Sf. 2）的边界有不太明显的下切侵蚀现象，整体反射极性均匀。向上同相轴侧向叠置，单条反射轴极性较强，连续性较好。此类地震相主要发育在 O-11～O-11s砂组，以潮汐影响或潮汐控制的三角洲平原与前缘过渡区域更为发育（表 2-7），主要砂体类型为曲流河道与潮控分支河道，可以推测该类地震相主要反映曲流河道或潮控分支河道的定向侧向摆动迁移，砂体主要体现侧向加积特征（图 2-34）。

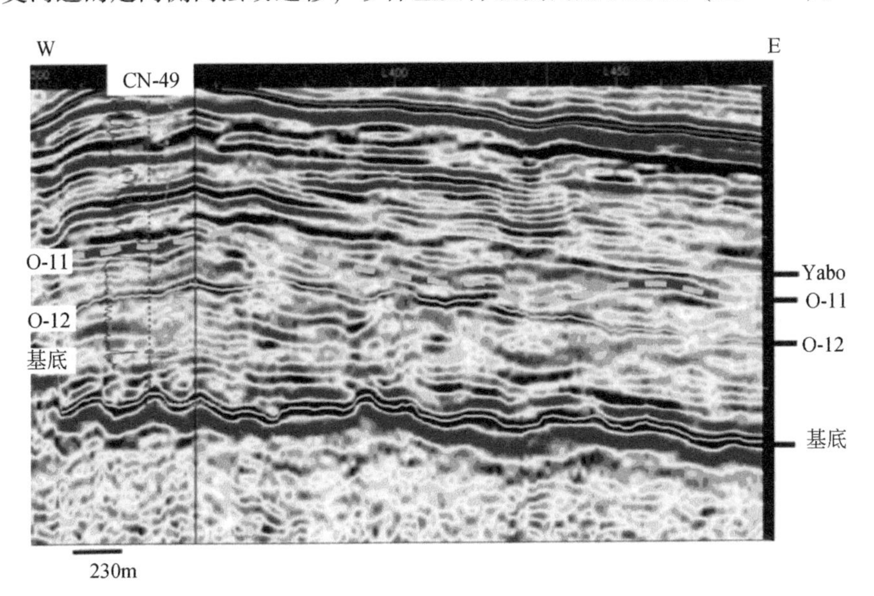

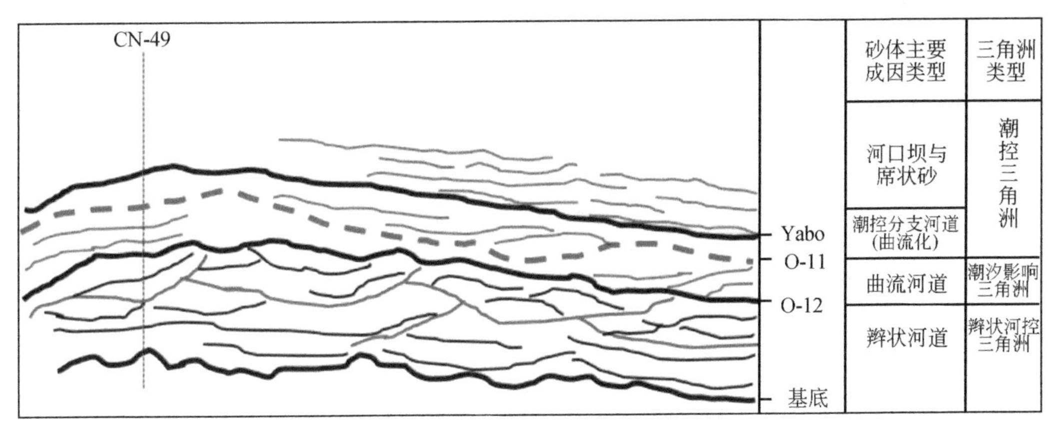

图 2-34　典型剖面地震相解释

波形席状相（表 2-7，Sf. 3）的边界没有明显的反射边界，内部反射极性较强。同相轴侧向尖灭，单条反射轴极性较强，连续性较好。此类地震相主要发育在 Yabo～Jobo 段，以潮控三角洲前缘为主（表 2-7），主要砂体类型为潮汐控制的河口坝与席状砂，具有前积特征。

经过垂直地震剖面（vertical seismic profile，VSP）时深标定，剖面上根据同相轴接触关系可以分成三层，其下部为下 Morichal 段，包含 O-13～O-11i 小层，中部为 O-11s 小层（包含 Yabo 段），上部为 Jobo 段。在剖面底部存在明显的下切侵蚀的充填相 Sf. 1。经岩心观察、测井相与地震相分析，认为该时期主要发育砂质辫状河三角洲，砂体连片发育。中部同相轴的极性明显降低，出现更加明显的侧向叠加迁移 Sf. 2，认为该时期主要发育曲流河道及其分流间湾沉积。上部同相轴连续性较好，同相轴迁移幅度较小，主要发育 Sf. 3，即发育大面积潮汐沙坝与席状砂沉积。三种类型地震相与研究区发育的几种主要砂体有关，即与辫状河道、曲流河道、潮控分支河道、潮汐沙坝及席状砂等沉积有相关性（图 2-34），而垂向上的变化也恰好反映了沉积背景的变化规律。

2.5.2 砂岩厚度地震预测

对于不同的沉积微相，其砂体厚度或含砂率会明显存在差别，因此通过分析各小层平面上砂岩厚度的分布规律，可有效地分析出各小层的沉积微相及其展布的情况，但对于本研究区，情况略有不同，由于研究区主力层段 Morichal 段砂体极为发育，且通过小层对剖面可知，各小层厚度分布比较均匀，仅以各小层砂厚分析可能其区分度比较低，因此结合平面地震属性能很好地反映砂体分布形态的特征，将各小层的拟合地震属性加入砂岩厚度构型图中，对其进行属性上的约束，将更有利于分析各小层的分布情况。

1. 平面地震属性拟合

在研究地震体平面属性对于沉积体系或砂体的分布刻画时，选取对沉积砂体如河道砂等有明显异常响应的 7 种属性：均方根振幅、半能量、平均波峰振幅、平均振幅、弧长、平均能量、等时厚度。并对其相关性进行分析，分析结果见表 2-8。

表 2-8 地震属性相关性分析表

地震属性	均方根	半能量	平均波振幅	平均振幅	弧长	平均能量	等时厚度/ms
均方根振幅	1	0. 2555	0. 806	0. 1733	0. 8415	0. 9333	0. 2514
半能量	0. 2555	1	0. 1871	0. 0095	0. 2779	0. 0951	0. 5747
平均波峰振幅	0. 806	0. 1871	1	0. 4738	0. 7579	0. 7408	0. 2085
平均振幅	0. 1733	0. 0095	0. 4738	1	0. 1412	0. 1219	0. 0412
弧长	0. 8415	0. 2779	0. 7579	0. 1412	1	0. 7414	0. 231
平均能量	0. 9333	0. 0951	0. 7408	0. 1219	0. 7414	1	0. 064
等时厚度/ms	0. 2514	0. 5747	0. 2085	0. 0412	0. 231	0. 064	1
累计	0. 9719	0. 614	0. 891	0. 644	0. 871	0. 9568	0. 6726

从分析结果可以看出，均方根振幅与平均波峰振幅属性、平均能量属性相关性较高，为 0. 806、0. 9333，而弧长属性的相关性也达到 0. 8415，但是由于弧长属性比较具有代表性，因此去除前面两种属性，保留弧长及剩余的三种属性，并对这五种地震属性进行主成分分析，分析结果见表 2-9。

通过主成分分析，得到一个拟合公式：

$$\text{synthesis} = 0.758\text{RMS}+0.617\text{AL}+0.248\text{MA}+0.681\text{IT}+0.612\text{HE}$$

式中，RMS 为均方根振幅；AL 为弧长；MA 为平均振幅；IT 为等时厚度；HE 为半能量。

表 2-9　五种地震属性的主成分分析

地震属性	初始值	提取值
RMS	1.000	0.758
AL	1.000	0.617
MA	1.000	0.248
IT	1.000	0.681
HE	1.000	0.612

通过对研究区井点上砂厚与属性的标定对比，拟合之后的平面属性的高值区代表砂体较少，低值区相反，且其在刻画研究区砂体的展布方面，厚砂与薄砂、河道等都要优于为进行属性拟合而作的单属性平面图，因此在研究各小层平面砂厚分布图时，会将各小层的多属性拟合之后的综合属性加入砂岩厚度分布图中，以起到约束作用。

2. 属性约束砂岩厚度分布图

因为研究区地层厚度变化很小，所以仅以各小层的砂岩厚度分布图代替含砂率分布图同样可以说明研究区砂体的分布范围及厚度情况。结合岩心、Logmap 图等，可以很好地反映研究区各小层沉积微相的展布情况，以 O-12s 两个细分小层为例（图 2-35 和图 2-36），总体反映辫状河沉积砂体的分布特点。

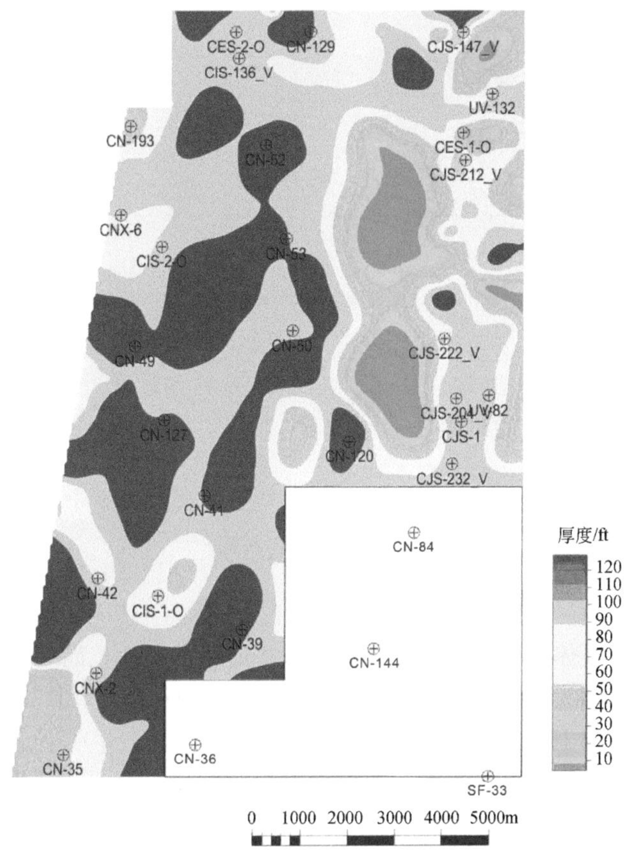

图 2-35　O-12s-1 小层砂岩厚度分布图

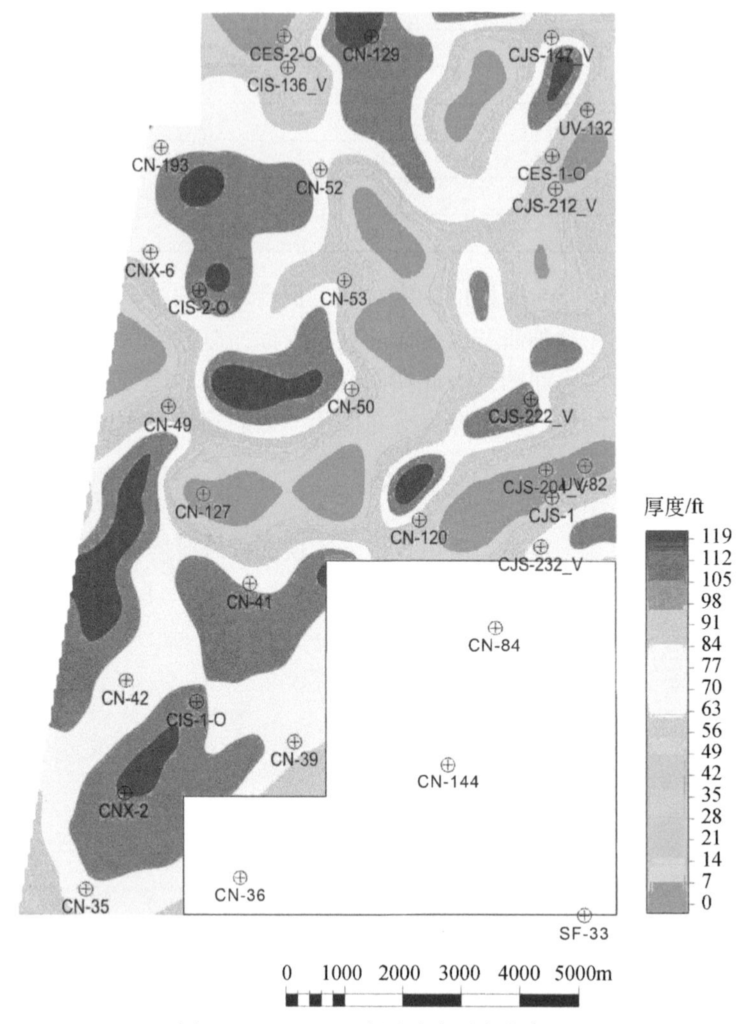

图 2-36　O-12s-2 小层砂岩厚度分布图

3. 平面属性对砂体形态的刻画

选取对砂体分布有较好响应的地震属性，做各小层的属性切片，分析全区属性值的分布，可看出其明显的砂体形态变化，可有效地辅助各小层的沉积微相分布研究。以研究区北部三口井区域 O-11 砂组中 O-11-2 小层的均方根振幅属性（RMS）分布为例(图 2-37)，结合对 MPE3 区沉积背景的研究及前文的岩心、测井及地震等的研究，分析认为，西侧辫状河道砂体为相对连片，东侧曲流河道特征明显，而中部河口坝砂体相对孤立，对应测井曲线分别为箱形（CES-2-O 井）、钟形（CJS-147_V 井）及漏斗形（CN-129 井）。由此可见，MPE3 区域在平面上沉积展布与砂体类型上存在一定差异，东西两个方向表现出西侧辫状河道更为发育，东侧曲流河道相对发育；而南北两个区域中，河口坝偶见发育且与曲流河道主要分布在北部近海一侧，南部辫状河道则更为发育。

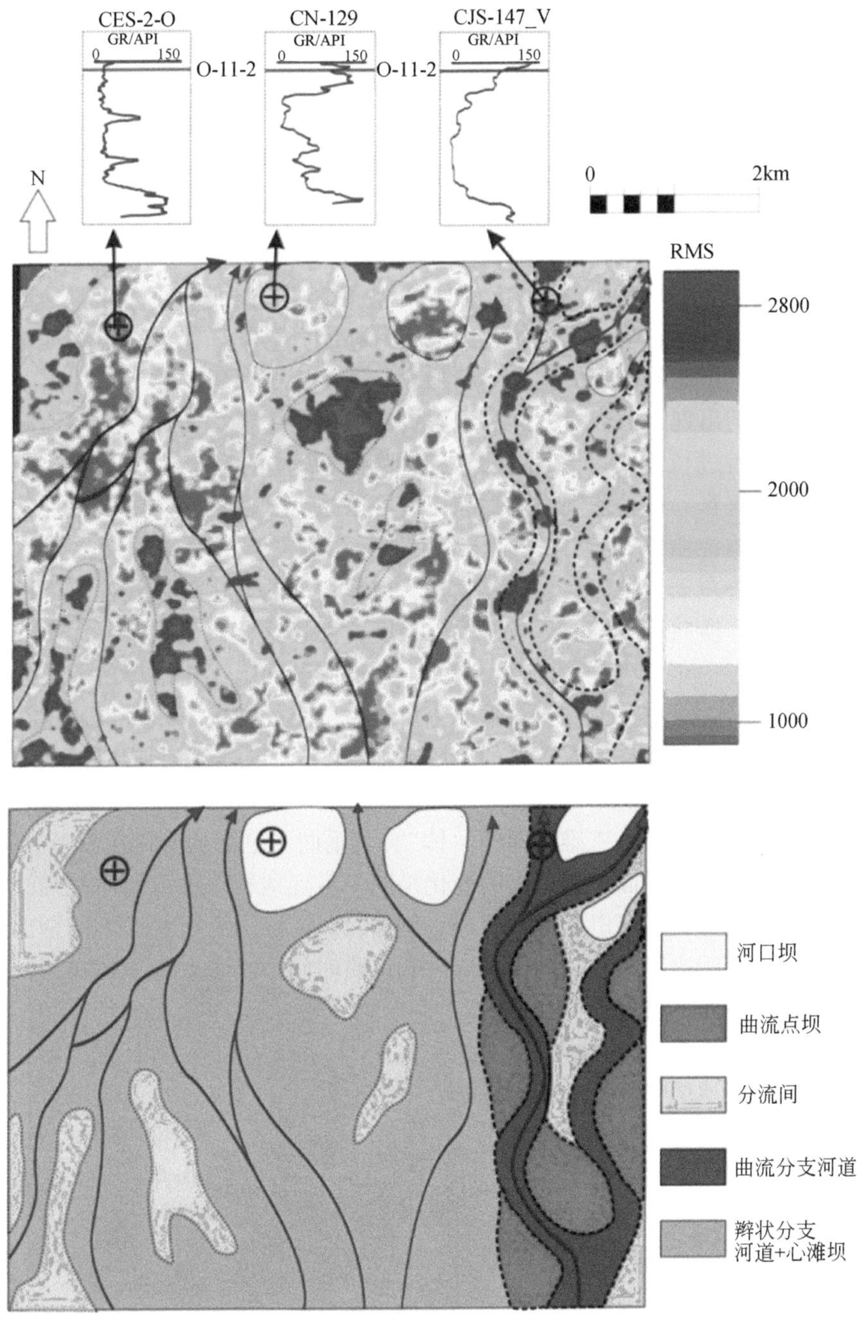

图 2-37 河道-砂坝测井及 RMS 响应图

2.5.3 地震切片刻画辫状河砂体

目前，广泛接受的地震资料的极限分辨率就是 1/4λ。曾洪流（2011）讨论了砂岩体分辨率的问题，提出了层分辨率的概念与前人的界面分辨率相区分，通过正演模拟指出1/25λ及更小这一可检测尺度，但是这一检测需要特殊方法和处理，而不是根据波形或振幅特征的观察识别。需要注意的是，地震资料分辨沉积单元特征的能力受到多种因素的控制，如噪声、地质模式、子波相位、处理参数等，无论哪种分辨率标准，都是一个区分的门槛，并不意味着达到该标准的地质体就一定能识别。

相对于纵向分辨率，对于地震资料横向分辨率的研究一直较少。一是大多数地质体的横向规模往往远大于纵向规模，因而对横向分辨率的要求远低于纵向分辨率。二是地震资料的横向分辨率受地震处理情况的影响比较大，因而难以给出明确的标准。

受各种主客观因素的影响，实际研究中地震资料的分辨率往往难以达到理论上的极限分辨率。而随着油气田地质研究的精度不断加大，对于地震资料的分辨率提出了更高的要求。地层切片技术的出现，可以有效提高地震资料的分辨率。一方面，利用地层切片可以对沉积体的发育全貌进行观察，从而在宏观上把握沉积体的发育特征，结合现代沉积规律，指导沉积体的解释。这种宏观的观察和把握可以减少剖面解释中的多解性，便于将基于现代沉积等研究的地质规律应用于指导约束地震资料解释。另一方面，与其他资料相比，地震资料的优势在于其横向信息的连续性，地震切片的使用使这一优势得以发挥。对常见的沉积体来说，横向尺度都要远大于垂向尺度，而且这个比值关系要大于或远大于地震资料横向分辨率与垂向分辨率的比值。因此，在地震剖面上不可解释的薄层砂体，在平面上是可以分辨和解释的。在地震资料垂向分辨能力不足的情况下，可以通过在地震切片上识别砂体的横向展布来提高地震资料的地质解释精度，使在剖面上难以识别和解释的精细地质体在平面上得以刻画。

自然界中任何地质体都是三维空间的“体”，其垂向和平面的变化在成因上是一致的。也就是说，地质体垂向和平面上表现出的变化是同一系列地质事件或地质过程结果在不同角度的观察，它们的特征是可以相互推断的。例如，曲流河边滩沉积，不同期次侧积体间的垂向边界与平面上的边界具有相同地质成因和地质时间，是同一地质体在不同角度的观察结果。按照这一思路，将地质体在地震剖面上的特征与其在切片上的特征相结合，对平面和切片的信息互为检验、相互推断，对地质体在三维空间的发育特征做出解释。地层切片解释的关键在于将地层切片上的不同采样值信息赋予地质含义，也就是地震信息的地质转换。这里应用到地震标定技术，将基于井资料的测井及岩心信息投影到地层切片上，建立井区切片与井资料信息的对应关系，然后将这种对应关系延伸到井间或者无井地区，完成全区的地层切片解释。

通过分析研究区伽马-波阻抗交会图可以发现，研究区不同岩性数据点在不同的波阻抗范围内，砂岩为低伽马高波阻抗，泥岩为高伽马低波阻抗（图 2-38）。

以 MPE3 区辫状河比较发育时期的地层切片为例（图 2-39），在该沉积期，海平面不断上升，可容空间持续增大，沉积物源供给充足，辫状水道及心滩坝大量发育，河道带分布范围广，心滩坝规模大，垂向加积作用强，在研究区表现出“满盆皆砂”的特点。在地层切片中，辫状河道带表现为连片分布的黄色红色中高值。其中，黄色区域（采样值-700 ~ 500）连续性好，分布范围广，井点标定显示，GR 曲线呈中低值钟形或箱形，电阻率曲线表现为中高值，属于辫状水道沉积。在辫状水道沉积内部，复合心滩沉积为紧密分布的椭圆状高值

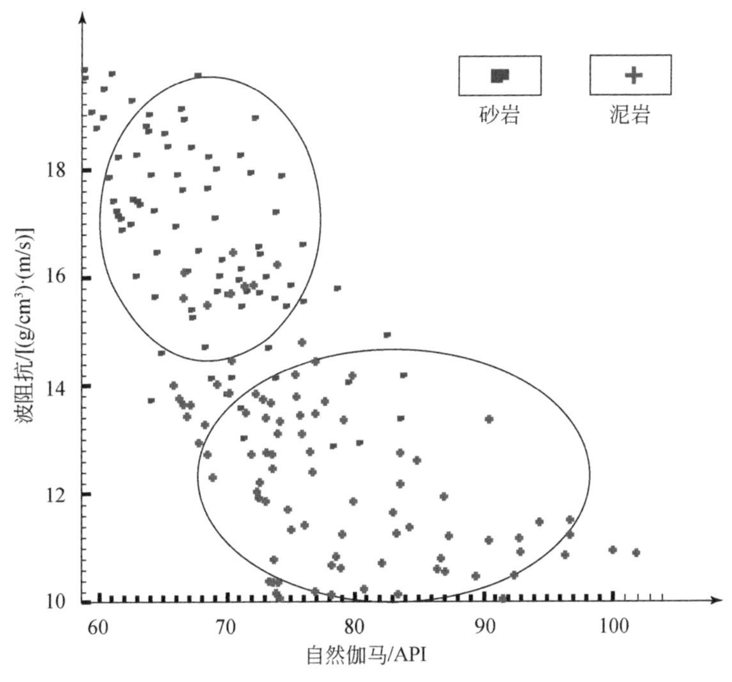

图2-38　Oficina组地层伽马-波阻抗交会图

反射区（采样值500~3000），平面上呈北东—南西向排列，与沉积物源方向一致，井点GR曲线为典型的箱形特征。研究区零散分布的低采样值（-3000~-700）区域（蓝色），井点GR曲线表现为低幅微齿化，电阻率曲线为低幅平直状，属于泛滥平原沉积。

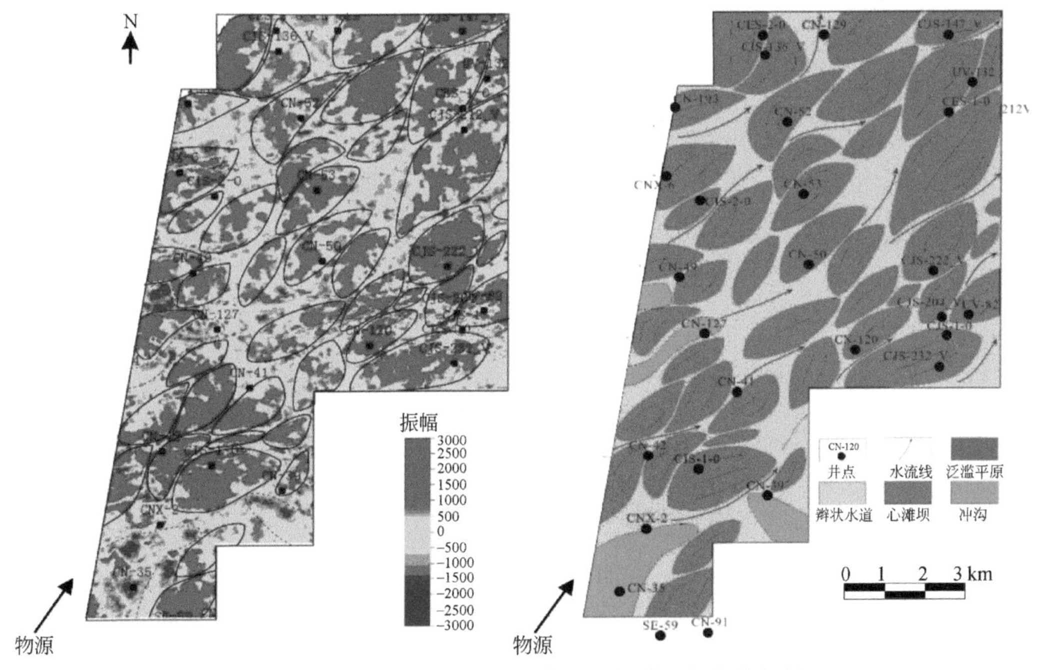

图2-39　MPE3区辫状河沉积期地层切片及沉积学解释

2.6　沉积相带分布与沉积模式

2.6.1　测井相标志

测井相是表征沉积体特征的测井综合响应，包括粒度、成分、结构、构造、粒序、成层性以及层内流体性质等。不同的沉积相类型具有不同的测井响应组合形式。研究发现，自然伽马曲线与地层岩性，中子密度曲线与地层孔、渗物性，电阻率曲线与地层含油性有较好的对应关系。因此，利用这种关系识别曲线类型及其变化序列可以进行沉积相分析。依据测井曲线很好的“三性”（岩性、物性、含油性）关系，优选出自然伽马曲线、声波曲线、中子-密度曲线和电阻率曲线作为测井相曲线。

由取心井岩心资料确定沉积微相后，通过细致的岩、电对应关系分析，建立各沉积微相的测井相模式，MPE3 区与 Junin4 区的主要测井相特征如下。

（1）辫状河道充填：自然伽马曲线呈中低值钟形或箱形，由于含油性较好，电阻率曲线为中到高值。中子曲线表现较低值，声波曲线平直（图 2-40）。

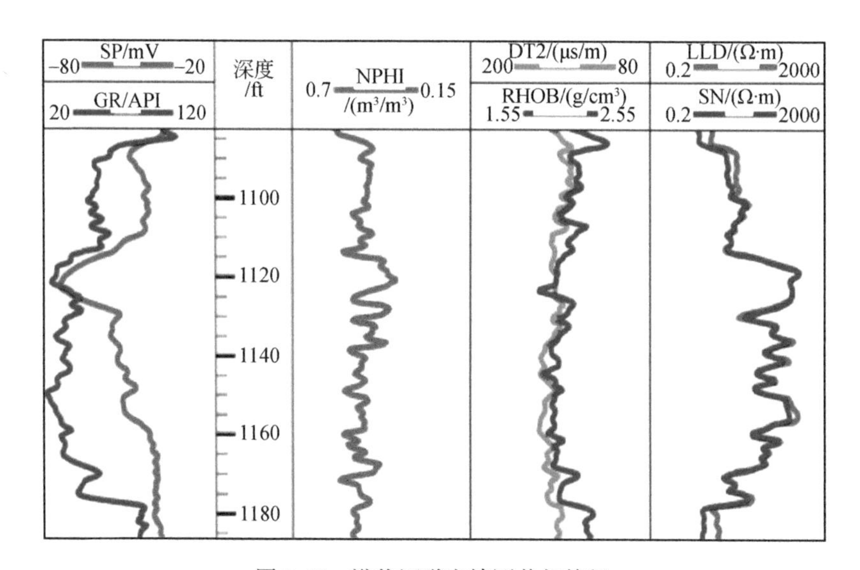

图 2-40　辫状河道充填测井相特征

（2）复合心滩坝：研究区不管在横向还是纵向，均大面积发育复合心滩坝微相；其测井曲线多呈明显箱形，微齿化，GR 曲线幅度较低，均低于 38API，此种形态测井曲线在纵向上一般为多期叠置；曲线顶底大多数情况为突变接触。电阻率曲线呈中高幅差箱形，密度值低，中子值高，声波值高，含油性好（图 2-41）。

（3）河道间：自然伽马曲线形态为高幅，弱齿化，顶底渐变。电阻率曲线呈低幅平直状，中子值、密度值较高，声波值高，含油性较差（图 2-42）。

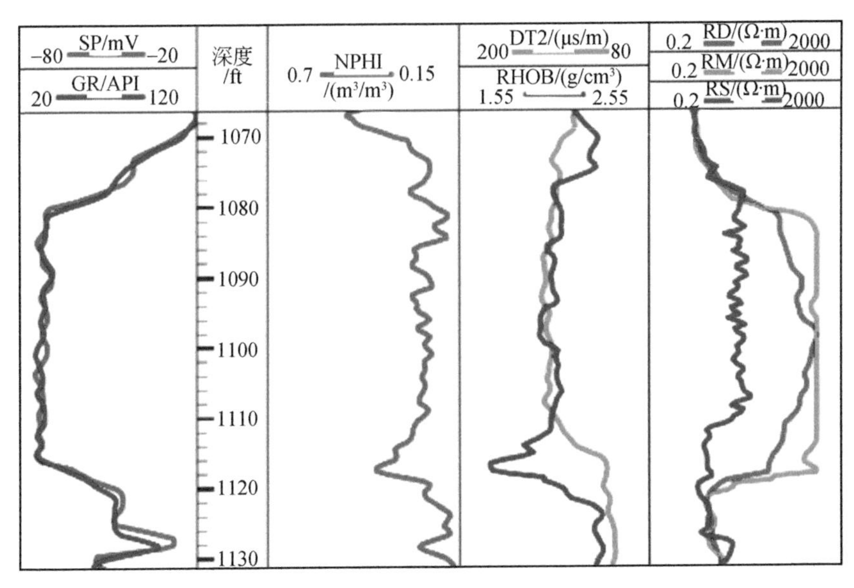

图 2-41　复合心滩坝测井相特征

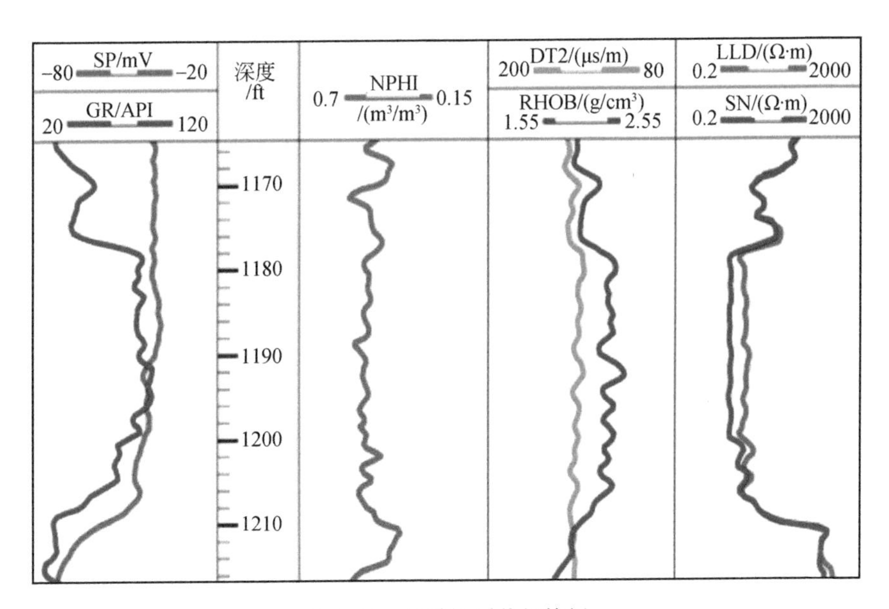

图 2-42　河道间测井相特征

（4）曲流河道：自然伽马曲线呈厚层下部低值突变，钟形，平滑或微齿状，顶部渐变，岩性序列多呈正粒序。电阻率曲线呈钟形，顶部渐变，底部突变。中子值、密度值较高，声波值较低，含油性好（图 2-43）。

（5）天然堤、决口扇：该微相沉积砂体厚度相对较薄，岩性为粉砂岩—细砂岩及砂泥交互沉积组合，相对低电阻率值且呈锯齿状，具有反旋回沉积韵律，含油饱和度相对较低。平面上，该微相发育于曲流河道微相的边部（图 2-44）。

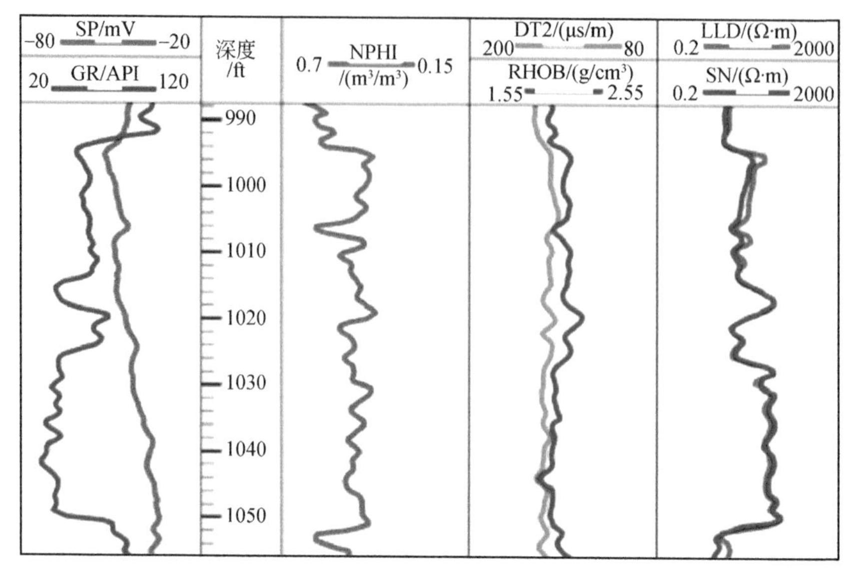

图 2-43　曲流河道测井相特征

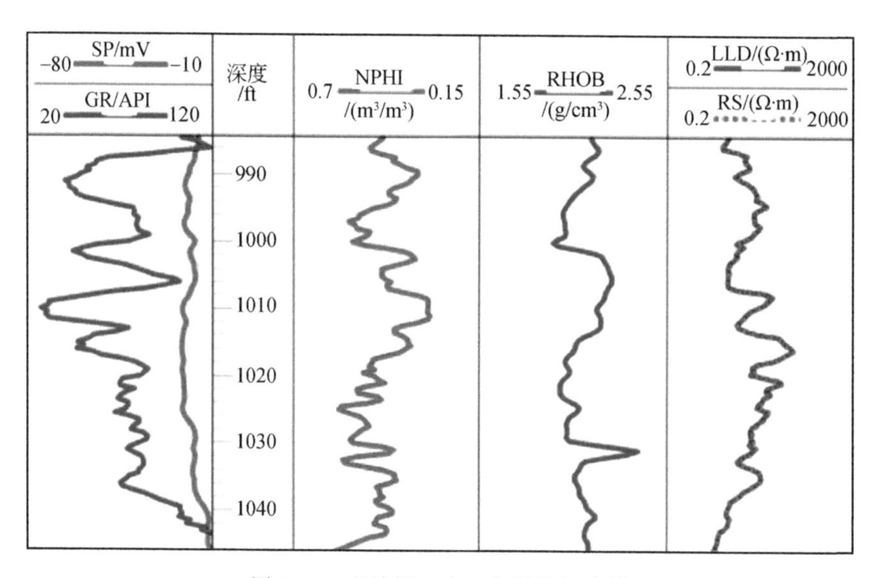

图 2-44　天然堤、决口扇测井相特征

（6）泛滥平原：研究区 C、D 层发育泛滥平原，测井曲线呈光滑、微齿化或者中等齿化的柱状，纵向上测井曲线平直延伸。GR 曲线明显高于 38API，部分地区达到 120API，电阻率曲线值向低值明显偏移（图 2-45）。

（7）分流河道：GR 曲线显示沉积旋回为正旋回，垂向上沉积物粒度向上变细，电阻率曲线表现为钟形，内部泥岩夹层呈暗灰色，发育黄铁矿，反映下三角洲平原受潮汐作用影响时而水上时而水下的环境特点（图 2-46）。

（8）分流间湾：岩性主要为泥岩，粉砂质泥岩，具有粉砂质夹层，煤层和炭质泥岩发

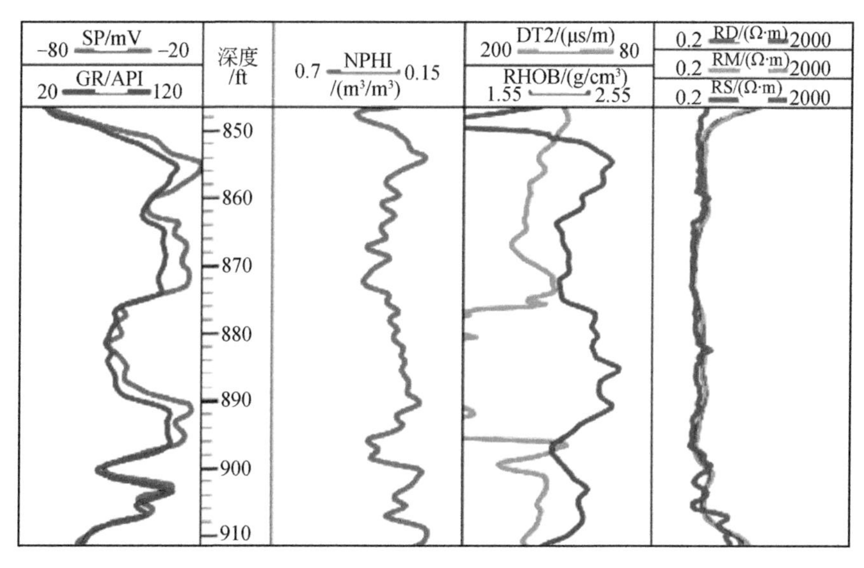

图 2-45　泛滥平原测井相特征

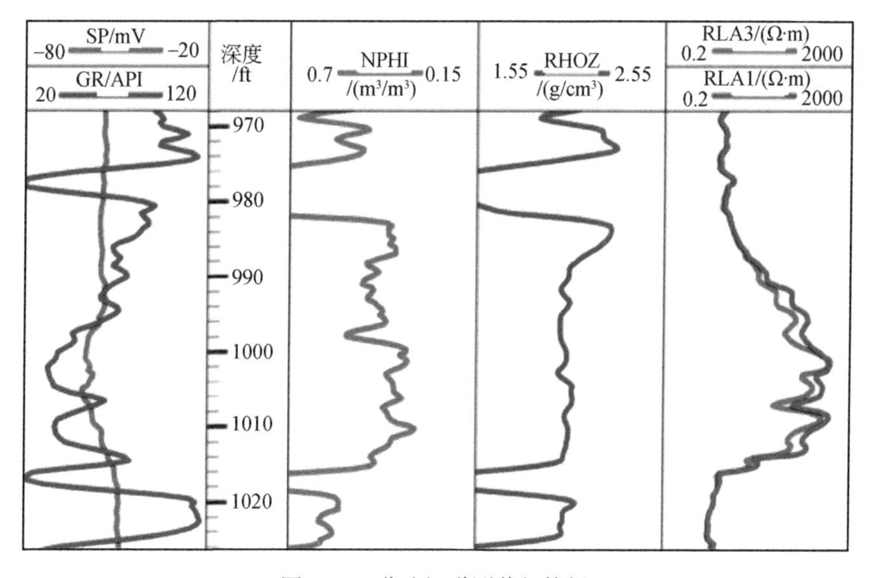

图 2-46　分流河道测井相特征

育，电阻率曲线低平，自然伽马曲线显示高值（图 2-47）。

2.6.2　沉积微相类型

取心井的单井相分析是识别沉积微相必不可少的关键一步。根据相标志特征，进行综合分析，建立起单井相分析柱状图，为沉积相研究、确定相类型及垂向相序打下坚实的基础。本次研究过程中编制 Junin4 区取心井的单井相图，并对其特征进行分析（图 2-48）。

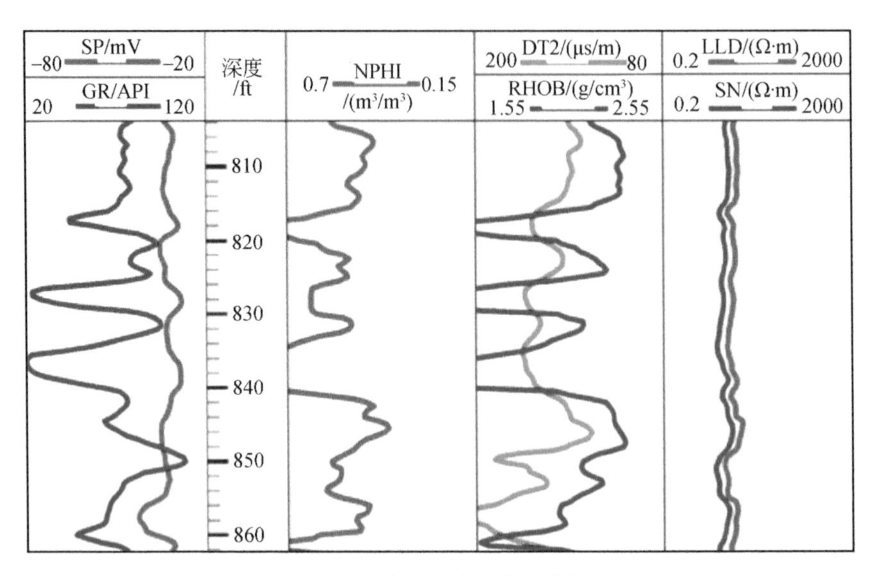

图 2-47　分流间湾测井相特征

从取心井反映的沉积微相来看，上三角洲平原辫状河道与心滩坝十分发育，且心滩坝常呈多期复合的特点，一套由辫状河道与心滩坝组成的厚层砂岩垂向叠加厚度可超过 100ft。

Junin4 区与 MPE3 区的 Oficina 下段和 Merecure 沉积时期，正处于加勒比海板块斜向北美板块俯冲挤压，形成由南向北挤压的剪应力作用，导致南委内瑞拉前陆盆地的形成，盆地北部形成前陆盆地的前渊，南部成为前陆盆地的斜坡带，早期构造作用强、由于坡度大，物源丰富及古河流流量大，为重油带辫状河沉积、迁移和侵蚀作用提供了条件，河流带来的大量粗粒沉积物被保留在这一带，细粒沉积物被搬运到前陆凹陷沉积。查阅各种文献资料，了解前人对该区研究后所做出成果的基础上，通过对研究区岩石学特征、沉积构造、生物化石和特殊矿物等相标志的分析研究，自下而上进一步可划分为上三角洲平原和下三角洲平原两个沉积环境。其中，上三角洲平原由辫状河沉积和曲流河沉积组成，下三角洲平原由网状河沉积组成，其中辫状河沉积是最主要的富含油气的储层。

辫状河是一种富砂的低弯度河流，河道宽而浅，其宽深比大于 40，弯度指数小于 1.5，河床坡降大，沉积物搬运量大且以底负载搬运为主，河道不固定，迁移迅速，故又称为“游荡性河”。由于河道经常改道，河道砂坝位置不固定，故天然堤和河漫滩不发育。

该沉积相典型层位为 Merecure 组（E 层），该层处于浅水近物源沉积的沉积环境。微相类型可细分为复合心滩坝沉积、辫状河道充填沉积、河道间沉积。

（1）复合心滩坝沉积：该微相曲线形态具有典型的箱形特征，岩性以中粗砂为主，多数饱含油。磨圆次棱角，分选较差。粒度概率曲线可分为两类，前者表现为两段式，发育滚动和跳跃总体，缺乏典型的悬浮总体；后者为三段式，在滚动和跳跃总体之间发育一个显著的过渡带，反映出水动力条件频繁变化的特点。

（2）辫状河道充填沉积：由于辫状河道的游荡性和不稳定性特征，最终形成的往往是大片叠置的复合心滩坝砂体，辫状河道充填沉积则保存较少。测井曲线表现为正粒序钟形特征，底部通常含有指示冲刷面的泥砾存在，槽状交错层理较为发育。

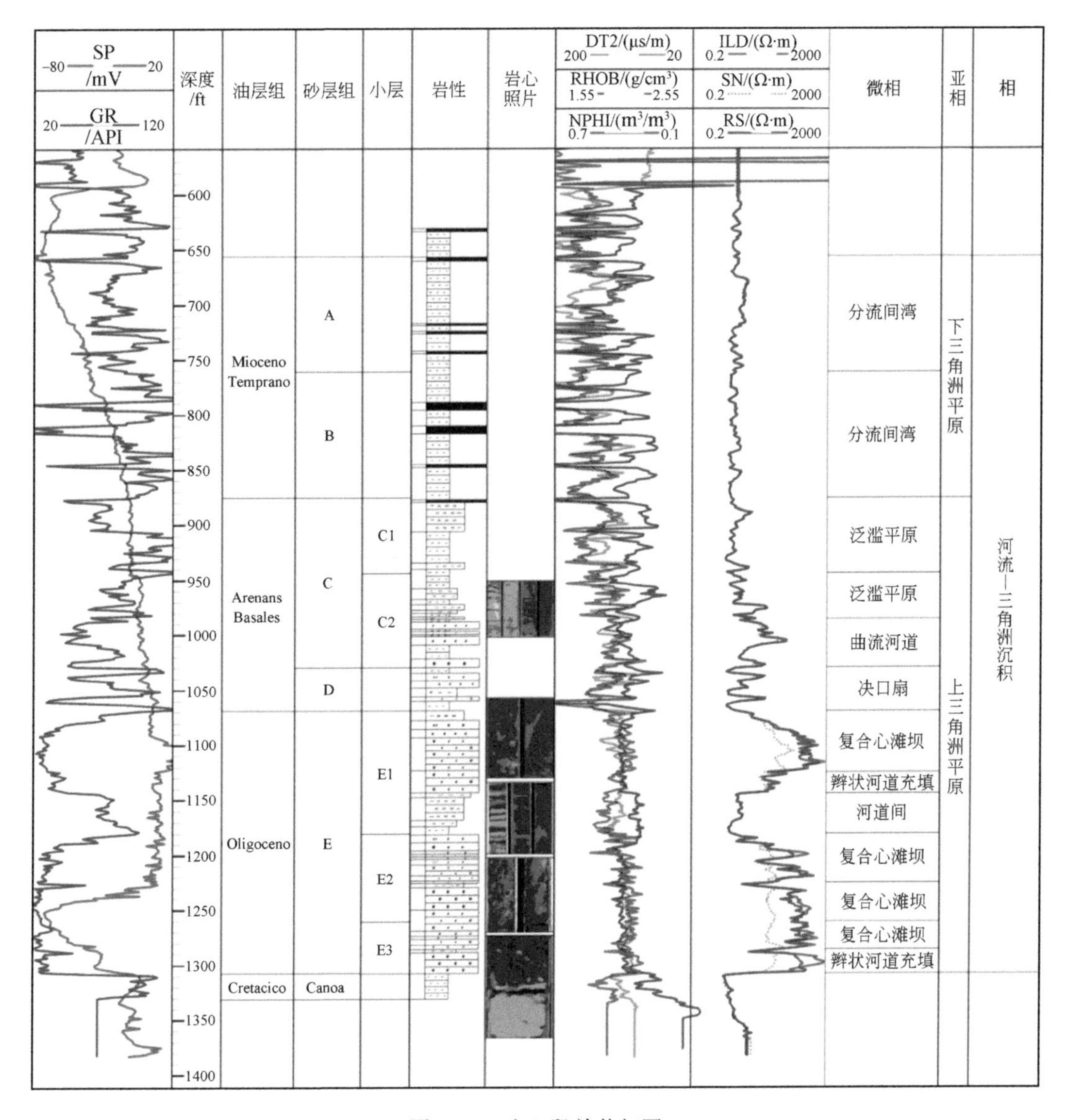

图 2-48　取心段单井相图

河道间沉积：粒度较河道微相细，但岩心照片和薄片观察发现其并不为纯泥岩，仍具一定的储集能力。岩性表现为较细粒的细砂、粉砂岩与泥岩条带互层，砂岩部分含油。泥岩以灰白色为主，缺少化石。粒度概率曲线呈三段式，细粒的悬浮组分含量较多，斜率低，分选较差。

2.6.3　沉积相平面分布特征

在 MPE3 区，结合前文的区域地质背景资料和古构造资料岩心、测井模板、砂岩厚度分布图及平面地震属性和水平井对砂体规模刻画的研究，可以恢复沉积相的平面分布特征，以辫状河比较发育的两个小层为例（图 2-49 和图 2-50），其沉积相带分布既有相似性，也存在一定的差异。

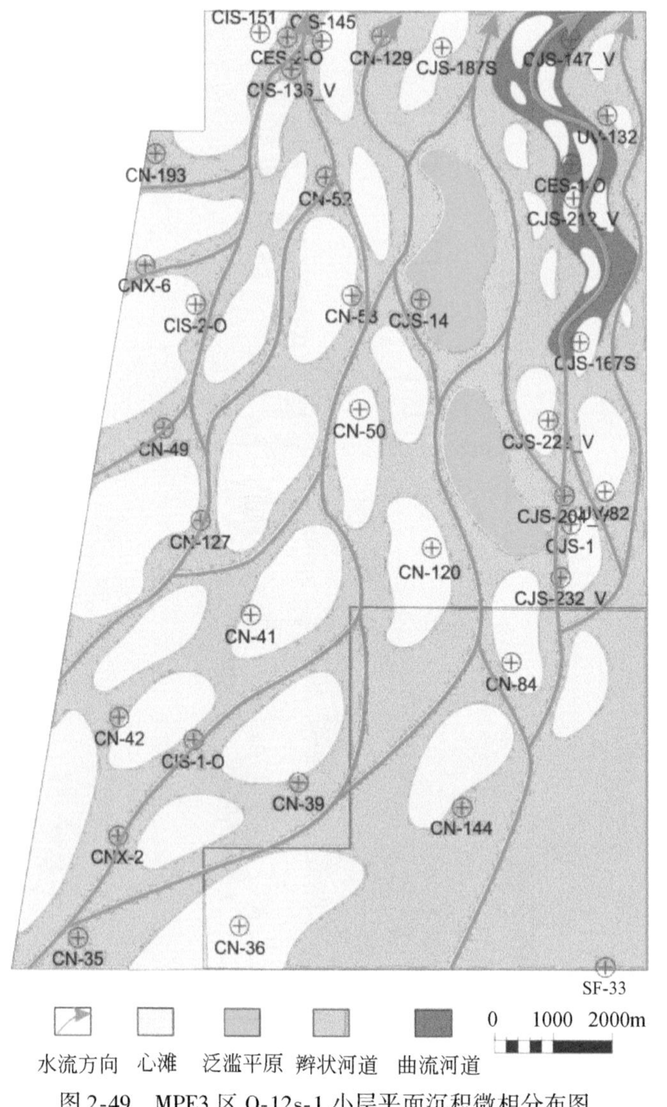

图 2-49　MPE3 区 O-12s-1 小层平面沉积微相分布图

O-12i-1 小层处于低位体系域的早中期，海平面上升相对较慢，主要沉积微相类型变化不大，以辫状河河控三角洲平原亚相为主，心滩极为发育，在研究区东部及西北发育有泛滥平原沉积；O-12s-1 小层时海侵速度加快，研究区开始受到潮汐作用的影响，因为研究区东西区域地层倾角及古地貌等因素的影响，所以研究区东西海侵速率存在差异，东部开始向曲流河性质转换。

由于辫状河发育时期总体海平面相对较低，且河流作用强，辫状河道表现出宽带状分布的特点，河道中间发育心滩坝。沉积序列中表现出典型河道沉积的特点，且呈现出多套辫状河道叠置特点，大量辫状河道的强烈侵蚀作用，沉积序列中出现大量泥砾、泥岩撕裂

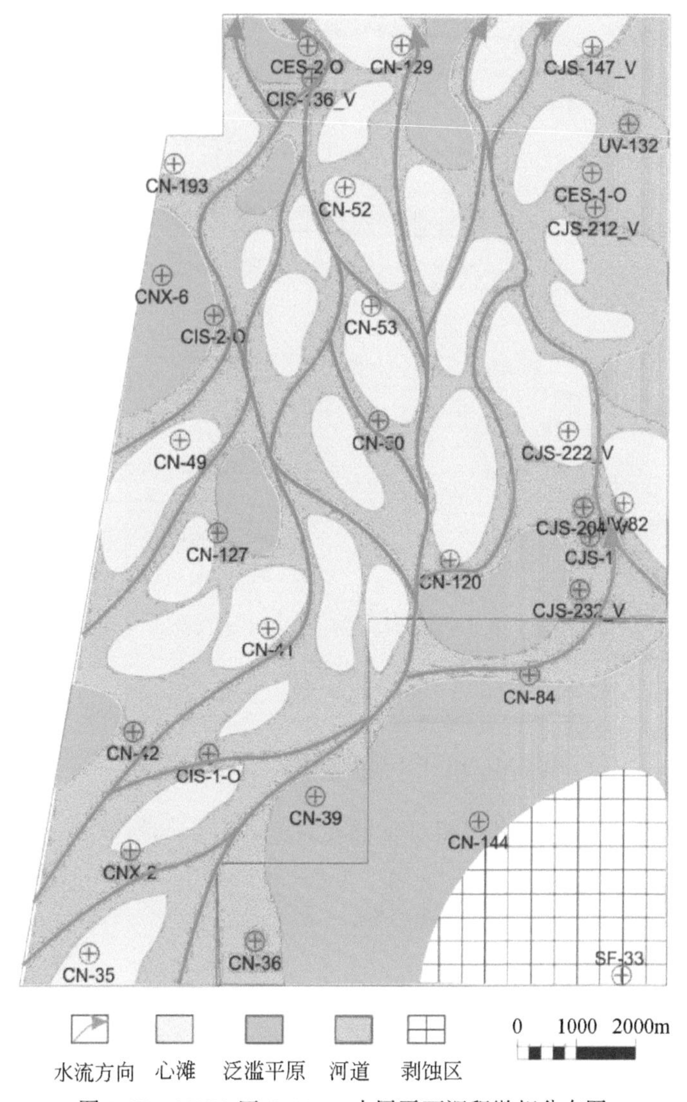

图 2-50　MPE3 区 O-12i-1 小层平面沉积微相分布图

屑现象。

平面上砂体呈南西—北东向大面积连片分布，砂体连片程度略有差别，西部辫状河道比东部更为发育，心滩坝规模更大，且连片性更好；而分流间在东部则相对较为发育，因此砂泥比相对西部地区更低。从南、北两个区域沉积序列来看，南部辫状河道规模更大，而北部近海区域辫状河道略有减小。

与 MPE3 区相比，Junin4 区 E 砂组辫状河更为发育，是因为其受海洋的波浪与潮汐影响相对较弱。E 砂组内各期砂体均很发育，表现为厚度大，分布面积广的特点，以辫状河十分发育的 E1-1 小层为例（图 2-51），砂岩厚度平面呈现大片边片分布的特征。

由于辫状河道的“游荡性”很强，除少数井点外，E 砂组各期单砂体全区均分布有大量砂体。河道和河道带的分布方向主要沿北东—南西一线，而心滩坝多呈顺流分布特征

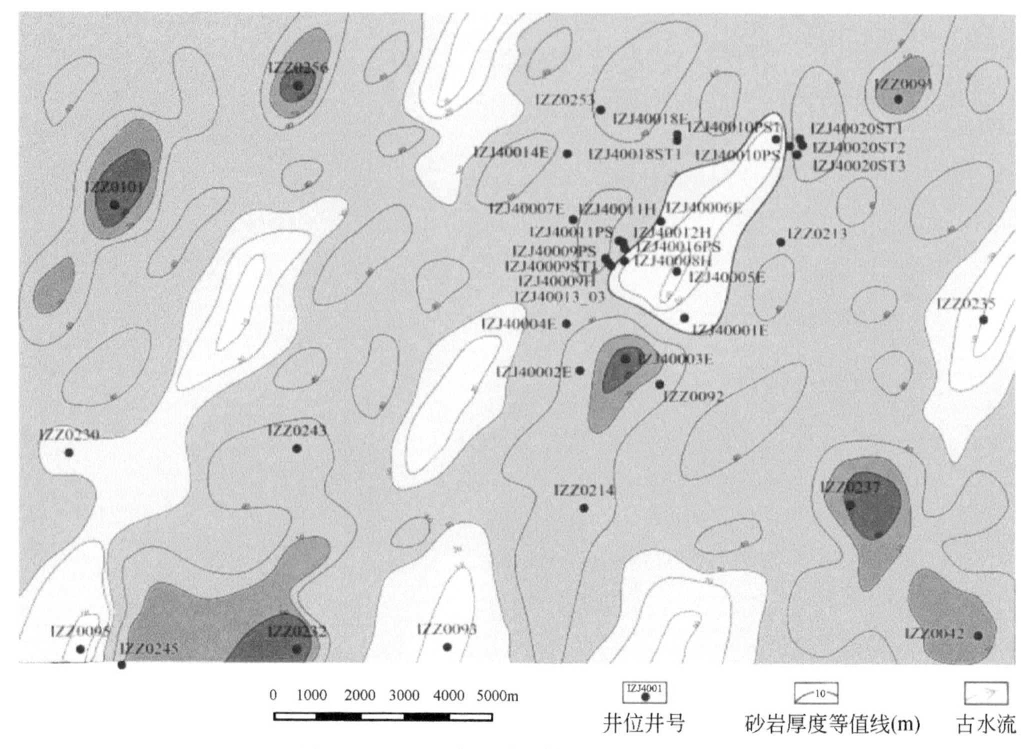

图 2-51　E1-1 小层单砂体平面厚度分布图

(图 2-52)，泛滥平原或河道间沉积相对不够发育，心滩坝与辫状河道砂体连片分布，砂岩储层十分发育。

2.6.4　沉积模式

研究区 Merecure 和 Oficina 目的层 E 砂组沉积相的演化主要受河流三角洲相沉积体系的控制，物源主要来自南部的圭亚那地盾。根据岩心分析资料、生物化石资料、植物孢粉分析资料及地层的区域发育演化史，结合测井曲线特征，确定底部 E 层以河道微相砂体沉积为主，河道砂体侧向迁移、摆动，叠加形成了大面积分布的片状砂体。向上至 C、D 层演变为以曲流河沉积为主，到顶部 A、B 层，河流逐渐后退，海水逐渐侵入，水体由淡变咸，沉积物岩性由以砂为主逐渐演变为以泥为主，主要为分支河道和支流间湾泥沉积。

归纳起来，从底部到顶部，工区沉积环境由上三角洲平原辫状河沉积、曲流河沉积，演变到受潮汐作用影响明显的下三角洲平原网状河沉积。自上而下，总体上为一大套正旋回河控并受潮汐作用影响的三角洲沉积体系（图 2-53）。其中辫状河沉积平面上主要发育在上三角洲平原区域，呈现大连片、坝道相间且连续分布的规律；而垂向上主发育在早期（下部）E 砂组沉积期，反映早期海水影响弱，河流作用强的特点，巨厚的辫状河砂体垂向呈现箱状测井相特征，剖面上砂体多期切割与叠置。

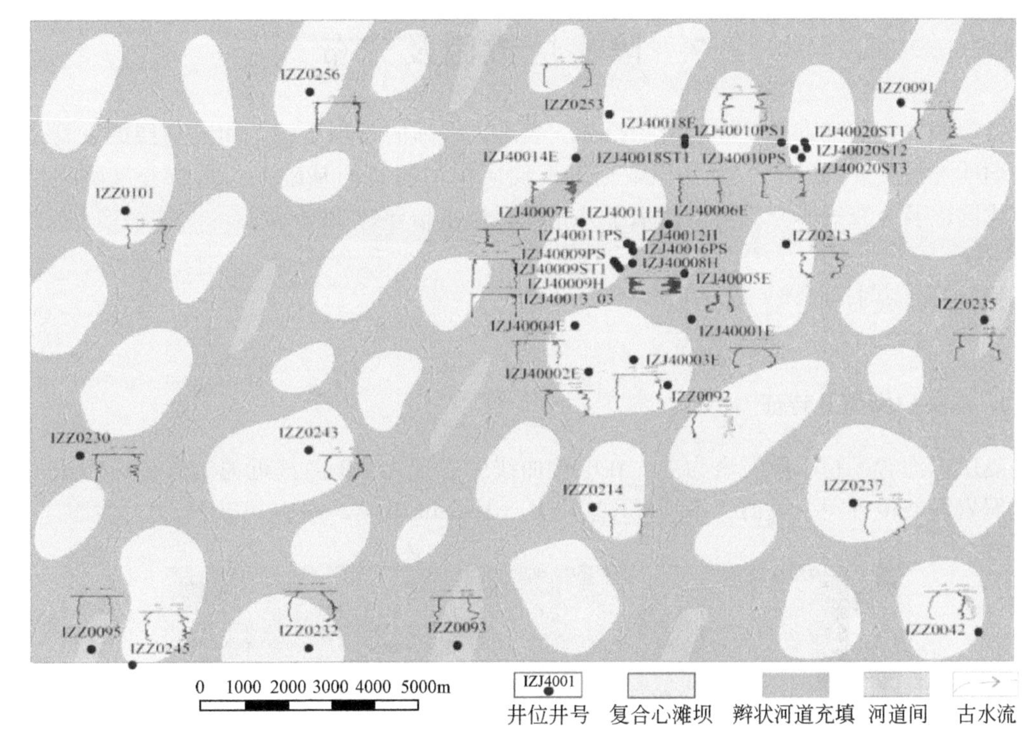

图 2-52 E1-1 单砂体微相平面分布图

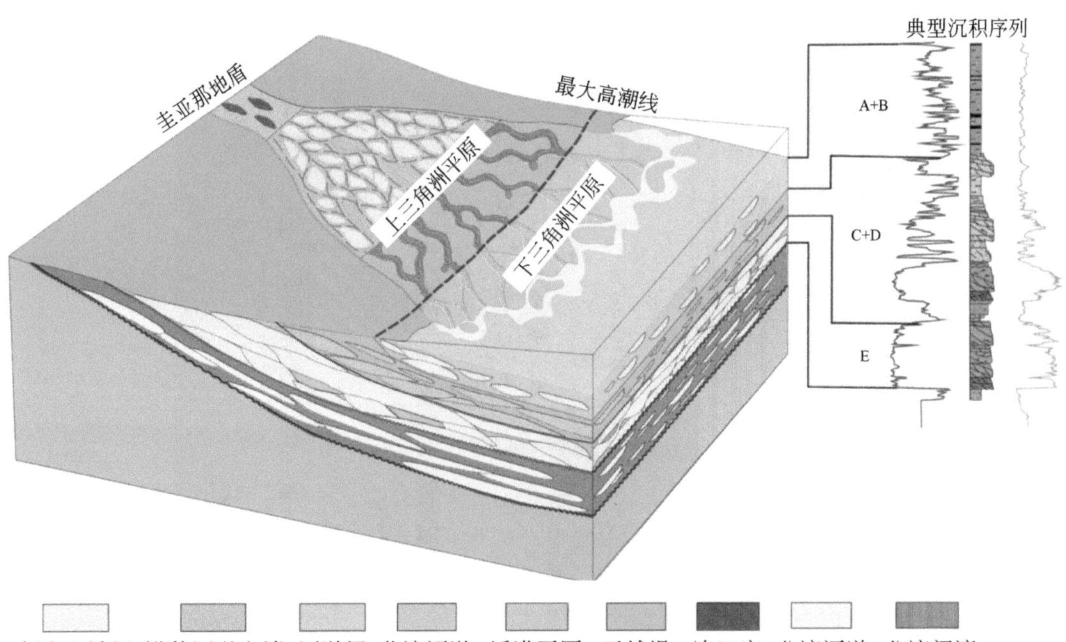

图 2-53 奥里诺科地区 E 砂组辫状河三角洲沉积模式图

2.7　隔夹层成因及分布

储层的发育程度直接受控于沉积微相，表现出较强的非均质性，而隔夹层的发育是影响非均质性最主要的因素。在沉积微相以及储层构型研究的基础上，本章开展隔夹层类型、成因以及分布等研究，为该区水平井钻探提供了指导。

2.7.1　隔夹层类型及成因

1. 隔夹层类型及特征

隔层以泥岩、粉砂质泥岩为主，在电测曲线中表现为 GR 值接近泥岩段值，电阻率回返至泥岩段或接近泥岩段值，平均厚度分布于 10 ~ 25ft（图 2-54）。

图 2-54　小层间隔层岩心照片

夹层类型主要为泥质夹层，岩性包括粉砂质泥岩、泥岩，根据夹层发育规模大小分为砂体间夹层和单砂体内部两类进行研究，前者平均厚度为5～10ft，后者平均厚度为0～3.5ft。电性特征上，浅侧向视电阻率曲线上表现为低值，自然伽马曲线有低幅度回返，在泥质含量30%以上，电阻率较相邻油层明显降低（图2-55）。

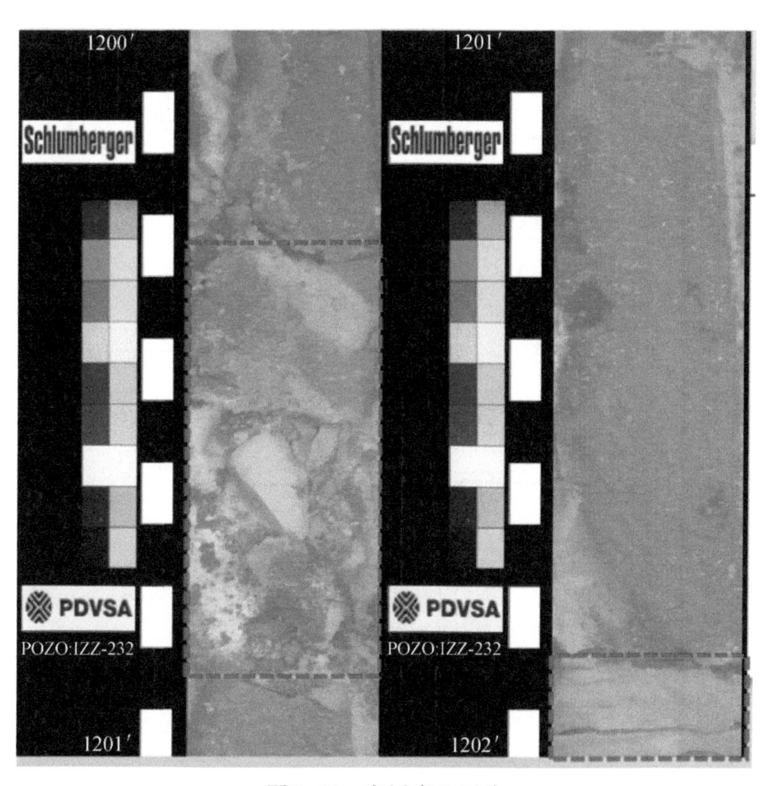

图2-55　夹层岩心照片

2. 隔夹层成因

1）隔层

隔层的发育主要受控于基准面升降规模和不同级别构型界面的约束，本次主要研究小层间隔层（图2-56）。小层间隔层受中短期基准面旋回和五、六级构型界面控制，代表一期区域性洪泛沉积，主要隔层类型为曲流河泛滥平原细粒沉积、废弃河道充填。

2）夹层

据夹层发育规模及类型将其分为砂体间夹层和砂体内夹层。砂体间夹层受超短期基准面旋回和四级构型界面约束，代表一期稍次一级洪泛沉积。砂体内夹层形成于单一旋回沉积的内部，主要类型包括曲流河边滩内部侧积层、心滩坝内部落淤层、河道底部滞留泥砾隔挡层、洪泛事件间歇期形成的坝间泥岩、坝顶露出水面形成的“串沟”充填。砂体内夹层由于受各种水动力扰动较大，往往不稳定，厚度和延伸范围有限，横向可对比性差。一般只起局部渗透性遮挡作用，对宏观油水运动影响不大。

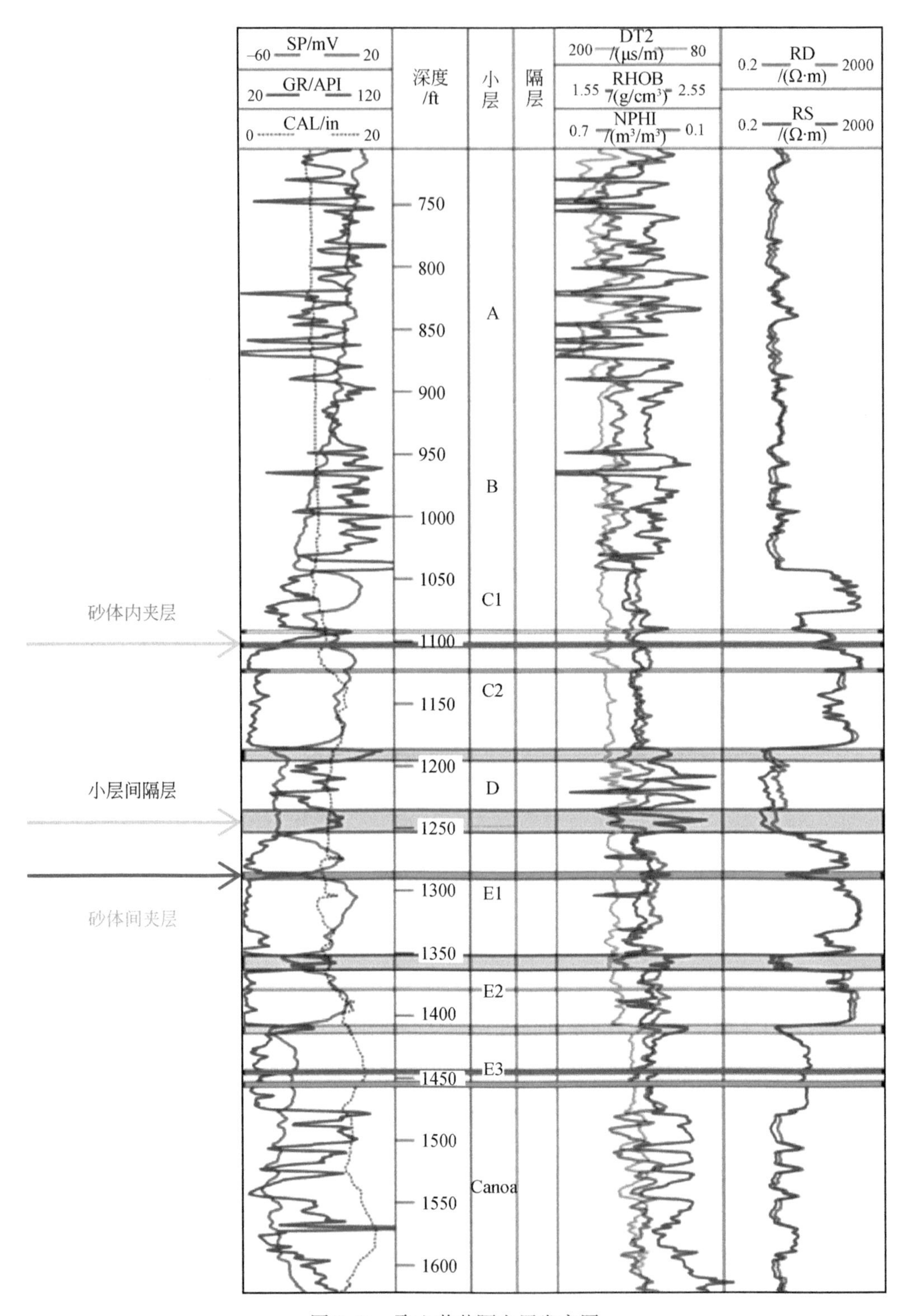

图 2-56　取心井井隔夹层发育图

工区 E 砂组隔夹层的成因类型如图 2-57 所示，辫状河沉积发育 6 种成因类型的隔夹层：洪泛期形成的泛滥泥岩隔层、废弃河道充填泥岩夹层、河道底部滞留泥砾隔挡层、心滩坝内部落淤层、洪泛事件间歇期形成的坝间泥岩、坝顶“串沟”充填泥岩。根据前人对辫状河的研究成果，结合现有水平井资料对 Merecure 组辫状河储层的隔夹层进行定量统计，见表 2-10。

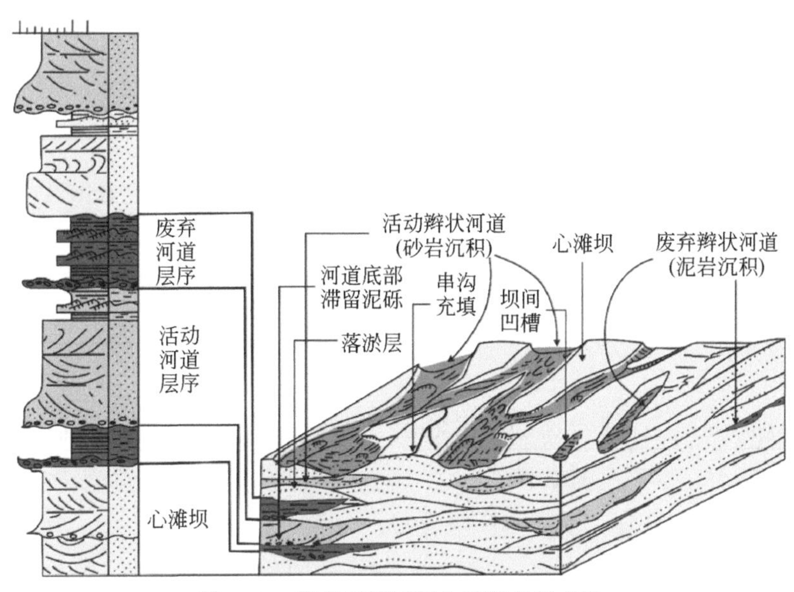

图 2-57　辫状河储层隔夹层发育模式图

表 2-10　辫状河储层隔夹层发育定量统计表

成因类型	平面形态	垂向形态	长度/m	宽度/m	厚度/m	顺河道连续性	垂直河道连续性
废弃河道	低弯度蛇曲	顶平底凸透镜状	500 ~ 1500	100 ~ 220	1 ~ 5	好	一般
落淤层	椭圆或长条	薄层状	200 ~ 300	150 ~ 200	0.3 ~ 0.5	较差	差
坝间凹槽	椭圆或长条	透镜状、楔状	150 ~ 250	50 ~ 100	0.5 ~ 1.5	差	差
串沟充填	树枝或长条	薄层状	100 ~ 200	5 ~ 20	0.5 ~ 0.8	较好	差
河道底部滞留泥砾	分散或连片	薄层状	600 ~ 2000	50 ~ 180	0.3 ~ 0.8	较好	差

夹层发育规模数据与水平井钻遇情况及研究区地质模型预测结果大体吻合，密井网区 E1 小层水平井钻遇结果验证了公式计算所得的废弃河道充填泥岩的发育规模。对单井水平井井段精细解剖结果也与三维模型吻合。运用序贯指示随机模拟算法结合该区已有的地质认识，对 E1 小层内部砂体和隔夹层的分布进行模拟。结果表明，废弃河道充填泥岩形成的河道特征清晰可见。

2.7.2　隔层分布特征

小层间隔层在纵向上分布具有以下特征：①总体上看，隔层厚度由 E3 层向 D 层呈现增大的趋势；②D-E1 小层间隔层厚度相对较大，大多为 10 ~ 30ft，平均厚度 15 ~ 25ft，隔层发育比例大于 93%；③E1-E2、E2-E3 小层间隔层厚度较薄，分别为 3 ~ 40ft，平均隔层厚度分别为 17.39 ~ 8.98ft（表 2-11 和图 2-58）。

表 2-11　Junin4 区主要研究层段隔夹层发育统计表

隔层编号	隔层分布范围/ft	平均隔层厚度/ft	统计总井数	发育隔层井数	隔层发育比例/%
D-E1	10 ~ 30	19.19	31	30	97
E1-E2	4 ~ 30	17.39	29	25	86
E2-E3	1.5 ~ 22	8.98	28	21	75

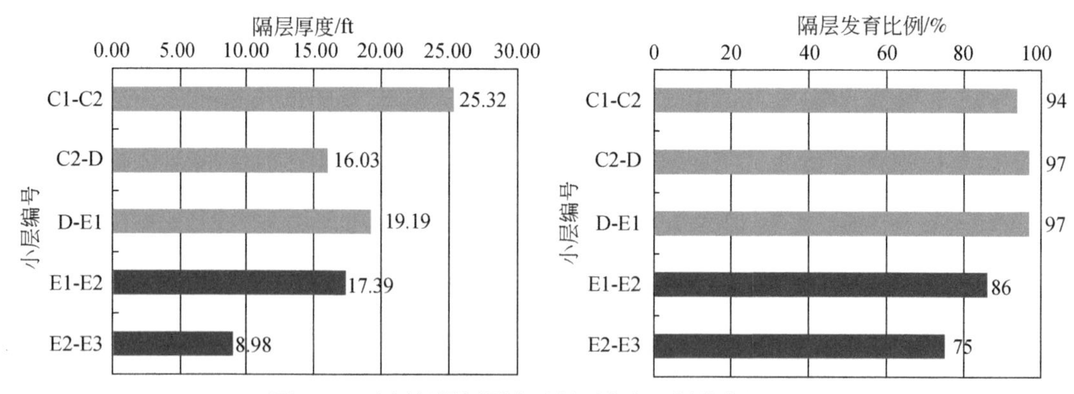

图 2-58　小层间隔层厚度及隔层发育比例分布柱状图

从平面分布上看，E 砂组时期各单砂体均全区发育，小层间隔层主要受该期隔层顶底砂体微构造控制，部分井区上下砂体间距较近、形成隔层厚度较小（<2ft）的较连通区，呈连片状分布（图 2-59）。

2.7.3　夹层分布特征

根据夹层发育规模的大小将其分为单砂体间夹层和单砂体内夹层两类，分别统计其厚度、夹层个数、夹层发育比例等指标。结果显示，砂体间夹层相对于砂体内夹层发育厚度大、比例高。

总体上看，辫状河沉积砂体间夹层发育比例为 54.5% ~ 61.8%（表 2-12）；纵向上由 E3 到 E1 小层内的砂体间夹层厚度呈增大趋势，发育比例也逐渐变高。E1、E2、E3 的两套单砂体间夹层厚度较薄，为 0.66 ~ 42.52ft；E2 的两套单砂体间夹层厚度最小，平均厚度为 4.06ft，发育比例仅 54.5%。

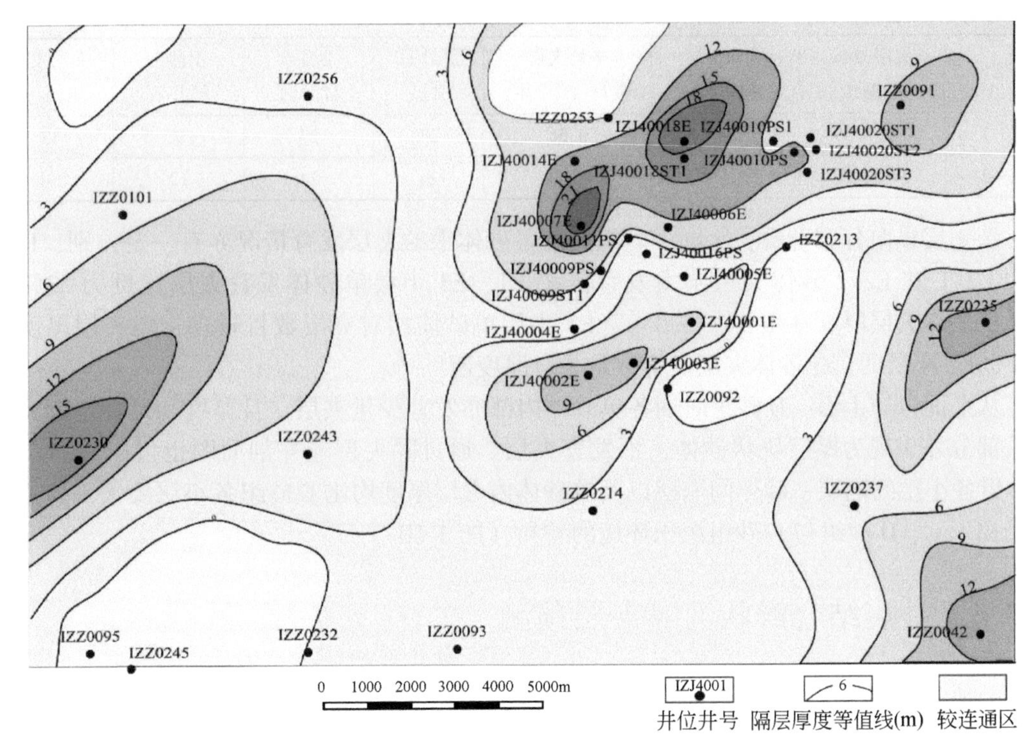

图2-59　砂体间隔层厚度平面展布图

表2-12　主要研究层段砂体间夹层发育统计表

夹层编号	夹层厚度范围/ft	平均夹层厚度/ft	统计总井数	发育夹层井数	夹层发育比例/%
E1-1/E1-2	2.3～42.52	8.54	34	21	61.8
E2-1/E2-2	1.31～11.68	4.06	33	18	54.5
E3-1/E3-2	0.66～19.36	6.59	29	16	55.2

根据单井夹层识别结果，统计工区主要研究层段内单砂体中的夹层厚度、夹层个数、夹层发育比例等指标，见表2-13。可以看出：①总体来看全区夹层均分布在0～26.38ft；②E3小层的单砂体的夹层分布范围相对较大，平均夹层厚度大于2ft；③E2小层两套单砂体中发育夹层的井数少、厚度薄；④E3小层发育夹层数量较多，但厚度相对薄。

表2-13　主要研究层段砂体内夹层发育统计表

单砂体编号	夹层分布范围/ft	平均夹层厚度/ft	平均夹层数目（个/井）	统计总井数	发育砂体井数	发育夹层井数	夹层发育比例/%
E1-1	0～10.46	2.09	0.46	30	28	10	36
E1-2	0～8.01	1.58	0.43	29	27	11	41
E2-1	0～9.45	0.61	0.21	29	28	3	11
E2-2	0～3.41	0.13	0.04	29	27	1	4

续表

单砂体编号	夹层分布范围/ft	平均夹层厚度/ft	平均夹层数目（个/井）	统计总井数	发育砂体井数	发育夹层井数	夹层发育比例/%
E3-1	0 ~ 13. 39	1. 54	0. 56	27	27	9	33
E3-2	0 ~ 26. 38	3. 04	0. 63	24	24	12	50

从夹层纵向分布上看：①同一砂组内部各砂体中的夹层发育情况亦有一定差别，E 砂组中 E2-1 和 E2-2 砂体夹层不太发育；② E1、E3 小层单砂体发育夹层比例为 33% ~ 50%，平均夹层厚度在 1. 54 ~ 3. 04ft，E3 小层单砂体相对夹层数目较多，但夹层厚度较小；③E2 小层两套单砂体夹层发育数量少、厚度薄。

从平面分布上看，E 砂组时期各单砂体内部亦发育少量夹层，且厚度和延伸范围均不大，部分井表现为厚层块状砂体，不发育夹层。通过隔夹层连井剖面图也可以看出，C、D 砂组各小层间隔层、砂体间隔层以及单砂体内夹层厚度均比 E 砂组各小层要大，这主要是受控于 C、D 砂组与 E 砂组沉积环境的差异（图 2-60）。

2. 7. 4　井震结合辫状河隔夹层预测

受地震资料分辨率限制，研究区基于 PP-PS 波叠前联合反演结果（图 2-61）主要识别厚度大于 10ft（3. 05m）的隔夹层。单层是指垂向上为单期河流沉积，其纵向跨度为河流的满岸深度，侧向上可由多个河道（组成河道带）及溢岸沉积构成。

单层间隔层受中短期基准面旋回和五、六级构型界面控制，代表一期泛滥沉积。如 E1-E2 层间、E2-E3 层间隔层（图 2-61 中 1 号隔层），以粉砂质泥岩、泥岩为主，泥岩不纯，富含泥质粉砂岩，发育主要为平行层理。平面上分布范围较大，且分布稳定，连续性较好。

单砂体间夹层主要受超短期基准面旋回约束，由废弃河道泥岩、残余废弃河道泥岩和沟道泥岩构成，位于单砂体之间。单砂体是指单一沉积微相级别的砂体，如单一辫流带中的心滩和辫状河道等。如 J4-18 井 E2 层上部沟道泥岩层（图 2-61 中 2 号夹层），以粉砂质泥岩或泥岩为主，发育小型波纹层理和平行层理，连续性一般。

心滩坝内部落淤层、河道底部滞留泥砾隔挡层、洪泛事件间歇期形成的坝间泥岩、坝顶露出水面形成的"串沟"充填、废弃河道充填，位于心滩内增生体之间，由于受各种水动力扰动较大，往往不稳定，厚度和延伸范围有限，横向可对比性差。如 J4-14 井 E3 层中部落淤层夹层（图 2-61 中 3 号夹层），粉砂质泥岩或泥岩为主，发育平行层理，平面上分布范围较小，连续性较差。J4-18 井 E3 层底部滞留泥砾隔挡层（图 2-61 中 4 号夹层），以泥砾岩为主，呈磨圆、次圆状，泥砾具有定向排列特征主，平面上分布范围较小，连续性较差。

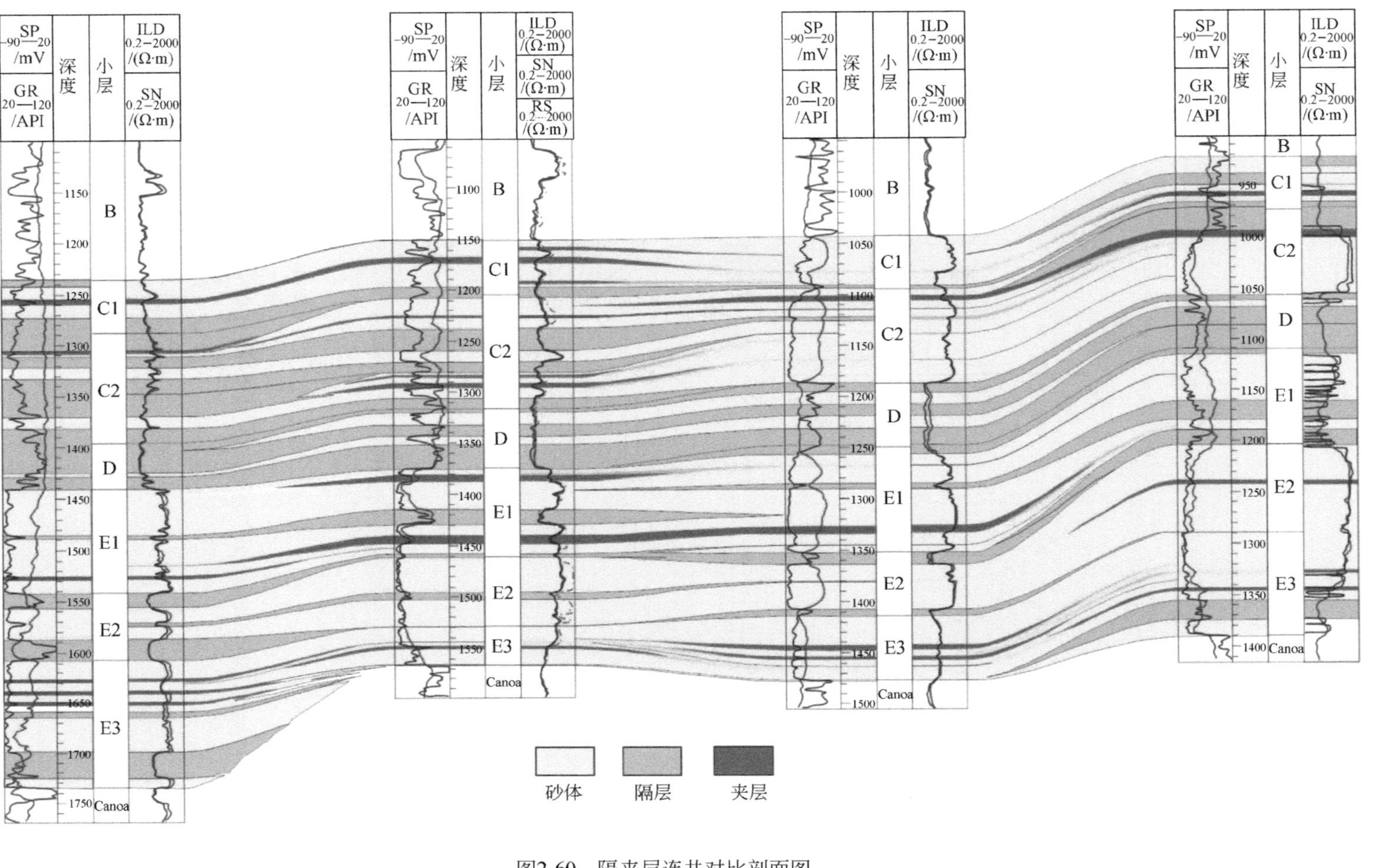

图2-60　隔夹层连井对比剖面图

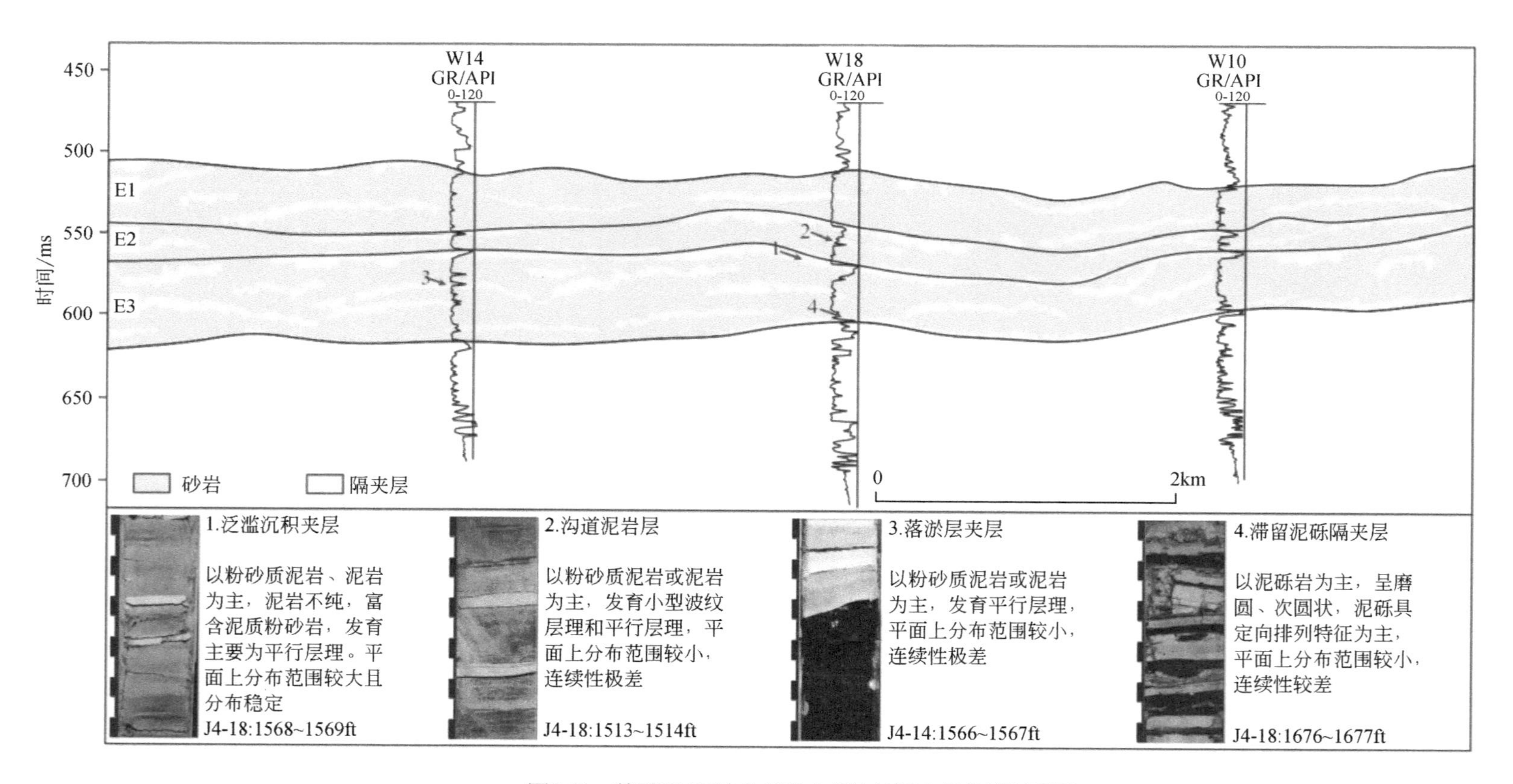

图2-61　基于PP-PS波叠前联合反演的隔夹层类型剖面图

2.8 小 结

（1）研究区辫状河储层可识别出12种岩相，结合孔、渗数据，进一步可归纳出四类岩相单元；在直井沉积微相划分的基础上，利用水平可以更好地反映砂体横向变化的特点，进行岩相单元划分，可为储层砂体规模与储层预测提供更多数据信息。

（2）针对不同井网水平井钻遇不同层段砂体的实际情况，直井与水平井相结合，可以确定辫状河沉积微相（即河道或心滩坝）的横向规模，也即建立长宽比及宽厚比相关关系，达到定量表征储层砂体的目的，并为地震储层预测与地质建模提供约束信息。

（3）结合直井、水平井及地震信息，通过地震相、地震属性及多波地震信息进行辫状河储层预测与砂岩厚度预测，沉积相带分布格局与演化规律更清晰。

（4）将水平井信息与多波地震信息引入储层地质建模中进行岩相单元预测与储层构型研究，可以克服利用直井资料、三维地震资料等常规油藏描述手段不能精细刻画储层横向非均质性的难题，有效提高井间储层砂体的认识程度。

参考文献

陈浩，陈和平，黄文松，等. 2016a. 委内瑞拉奥里诺科重油带Carabobo油区M区块Morichal段地层沉积演化特征［J］. 西安石油大学学报（自然科学版），1：45-52.

陈浩，陈和平，黄文松，等. 2016b. 委内瑞拉奥里诺科重油带沉积特征［J］. 地质科技情报，4：103-110.

程小岛，李江海，高危言. 2013. 南美板块北部边界作用对其含油气盆地的影响［J］. 石油与天然气地质，34（1）：112-119.

刘亚明，谢寅符，马中振，等. 2013. Orinoco重油带重油成藏特征［J］. 石油与天然气地质，34（3）：315-322.

孙天建，穆龙新，赵国良. 2014. 砂质辫状河储集层隔夹层类型及其表征方法-以苏丹穆格莱特盆地Hegli油田为例［J］. 石油勘探与开发，41（1）：112-120.

佚名. 2006. 委内瑞拉奥里诺科重油带的石油地质特征及资源潜力［J］. 西安石油大学学报（自然科学版），21（5）：67.

曾洪流，2011. 地震沉积学在中国：回顾和展望［J］. 沉积学报，29（3）：417-426.

邹才能，张光亚，陶士振，等. 2010. 全球油气勘探领域地质特征、重大发现及非常规石油地质［J］. 石油勘探与开发，37（2）：129-145.

Aymard，R，Pimentel L，Eitz P，et al. 1990. Geological integration and evaluation of northern Monagas，Eastern Venezuelan Basin［M］. Geological Society of London Special Publications，50：37-53.

Bridge J S，Tye R S. 2000. Interpreting the dimensions of ancient fluvial channel bars，channels，and channel belts from wireline-logs and cores［J］. The American Association of Petroleum Geologists Bulletin，84（8）：1205-1228.

Callec Y，Deville E，Desaubliaux G，et al. 2010. The Orinoco turbidite system：tectonic controls on sea-floor morphology and sedimentation［J］. The American Association of Petroleum Geologists Bulletin，94：869-887.

Chen S，Steel R J，Dixon J F，et al. 2014. Facies and architecture of a tide-dominated segment of the Late Pliocene Orinoco Delta（Morne L'Enfer Formation）［J］. SW Trinidad：Marine & Petroleum Geology，57：

208- 232.

Eisma D, Gaast S J V D, Martin J M, et al. 1978. Suspended matter and bottom deposits of the Orinoco Delta: Turbidity, mineralogy and elementary composition [J] . Netherlands Journal of Sea Research, 12: 224-251.

Garoiacaro E. 2011. Structural controls on Quaternary deep-water sedimentation, mud diapirism and hydrocarbon distribution within the actively evolving Columbus foreland basin, eastern offshore Trinidad [J] . Marine and Petroleum Geology, 28 (1): 149-176.

Kelly S. 2006. Scaling and Hierarchy in Braided Rivers and Their Deposits: Examples and implications for reservoir modeling [M] . Oxford, UK: Blackwell Publishing, 75-106.

Laraque A, Moquet J S, Alkattan R, et al. 2013. Seasonal variability of total dissolved fluxes and origin of major dissolved elements within a large tropical river: The Orinoco, Venezuela [J] . Journal of South American Earth Sciences, 44: 4-17.

Martinius A W, Hegner J, Kaas C I, et al. 2012. Sedimentology and depositional model for the early Miocene Oficina Formation in the Petrocedeño field (Orinoco heavy-oil belt, Venezuela) [J] . Marine and Petroleum Geology, 35: 354-380.

Muller J. 1959. Palynology of recent Orinoco Deta and shelf sedimens [J] . Reports of the Orinoco Shelf Expedition, 5: Micropaleontology, 5: 1.

Soto D A E. 2011. Miocene-to-recent structure and basinal architecture along the central range strike-slip fault zone eastern offshore Trinidad [J] . Marine and Petroleum Geology, 28 (1): 212-234.

第3章 多点地质统计学的算法与辫状河储层建模

本章的内容以MPE3区块的辫状河储层的建模过程为例，在回顾两点地质统计学建模发展的基础上，论述多点地质统计学建模的算法，以及在MPE3区块辫状河储层建模的应用。为此，针对辫状河储层的地质知识库构成及其训练图像的制作，为全面理解多点地质统计学建模的原理作了必要的铺垫。

3.1 两点建模到多点建模的发展

人们已经熟知，变异函数是以空间中变量在每两个点的数值为基础的一种统计量，这两个数值就是空间中的变量在点 u 和 $u+h$ 处的两个值 $z(u)$ 和 $z(u+h)$。与多点地质统计学建模不一样，两点地质统计学是指利用变异函数作为基础的地质统计学。两点地质统计学是利用变差函数描述地质变量的相关性和变异性，通过建立在某个方向上两点之间的地质变量的变化关系来描述空间的变化特性。其中，包括序贯指示模拟、序贯高斯模拟、截断高斯模拟和各种克里金估计方法。从两点地质统计学向多点地质统计学的演化，说明地质统计学的理论体系有了很大的发展，其应用效果有了明显改善。

利用各井中所具有的测井数据，以地质统计学为基本原理的油藏描述、储层建模等方法一出现，便受到业内人士的一致欢迎，形成了一股巨大的洪流，极大地推动了油气田的开发。整个储层空间中，只有测井数据可以视为准确的，而全部网格块处的建模结果，都是根据各种统计算法和建模算法推断出来的。根据粗糙的估算，其网格块的数目只占储层空间全部网格块的1/10以上或1%以上，显得远远不足。因此，为了增加可用的信息量，人们提出利用随机函数的方法、局部估计的概念和最佳线性无偏预测。在地质统计学发展的初期，为了对空间变量的分布进行建模或模拟，人们的注意力集中在如何依据有限的测井数据，进行深入细致的分析，抽取所研究的空间变量的相关性和各种空间变异性。初期的地质统计学的根本目的是估计出储层空间中各网格块所出现的相关性和变异性，以弥补空间变量有关信息的缺失。

两点地质统计学经过多年的发展，变异函数及其概念和相应的统计分析已经相当成熟。变异函数和协方差函数的关系，变异函数的理论模型、套合结构，实验变异函数、理论变异函数，空间变异性的结构分析等已经被从事地质建模的人员所熟悉。经过多年研究，变异函数的理论基础不断完善，不断深化，从统计学的角度对变异函数及其确定过程做了深入的分析。利用变异函数估算的细节包括，有关变异函数在原点附近的性状，变异函数的影响范围、各向异性，变异函数的正定条件，变异函数的理论模型，尺度不同的理论模型的套合，不同方向的理论模型的套合。从统计学的角度研究变异函数的途径，对协方差函数估计的偏倚性、变异函数估计量的无偏性及其误差、以传统的变异函数估计量为最优的条件时变异函数估计值对于理想情况的偏离等，进行了深入广泛的研究。另外，对稳健的变异函数的计算也做了深入的研究。

在储层地质建模领域，在多点统计学建模出现以前，两点地质统计学曾经在沉积微相建模中发挥过重要的作用，而且目前在孔隙度、渗透率、含油饱和度等物性参数的空间分布建模中仍然发挥着不可替代的作用。作为指示模拟的一个基础，离散变异函数分析在序贯指示模拟中起关键的作用。在物性参数空间分布的建模过程中，连续变异函数的求取和分析，是序贯高斯模拟和克里金估计的一个必要前提。

传统的两点地质统计学在储层建模中应用时所采取的方法，主要是以变差函数为工具的。然而，变差函数反映的仅仅是空间两点之间的相关性，不能充分描述复杂几何形状砂体，如河道砂体和冲积扇砂体空间的连续性和变异性。当井资料较少时，用于计算实验变差函数的点对很少，它也就不能正确反映空间两点之间的相关性。而多点地质统计学着重表达多点之间的相关性，弥补了传统地质统计学方法的不足。

3.1.1　两点统计量与两点模拟算法

在大多数统计学预测算法为主的传统地质统计学方法中，其主要工具是变异函数和协方差函数。考虑一个平稳的随机函数 $Z(u)$，以及它对应于以向量 h 分隔的空间中两个点 u 和 $u+h$ 的任意两个随机变量 $Z(u)$ 和 $Z(u+h)$。这两个随机变量之间的关系可以利用以分隔向量 h 为自变量的两点统计量所表征。这些两点统计量可以是协方差 $C(h)$ 和变异函数 $2\gamma(h)$。

传统的两点模拟算法可以重现一个先验的协方差模型 $C(h)$，或者一个等价的变异函数模型。这两者就是在任意两个随机变量 $z(u)$ 和 $z(u+h)$ 之间的统计关系。与多点统计量所提供的信息相比，两点模拟算法所失去的信息就是在空间中三个或三个以上的随机变量之间的关系，是由模拟算法所必须提供的。

如果产生的模拟能够反映除两点相关性以外的特殊的结构和模式，那么这些结构必须能够输入一个随机算法中去，可以重新产生这些实现。

在实际中广泛应用的基于协方差的两点模拟算法基本上可以划分为两类：第一类是利用多元的高斯随机函数模型的算法，第二类则是以指示期望值作为条件概率的算法。

3.1.2　多点统计量

对于定义在属性 Z_1：$\{z_1(u+h_\alpha)$；$\alpha=1, \cdots, n_1\}$ 上的 n_1 个数据，属性 Z_2：$\{z_2(u'+h'_\beta)$；$\beta=1, \cdots, n_2\}$ 上的 n_2 个数据，为了表征两个数据模式之间的关系，交叉协方差或交叉变异函数就显得远远不够，而需要多得多的信息。人们需要得到区域内 n_1+n_2 个随机变量的联合分布。要产生如此大量的实验数据以便充分地推断出这样的多个变量的多点统计量，这肯定不可能。至于它们的建模，也可以说是不可能的。对于这个情况，存在两个途径，可以规避这种不可能性。

（1）采用单一协方差函数表征的、具有低阶统计量的多元正态模型进行简化处理。

（2）建立能够描述两个随机变量 $z_1(u)$ 和 $z_2(u')$ 空间关系的训练图像。这种训练图像能够反映地球物理学或沉积学得到的规律，并用于控制这些变量对的联合空间分布函数。

在这两种情况中，利用在未采样处数值的预测值或模拟值获得的大部分多点统计量的信息不可能来自数据，而是来自多元高斯模型或训练图像。

3.1.3　多点模拟算法

基于目标的建模在井数据过多的情况下，会出现难以建模的情况，从而催生了多点建模的提出。利用基于目标的建模算法时，“目标”意味着所模拟的砂体形状。目标形状参数，包括尺寸、各向异性、弯曲性，都是具有随机性质的，因此它们的模拟都是随机的。对于目标建模的一个迭代过程，目标被移动、被变换、被删去以及被置换，直至取得对于一个地质体的合理匹配，得到一个地质体的合理空间配置。目标建模对于建立一个具有一定的空间结构和空间模式的训练图像的效果是比较理想的，因此目标建模对于多点建模的实施是十分重要的。但是，这种基于目标的建模算法需要对大量数据进行条件化，实施起来是相当困难的。相反，基于网格块的建模算法则容易实现条件化。这种建模过程是在一个时刻仅模拟一个网格块处的数值，而和围绕着那个点的周边网格块无关。这种传统的基于网格块的建模算法，仅能够实现基于变异函数的建模过程，而不能产生一定形状和一定模式的建模结果。

单一正则方程算法（single normal equation simulation，SNESIM）（Caers，2005）是一种多点模拟算法，它具备基于网格块算法的数据条件化的灵活性，是克服变异函数局限性的一种方法。运用变异函数是为了得到局部概率分布的克里金估计值。如果能够通过训练图像直接进行建模，就可以回避变异函数建模，也可以回避克里金估计算法。这个条件数据事件的概率分布函数精确或近似地匹配于训练图像的一部分时，就意味着这个训练图像被选中。更精确地说，在训练图像被扫描时，扫描的主体是条件数据事件，扫描的结果是条件数据事件在训练图像中出现过多少次。这种条件数据事件也许和在训练图像的某一个部分重合。当扫描继续进行时，同样的条件数据事件也许会在训练图像的另外一个部分重合。这样，当这个扫描结束时，同一个条件数据事件在训练图像中会出现不止一次，也许是 n 次。

SNESIM 主要的要求和困难，是在扫描的过程中条件数据事件出现的次数要足够多。

利用多点序贯模拟算法获得的以周围各个网格块的微相为条件的、在每个网格块处的微相条件概率，就是从训练图像读出的、相应的一个未经模拟的网格块处的微相的概率，或称为微相比例。多点序贯模拟算法之所以称为 SNESIM（single normal equation simulation），是因为任何这样的微相比例在指示模拟中是求解“single indicator Kriging (normal) equation（单一指示克里金（正则）方程）”的结果，这个方程可以获得条件概率的精确表达式。

3.1.4 序贯指示建模算法

序贯指示建模是一种基于像元的随机建模方法，可以用在离散型变量的随机模拟中，是一种典型的两点建模方法。该方法无须对原始样本是否服从正态分布进行假设，而是通过给定的一系列门槛值来估计某一类型变量或离散化连续变量低于某一门槛值的概率，以此来确定随机变量的分布。该模拟是通过指示克里金方法来获得累积条件概率的序贯模拟方法，主要方法包括指示克里金、变量的指示变换和序贯模拟算法。

序贯指示建模算法的优点：该模拟方法的模拟结果最能体现空间变量的不确定性和非均质性，其模拟条件可以不要求有任何确定的描述性变量，用来约束模拟的参数几乎都完全来自数理统计，当然也可以加入趋势条件约束控制，由于其具有较强的灵活性和适用性，是多年以来离散型变量模拟采用得最为广泛的一种算法。

序贯指示建模算法的缺点：正是由于其广泛的适用性，也就是没有明确的针对性，其结果不能很形象地反映沉积微相的理想模式，对习惯了传统沉积相模式认知的专家来说，就是一头雾水，甚至认为是不可理喻的。

序贯指示建模算法的适用性最广，它的正确运用要求建模人员的地质统计学概念清晰，经验丰富。

3.2 辫状河地质知识库和训练图像

为了更好地在 MPE3 地区利用多点地质统计建模方法，需要构建适合该地区地质特点的训练图像。为此，需要利用地质类比技术，借用其他油田和地区的地质数据及资料，以建立辫状河储层的地质知识库，从而构建出适当的训练图像。

3.2.1 地质知识库与地质类比

为了制作适合多点统计建模的训练图像，Zhang 等（2011）从构建多点统计建模的训练图像方面的需要出发，提出利用全球范围内多个不同类型油田的沉积数据，构建出一个综合类比数据库。从该研究得到启发，构建地质知识库的关键是要求正确地运用地质类比技术（geological analogues techniques）。

石油地质条件类比是石油地质综合研究的一种常用方法。例如，从北美克拉通中的陆地区来类比分析鄂尔多斯、塔里木等克拉通盆地；从北非、波斯湾、东南亚等特提斯构造带中的富油气盆地来类比分析塔里木、四川等含油气盆地，既可考虑相似的大地构造背景，也可根据同一盆地类型或相似的盆地地质结构，或从某一石油地质要素（如侏罗系烃源岩、白垩系储集层或古近系封盖层）出发来比较所研究的两个对象或条件之间的相似性或差异性，从而更加清晰地剖析油气成藏的关键控制因素（何登发等，2013）。

至于在油藏建模中如何运用地质类比技术，在国外已经发表过不少论文。油田开发过程中的决策过程对油气勘探开发至关重要，而在整个进程中却存在诸多不确定性。在对新油田进行开发时，任何可以缩小不确定性的额外数据都显得十分重要。在进行决策时，这些数据能够使风险降低，同时还可以让决策者获得更准确的洞察力，以确保所做决策更加稳定可靠。油藏类比技术（reservoir analogue techniques）则为决策过程提供了重要信息。油藏类比方法将油田历史数据与描述性统计及案例推理一并作为油田开发的指南和工具，进而使油田开发团队在认识到别的油田真实作业的局限性时也能做出相应的决策。因为开发团队拥有采收率方面的参考以及其他一些指示参数，所以他们可以在优化参数及油田开发过程中做出更有根据的决策。随着技术的进步及数据驱动技术的不断发展，数据已经变得容易存取了，然而如何将数据转换为认识也随之成为新的挑战。油藏类比虽不是一个新的概念，但到目前为止寻找类比对象的基本原理并没有得到研究，同时也不存在这方面的出版物。油藏类比技术会涉及对于沉积微相属性及参量属性的巧妙应用、属性的分类以及对个案强有力的工程判断。因此，要想获取满意的结果，就要为算法的正确使用做出说明。其中，每一油藏都由数值属性及类别属性共同表征。对每种途径中的数值属性及类别属性而言，都有几种不同的距离度量及相似性度量。对此，分别进行研究。

张吉光和杨明杰（1994）专门研究了地质类比法的内容及意义。他们指出，地质类比的关键是划分好层次，在同一层次和标准下进行类比，在较高层次下做比较，结论才符合客观实际。类比中，要注意多因素分析和比较，防止以偏概全，克服类比法中局限性所带来的不利因素（张吉光和杨明杰，1994）。

野外露头的精细描述是建立储层地质知识库的重要方法之一。为了准确地模拟 MPE3 区块主力油层的砂体规模及隔夹层发育特征，有必要寻找一个相似露头区，对其进行详细的沉积学观测和描述，以获取第一手的各种地质参数。相似露头区是指无论岩性、构造背景、沉积背景，还是沉积环境，与所研究的地区都具有可比性的野外露头剖面。野外露头描述具有直观性、完整性、精确性，以及便于大比例尺研究的优点，使得建立的地质知识库系统精确，而且定量化程度高。

密井网区解剖是建立储层地质知识库的另一种重要方法。通过密井网区解剖，建立整个区块（油田）的地质知识库是当前研究的一个热点。

“将今论古”是地质学研究的一项基本原则。通过对现代河流的研究，可以建立河流体系的沉积模式（Miall，1985），并获得一系列针对地下辫状河储层建模所需要的参数，如单河道宽度、厚度、宽厚比，复合河道带宽度、厚度、宽厚比，心滩的长度、宽度，隔夹层的类型、分布及规模等。

3.2.2　地质知识库的构建

通过对相似区野外露头、密井网解剖及现代辫状河沉积类比研究，结合研究区水平井及地震资料应用，可以对 MPE3 区块主力油层 O-11 ~ O-13 的砂体及层内夹层进行恢复，为多点地质统计建模提供约束条件。

砂体类型及发育规模见表 3-1，层内夹层类型及发育规模见表 3-2。

表 3-1　MPE3 区块 O-11 ~ O-13 层砂体类型及发育规模总结

砂体成因类型	平面形态	垂向形态	宽度/m	厚度/m	宽厚比	垂直河道连续性
单河道	条带状	顶平底凸透镜状	100 ~ 250	2 ~ 5	20 ~ 50	好
复合河道带	席状	顶平底凸	1500 ~ 3000	10 ~ 25	60 ~ 150	好
心滩	条带状	顶平底凸 顶凸底凸	120 ~ 250	2.5 ~ 6.0	30 ~ 50	中等

表 3-2　MPE3 区块 O-11 ~ O-13 层层内夹层类型及发育规模总结

砂体成因类型	平面形态	垂向形态	长度/m	宽度/m	厚度/m	顺河道连续性	垂直河道连续性
废弃河道泥质充填心	低弯度蛇曲	顶平底凸透镜状	500 ~ 1500	100 ~ 250	1 ~ 5	好	一般
滩顶部落淤层	椭圆或长条状	薄层状	200 ~ 300	150 ~ 250	0.2 ~ 0.5	较差	差
坝间泥岩	椭圆或长条	透镜状、楔状	150 ~ 500	50 ~ 100	0.5 ~ 1.5	差	差
河道底部滞留泥砾	分散或连片	薄层状	500 ~ 2000	30 ~ 200	0.2 ~ 0.8	较好	差

3.2.3　训练图像制作

1. 地质概念模型转换成训练图像

多点地质统计学中引入了训练图像的概念，训练图像是一种结合了各种类型数据（如井位、测井、地震等）的数字化图像，是对先验地质概念模型的一种量化。它包含所研究的真实储层中确信存在的沉积相空间结构、几何形态及其分布模式。

地质工作人员擅于根据自己的先验认识、专业知识或现有的露头类比数据库来建立储层的沉积模式。一个典型的例子就是根据河流沉积几何形态的不同（如平直河、曲流河和辫状河），对河流相储层进行细分。当地质工作人员认为某些特定的概念模型可以反映实际储层的沉积微相接触关系时，这些概念模型就可以转换或直接作为训练图像来使用。利用训练图像整合先验地质认识，并在储层建模过程中引导井间相的预测，是多点地质统计学建模方法的一个突破性贡献。

图 3-1 是储层训练图像的两个典型示例，左侧是一个包含河道横向迁移和垂向加积模式的高弯曲度曲流河的三维训练图像，右侧是一个连通程度较高的大型辫状河的二维训练图像。

前人制作储层训练图像时，经常使用的资料和工具包括：①地质类比资料。例如，岩石露头、现代沉积环境等可以反映储层沉积模式的地质知识库资料；②层序地层学资料。不同的沉积体系域，训练图像也不相同。例如，在一个河流系统中，沉积于高位体系域的

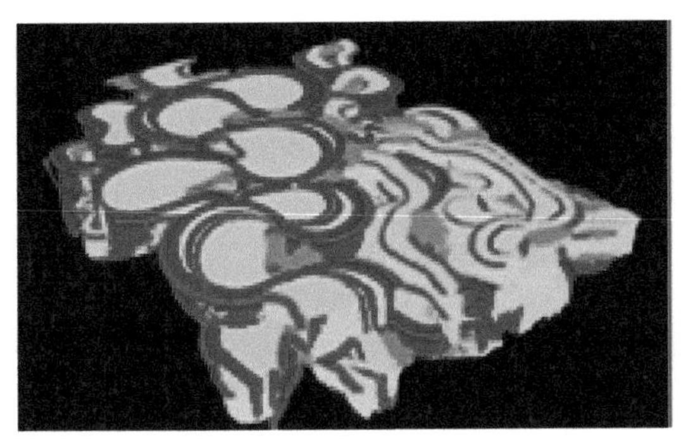
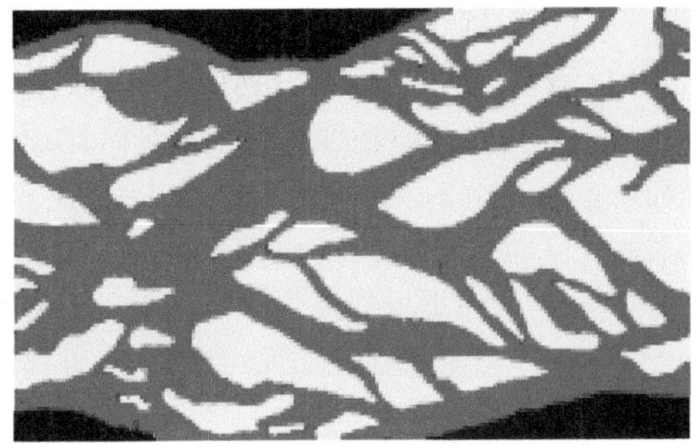

图3-1　储层训练图像示例

河道与沉积于低位体系域的河道的几何形态是不同的；③基于目标的模拟方法。基于目标的模拟算法能够逼真地生成地质体的形状及其空间分布，得到的模拟结果可以作为训练图像来使用；④基于过程的模型。基于过程的模型是按照搬运、沉积、压实、剖蚀、再沉积等地质作用规律对沉积活动进行正演模拟所产生的。与基于目标的模拟类似，基于过程的模型可以作为一个初始模型，以微调的方式建立储层沉积相的概念模型；⑤岩心分析、测井解释、地震成像、地质解释成果图、遥感数据或手绘草图等资料。

在实际制作训练图像的过程中，为反映储层沉积的侧向迁移和垂向加积模式，训练图像必须是三维的。通常，露头类比和测井解释资料可以帮助确定垂向加积模式，而高分辨率地震则可以用于确定侧向迁移模式。理想状态下，应当建立一个训练图像库，这样一来，地质工作人员就可以直接从库中选取和使用那些包含目标储层典型沉积模式的训练图像，而不需要每次都重新制作训练图像。

2. 基于目标模拟制作训练图像

利用基于目标模拟方法制作训练图像的可行性如下。

（1）多点统计模拟所需的训练图像是要求三维定量的。领域目标建模，基于已知地质体的几何参数实现约束关于地质体建模，这样模拟出的地质体就具有三维定量特征，符合训练图像三维定量的要求。

（2）多点统计建模所需的训练图像要求平稳性，训练图像中地质体出现的模式要求重复出现较多的次数，利用基于目标模拟得出的地质体具有较好的重复性，符合训练图像对平稳性的要求。

利用目标模拟制作训练图像具有实际意义（图3-2）。

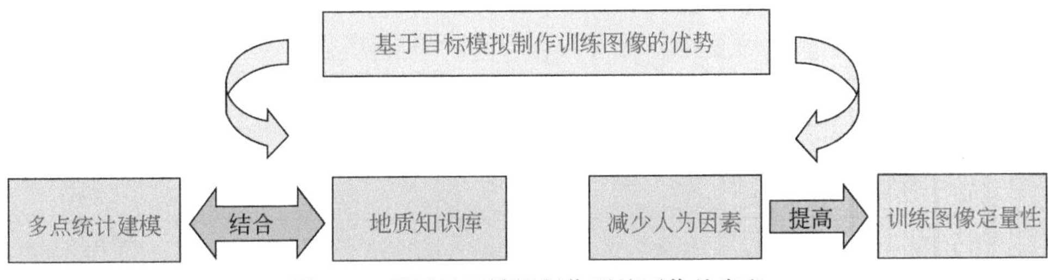

图3-2　利用目标模拟制作训练图像的意义

利用基于目标模拟制作训练图像的意义和优点如下。

（1）目标模拟可以充分利用地质知识库中地质体的几何参数约束建模地质体，将地质知识库中的定量参数在训练图像中进行体现，从而使多点统计建模能够体现研究地区的地质特征。这样就实现了地质知识库与地质建模的结合，不仅提高了地质知识库的可用性，而且提高了地质建模的精确性。

（2）目标模拟可以实现训练图像的计算机制作，保证了质量和时效。与之前的手绘训练图像相比，不仅提高了工作效率，而且提高了训练图像的可用性，减少了人为因素。

3. 训练图像制作过程

根据示性点过程建模的算法，需要估计出关于河道的以下相关参数。根据测井数据统计，可以得到如下O-11、O-12、O-13等层的砂泥比（表3-3）。

表3-3　O-11、O-12、O-13等层的砂泥比

小层	砂泥比/%
O-11	67
O-12	75
O-13	84

从测井数据粗略地估计出如图3-3所示的单期河道水平方向的振幅和波长，以及宽度、厚度（图3-4）。具体数据见表3-4和表3-5。

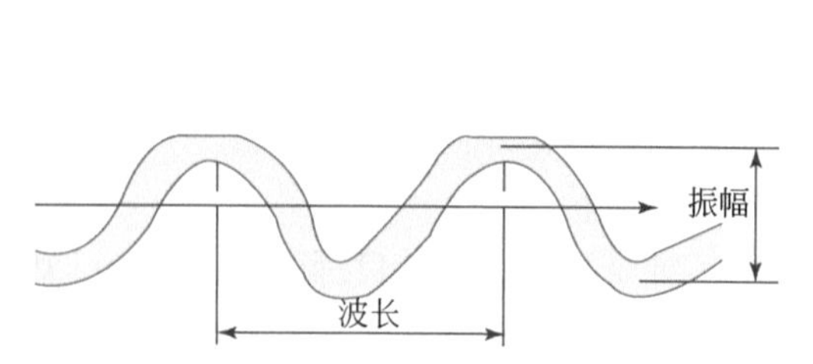

图3-3　单期河道摆动的振幅和波长（俯视图）

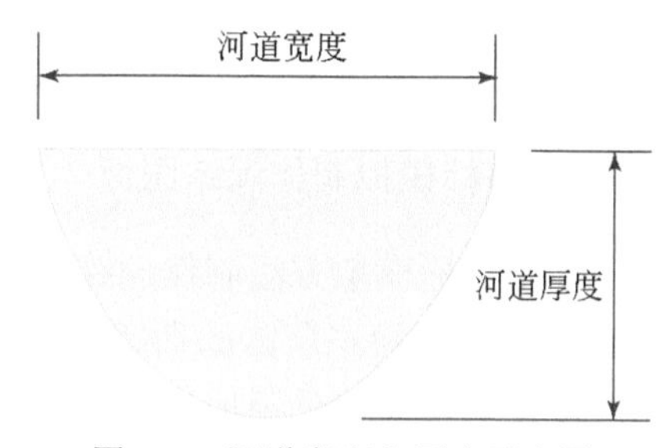

图3-4　河道宽度和厚度示意图

表3-4　O-11、O-12、O-13各层的方向、振幅、波长

小层	取值类型	方向/(°)	振幅/m	波长/m
O-11	偏差	0.2	0.2	0.2
	最小值	0	1000	6000
	均值	28	1500	8000
	最大值	30	2000	10000
O-12	偏差	0.2	0.2	0.2
	最小值	0	2000	8000
	均值	28	2500	10000
	最大值	30	3000	12000

续表

小层	取值类型	方向/(°)	振幅/m	波长/m
O-13	偏差	0，2	0. 2	0. 2
	最小值	0	3000	10000
	均值	28	3500	12000
	最大值	30	4000	14000

表 3-5　O-11、O-12、O-13 各层的宽度和厚度

小层	取值类型	宽度/m	厚度/m
O-11	偏差	0. 2	0. 2
	最小值	200	3
	均值	250	4
	最大值	300	5
O-12	偏差	0. 2	0. 2
	最小值	250	4
	均值	300	7
	最大值	350	10
O-13	偏差	0. 2	0. 2
	最小值	300	10
	均值	350	12
	最大值	400	14

以上的 6 个参数获得后，可以输入到目标建模中，便可生成物性的训练图像。以上的图幅就是目标建模结果的平面切片图。可以大致看出，从上到下，砂泥比逐步增大。这个趋势也可以从三层的剖面图上明显地看出。

这三个小层的纵向剖面图，列在图 3-5 中。

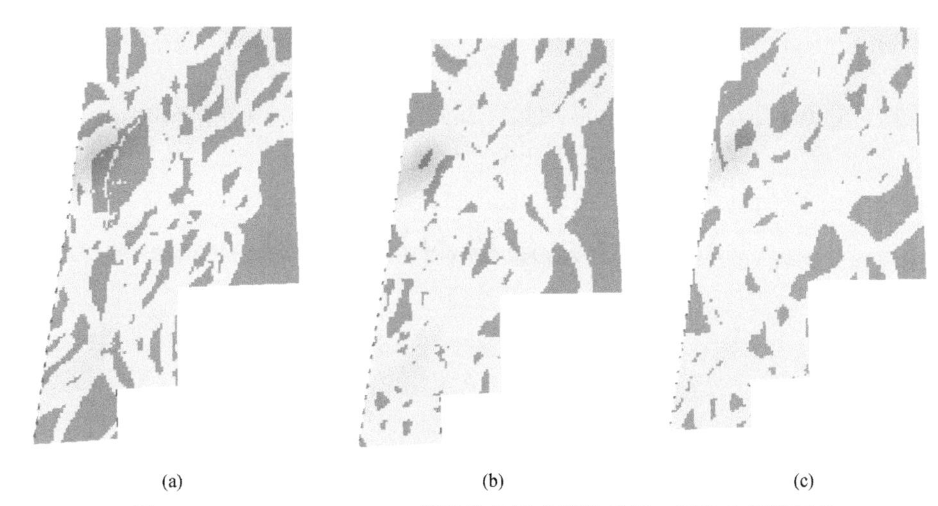

(a)　(b)　(c)

图 3-5　O-11、O-12、O-13 等层的目标建模的结果，可作为训练图像

(a) O-11；(b) O-12；(c) O-13

从图 3-5 可以大致看出，深度从上至下，砂泥比逐步增大。这个趋势也可以从图 3-6 的前三张剖面图及其合层的剖面图（最下面的第 4 张图）上明显地看出。这样形成的训练图像就可以用于多点统计建模。

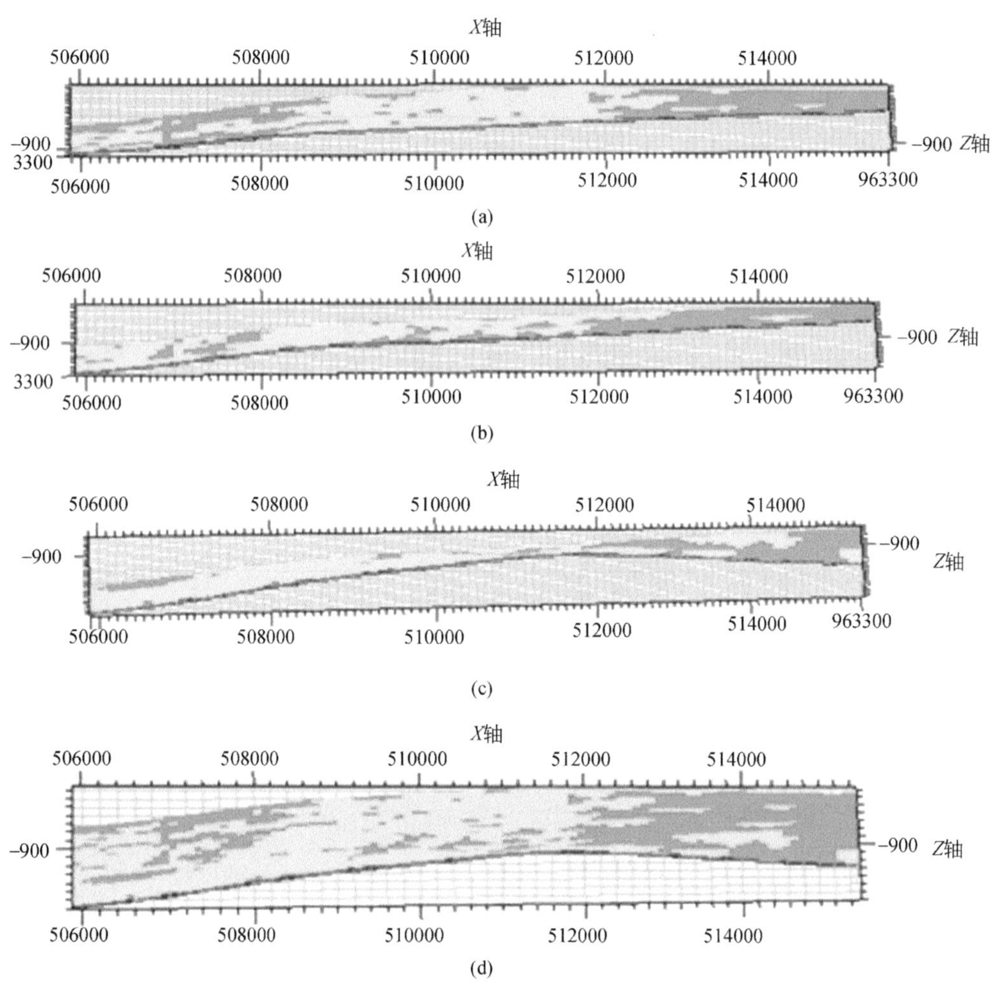

图 3-6 O-11、O-12、O-13 各层，以及合层的目标模拟河道心滩复合体垂向切片
（a）O-11；（b）O-12；（c）O-13；（d）合层

3.3 多点建模的基本原理

3.3.1 基本概念

1. 搜索模板和数据事件

搜索模版（也称局部模板）和数据事件是多点统计建模中两个基本的概念，需要对此

有一个清晰的认识。

鉴于两点统计学只能考虑空间两点之间相关性的局限，因此多点统计学重在表达空间中多点之间的相关性。需要研究的这个问题是，在一个待模拟的模块周围已经有了井中数据或已完成模拟的已知的前提下，可以模拟出确定这个待模拟的模块上的微相。这就完成了将这个模拟的问题抽象成多点模拟的模式。选用一个新的概念来表述“多点”的集合，即搜索模板。

选取一种属性 S（如沉积微相），可取 N 个状态（如不同沉积微相类型），即 $\{S_n, n=1, 2, \cdots, N\}$，因此，一个以 u 为中心，大小为 k 的“局部模板” d_k 由下面两部分构成：

（1）通过 k 个向量 $\{h_a, a=1, 2, \cdots, k\}$ 来确定的几何形态（数据构型），将之称为数据样板，并记为 τ_k。

（2）k 个向量的终点处的 k 个数据值。图 3-7 为一个五点构型的数据事件，$k=4$。它是由一个中心点 u 和邻近四个向量构成的。其中，u_2 和 u_4 代表砂岩，u_1 和 u_3 代表泥岩，多点统计可以表述为一个局部模板 $d_k=\{S(u_a)=s_{na}, a=1, 2, \cdots, k\}$ 所出现的概率，即局部模板中 k 个数据点 $S(u_1)$、…、$S(u_k)$ 分别处于 S_{n1}、…、S_{nk} 状态时的概率，记为 $P\{d_k\}=P\{S(u_a)=s_{na}, a=1, 2, \cdots, k\}$。

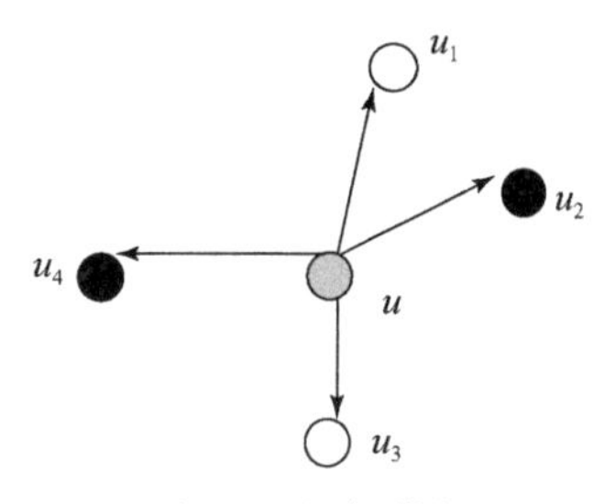

图 3-7　局部模板

图 3-7 所示的五点构型数据事件，也称为局部模板，或称为搜索模板。它由一个中心点 u（灰色表示）和相邻的四个向量组成。其中，两个是砂岩位置（黑色表示），两个是泥岩背景（白色表示）。

搜索模板和待建模的储层内部测井数据（或已经模拟获得的结果）的空间分布有关，同时和这个模板的几何尺寸等条件有着密切的关系。在对空间各个待模拟的网格块进行模拟时，所涉及的搜索模板是不一样的。因为待模拟的网格块不同，它们周围的这些已知数据所在的位置也不同。

其实，搜索模板和数据事件所表达的是同一个概念。搜索模板强调的是它在多点建模中的应用，而数据事件则强调了它的组成内容。搜索模板与实际储层中的数据有关。

2. 对训练图像的扫描

在实际建模过程中，上述多点统计量或概率不可能只通过稀疏的井数据来获取，须借助训练图像。训练图像是一种能够表述几何形态、实际的储层结构及分布模式的数字化图像，是结合了各种类型（井位、测井、地震等）的变体。对沉积微相建模而言，训练图像的作用相当于定量的微相模式，它不必忠实于储层内部的井信息，而只是反映一种先验的地质概念。

根据不同资料，可以由多种方法获取训练图像。地质家手工勾画是其中的一种。区域的沉积模式可以作为训练图像使用，由砂体等厚图可以转换成训练图像，地震反演数据体可以经过一定的数学地质处理转化为三维训练图像，井间地震反演剖面也可以作为局部训练图像等。需要研究用适宜的数学地质方法（定性的地质方法或科学的数学算法）、具体的实施流程来获取这些训练图像，并评价这些训练图像的有效性。

训练图像可以从地质模拟、岩心数据、数据或相似的成熟油藏得到；也可以从层序地层学得到；或从非条件化的基于目标的建模方法（如示性点过程建模方法）获得。此外，基于过程的模型也可以提供相应的训练图像。

训练图像是多点地质统计学的基本工具，通过训练图像将先验知识和概念模型引入储层建模中，是多点模拟的一个突破性贡献（Zhang et al.，2006）。它相当于传统地质统计学中的变差函数，是一个包含相接触关系的数字化先验地质模型，而这里的相接触关系被认为是一定存在于实际储层中的。训练图像是结合了各种类型数据及资料（井位、测井、地震等）的概念模型，是一种能够表述几何形态、实际储层结构及空间分布模式的数字化图像，如图 3-8（b）所示。

基于目标的非条件化模拟、沉积模拟也可以转化为训练图像。对于同一个地质体，可以给出多个训练图像（反映不同规模的非均质性或者同一规模不同解释情况的非均质性）。

利用图 3-8，对多点模拟进行形象的说明，同时叙述如何通过扫描训练图像得到沉积微相条件分布的过程。在模拟之前，首先指定一个局部模板（利用红色圆圈标示），对训练图像进行扫描。图 3-8（a）是被模拟储层的一个局部，假设其中的红点 u 是当前将被模拟的节点。

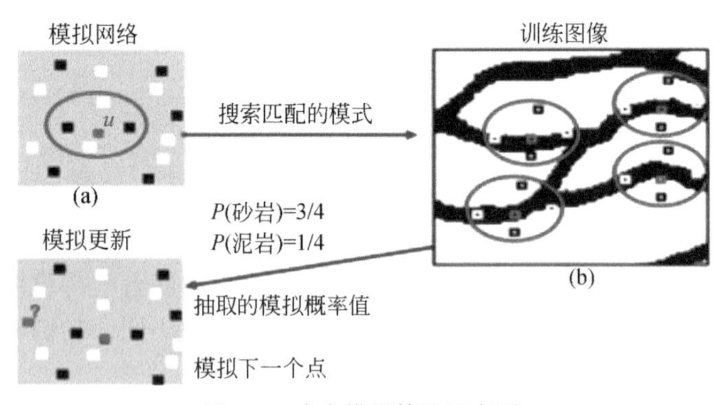

图 3-8　多点模拟算法示意图

节点 u 的周围有 4 个数据节点：2 个黑色节点表示砂岩，两个白色节点表示泥岩，这 4 个数据节点以及其几何构型构成了一个数据事件。利用局部模板对训练图像进行逐一比对。随后利用该数据事件对训练图像进行扫描，需要确定在训练图像中有多少上述的 4 个数据节点，在它们的空间位置和所对应的微相两个方面，都和局部模板相一致。再以此结果来推断出这些局部模板中心被估节点 u 处的砂岩概率。假设扫描训练图像（b）后得到 4 个数据事件的重复，其中 3 个数据事件的模板中心 u 处是砂岩，u 处是泥岩的数据事件有一个。那么，位置 u 处是砂岩的概率为 $3/4=0.75$，是泥岩的概率为 $1/4=0.25$。

以上过程产生的是在三维空间中待模拟点沉积相属性的一个条件概率分布：P（砂岩）$=3/4$，P（泥岩）$=1/4$。

3. 蒙特卡罗方法的应用

根据已经获得的待模拟的一个点 u 沉积微相属性的条件概率，可绘制出图 3-9。其横轴代表概率，纵轴代表相应沉积微相属性的随机变量。当这个变量为 1 时，即代表该变量为砂岩，而变量为 0 时，则代表该变量为泥岩。利用蒙特卡罗模拟对［0，1］区间进行抽样，就可以最后获得点 u 处的模拟结果。从概率分布图上可以看出，这个随机变量为砂岩的可能性是 3/4，为泥岩的可能性是 1/4。显然，蒙特卡罗模拟抽样结果为砂岩的可能性明显大于泥岩。

注意，在蒙特卡罗模拟方法应用之前，已经获得的并不是进行模拟的那个三维空间点处的一个确定微相，而是该待模拟点所对应的随机函数的一个概率分布（图 3-9）。

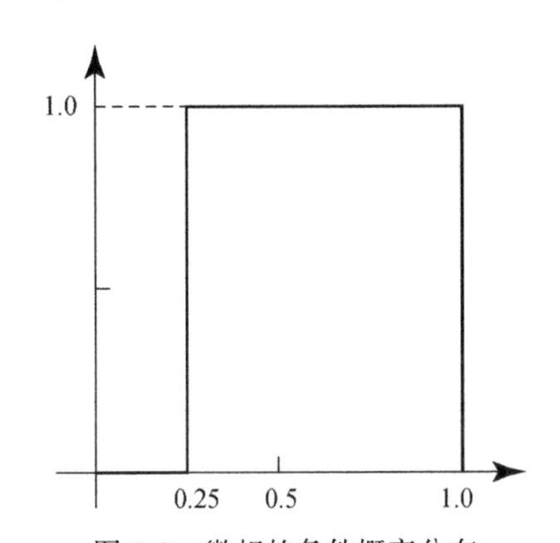

图 3-9　微相的条件概率分布

砂岩的概率范围是 0.75～1.0，是泥岩的概率范围为 0～0.25；
泥岩对应的随机变量为 0，砂岩对应的随机变量为 1

现在，需要根据这一个概率分布给出一个节点 u 处的模拟实现，也就是一种微相的确定值。只有这样，才能够确定这个被模拟点的微相值，才能把整个模拟过程继续下去。具体的实现过程是采用蒙特卡罗抽样方法，叙述如下三点。

（1）给定一个正整数作为随机种子，输入一个随机数发生器中，可以输出一个位于［0，1］区间的实数，同时还输出可以作为下一次模拟所需要的一个随机种子和另外一个正整数。所产生的［0，1］区间的实数是均匀分布于［0，1］区间的，也即这个实数取为［0，1］区间各个实数的可能性都是一样的。

（2）根据所得到的［0，1］区间的这个实数，在图 3-9 中横坐标上找到与该实数对应的点，并作一条平行于纵轴的线。

（3）这条线段如果和图中过纵轴上 0 的水平线段相交，那么确定的模拟就是泥岩。如果是和过 1 的水平线相交，那么确定为砂岩。

以上所述的随机发生器实际上是由某一种语言写成的子程序。如果利用 Fortran 语言，该发生器可用如下两条语句表示：

```
N1 =123
R1 =RANDOM ( N1, N2 )
```

子程序 RANDOM 是随机数发生器的主体。N1 和 N2 是两个随机种子，都为正整数。其中，随机种子 N1 是需要预先给定的，现在不妨假定给定的是 123。而随机种子 N2 则是由随机数发生器所输出的另外一个随机种子。当蒙特卡罗抽样方法实施时，需要一系列的随机种子。当第一个随机种子由人工指定后，以后需要的随机种子则是由随机数发生器自动产生的，并且一个随机数和一个随机种子是同时产生的。如此设计的随机数发生器会保证蒙特卡罗抽样方法具有以下性质。

（1）初始给定一个随机种子，就决定了以后所产生的一系列随机种子，也就保证了以后能够产生一系列的随机数。

（2）初始的随机种子不变，所产生相应的随机数也是不变的。

（3）以上性质的存在，保证了蒙特卡罗模拟是可以重复的，从而具有应用价值。

（4）利用不同的初始随机种子，可以获得不同的模拟实现。

以上过程就是利用蒙特卡罗抽样方法，从一个随机变量的概率分布函数可以获取这个随机变量的一个实现。这里，这个实现的值就是 0 或 1，0 表示微相为泥岩，1 表示微相为砂岩。

这里的模拟结果可以是砂岩也可以是泥岩，但是出现砂岩的概率更大，因为砂岩的概率比泥岩大（0. 75>0. 25）。

其具体理由是根据图3-9，可分析如下。如果连续抽样 10 次，随机数发生器产生的 10 个数是均匀分布在［0，1］区间的。按照图上所示的分布函数的形态，有大约 1/4 的点所作出的平行线穿过泥岩对应的柱体，而大约有 3/4 的平行线穿过砂岩对应的柱体。因此，如此抽样获得的微相的实现是合理的。

在建模的实践中，如果只求取一个点处的微相分布，那么在油气田开发中是无法使用的。只有利用抽样方法获得一个数值，能够表示该点是砂岩还是泥岩，才是建模需要的。

假定节点 u 处最后确定为砂岩，那么这个结果将被加入条件数据集，可以继续对其他网格点的模拟进行约束。之后，再模拟另外一个网格位置，直到所有网格中所有节点都被模拟并赋予结果，就产生了河道相储层在给定区域内全部网格节点的一个模拟实现。

3. 3. 2　基本方法的具体细节

1. SNESIM

Remy（2009）论述了 SNESIM 的特点。基于目标模拟方法，在大量井数据存在的情况下，建模出现了严重困难，从而为多点模拟算法的催生创造了必要性和可能性。利用基于目标的建模算法时，目标即为所模拟的砂体形状。目标形状参数，包括尺寸、各向异性、弯曲性，都是具有随机性质的，因此它们的模拟都是随机的。对于目标模拟的一个迭代过程，在运用局部数据进行条件化处理时，河道将被移动、被变换、被删去、被置换，直至获得一个合理的河道。在多点统计建模时，目标模拟对于建立一个具有一定的空间结构和空间模式的训练图像的效果是比较理想的。但是，对于大量数据的条件化，这种方法是相当困难的。相反，基于网格块的建模算法则是比较容易实现条件化的过程。这种建模过程是在一个时刻仅模拟一个网格块处的数值，而和围绕着那个点的区域的其他网格块无关。这种传统的基于网格块的建模算法，仅能够实现基于变异函数的建模过程，而不能产生一定形状和一定模式的建模结果。

SNESIM则保留了基于网格块算法的数据条件化的灵活性，是一种可以克服变异函数局限性的方法。运用这个变异函数是为了通过克里金估计产生局部概率分布，这样做可以回避变异函数建模。

在多点建模中，当图3-10中训练图像的一个部分或几个部分匹配于搜索模板中的条件数据时，微相的条件概率分布就可以确定。更准确地说，训练图像被扫描并通过检索，可以发现训练图像中存在模板中一个或多个条件化的数据事件。

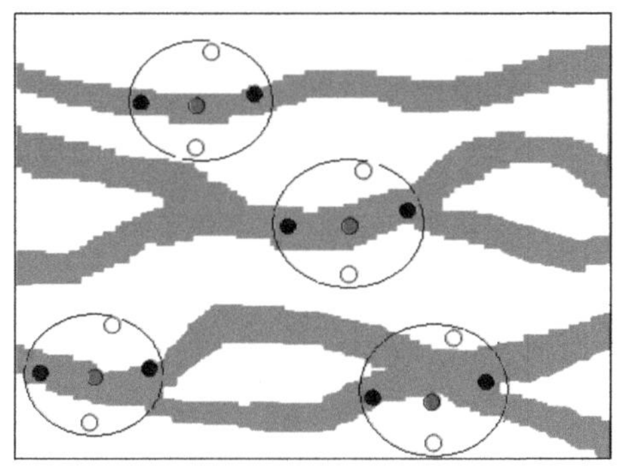

图3-10　训练图像

利用多点序贯模拟算法获得的、以周围各个网格块的微相为条件、在一个网格块处微相的条件概率，就是从训练图像读出的相应微相比例。

Guardiano和Srivastava（1993）提出了一种直接的非迭代算法，从训练图像中直接提取局部条件概率，并应用序贯指示建模方法产生模拟实现。由于该方法为非迭代算法，不存在收敛的问题，因而算法简单。但在每模拟一个网格节点时均需重新扫描训练图像，以获取特定网格的局部条件概率，因此严重影响计算速度，难以实际应用。对此，Strebelle和Journel（2001）更精确地指出，这个扫描过程储存的是数据事件d_n中各网格块的微相代码$c(d_n)$，且模板中央网格块的微相代码$c_k(d_n)$可以根据训练图像而被有效地确定，而且从训练图像可以计算出局部模板所确定的动态数据结构。如果该模板改变了，相应的搜索树的内容就会有所变动。这个搜索树所存储的内容，就是从训练图像推断出的待模拟网格块的微相条件概率分布。此外，搜索树的结构是有利于快速查找的，因为在对该网格块的微相进行模拟之前，会对训练图像所有的网格块扫描一次。

将算法加以改进，应用一种动态数据结构即“搜索树”一次性存储训练图像的条件概率分布，并保证在模拟过程中快速提取条件概率分布函数，从而大大减少了机时。基于此，提出了多点统计随机模拟的SNESIM。

2. 搜索树方法

1）搜索树方法的应用和原理

Maharaja 和 Journel（2005）对搜索树方法做了详细的叙述。

利用 SNESIM 的多点模拟算法大致包括两个步骤。

（1）利用在储层内部一个待模拟的网格块为中心的局部模板对训练图像进行扫描，然而，各个微相对应的条件概率分布被推断出来，并存储在称为搜索树的动态的数据结构中。

（2）序贯模拟。在模拟的过程中，所有储层区域内的网格块随机地被访问。对于所确定的数据结构，中心网格块的微相条件分布可以从这个搜索树相应位置获取。可以对该条件分布进行蒙特卡罗随机抽样，以获得一个实现，成为该中心网格块处的微相模拟值。

如果一个给定的数据模式在训练图像中没有得到匹配，那么在这个模板中离中心网格块较远的数据就会一个接一个地被淘汰，直至一个被匹配的数据模式被发现。这种数据的淘汰意味着失去一定的信息。所以，以上情况应该尽量避免出现。

对于一个给定的搜索模板，搜索树方法是对在训练图像出现的所有局部模板进行存储和分类的一种专门的方法（图 3-11）。只需要搜索树进行一次性地生成，就可以等同于利用各个以待模拟网格块为中心的局部模板在训练图像中进行扫描的全部过程。这样，对训练图像的搜索比原来要快许多倍。利用多点统计建模时，需要从搜索树中读取关于待估点为各种微相的概率。

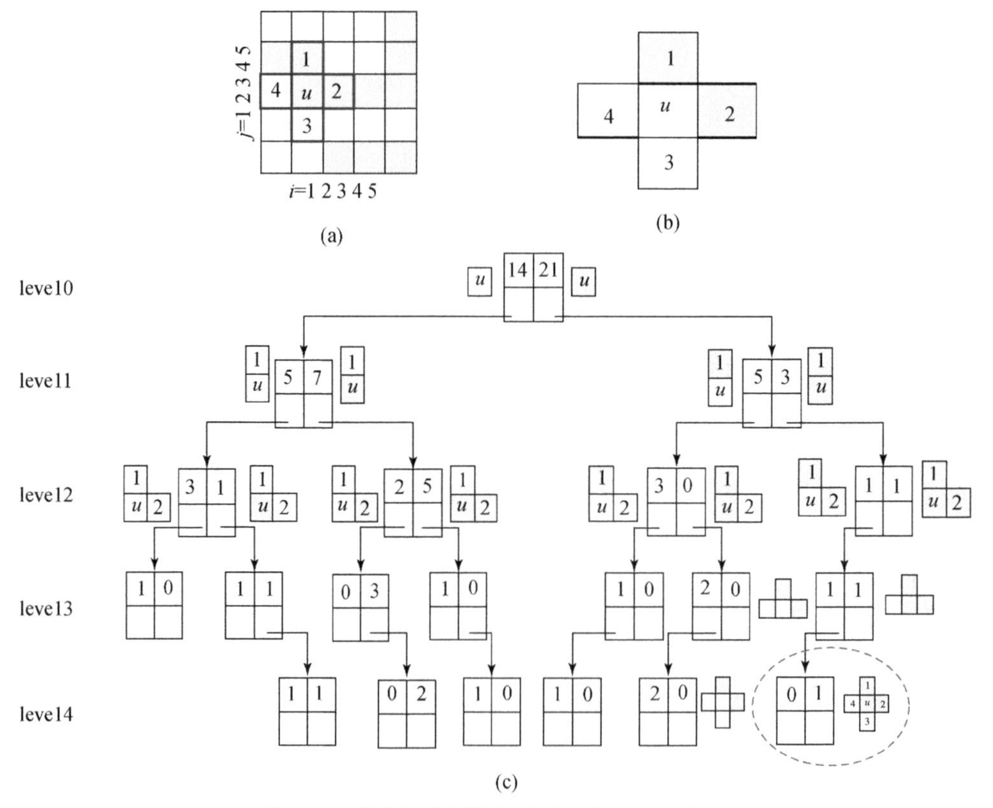

图 3-11　搜索树的原理和训练图像、搜索模板

（a）训练图像；（b）搜索模板；（c）搜索树

为了叙述简便，针对仅含两种微相的情况进行研究。在图3-11表示的搜索树中，只有两种微相的训练图像，是由各个节点以二叉树的形式所组成的。当沉积微相有三种、四种情况时，那么所用的搜索树就需要采用三叉树，或四叉树的结构。实际上，搜索树作为计算机科学的一个概念，就是一种多叉树。

最上面一级称为根节点，也称父节点。从根节点往下，二叉树的各个子节点，按其在根节点的左侧和右侧，分为左子树和右子树。

图3-11（a）由黄色和白色的网格块组成，黄色代表该网格块是河道，白色代表泥岩。在图3-11（b）中，“搜索模板”（也就是“局部模板”）含有用1、2、3、4所标识的四个网格块及网格块u，并按照图中所示的拓扑结构构成。这里研究的搜索模板的具体情况为：u表示待模拟的一个网格块，1表示在u的北面的网格块，且是黄色，代表河道；2表示在u的东面的网格块，且是黄色，代表河道；3表示在u的南面的网格块，且是白色，代表泥岩；4表示在u的西面的网格块，也是白色，代表泥岩。如此定义的模板有待在训练图像中进行逐个移动的逐步搜索，从而来确定网格块u处的沉积微相。

图3-11（a）是一个训练图像，划分为25个网格块。利用搜索模板进行搜索、对比、统计的所得的第一个结果由25个网格块组成，其中11个网格块（黄色）是河道，14个网格块（白色）是泥岩。这个信息放在最顶部的根节点中。作为下一级的子节点，出现了4个结果，分别放在根节点下一级的两个节点中。当搜索模板中的网格块1中分别是泥岩和河道时，网格块u可以为泥岩或砂岩。如此，会出现以下可能发生的四种情况：①当网格块1是泥岩时，u是泥岩；②当网格块1是泥岩时，u是河道；③当网格块1是河道时，u是泥岩；④当网格块1是河道时，u是河道。如图3-11（b）中所表示的那样，四种情况所出现的次数分别是5、7、5、3。再一直搜索下去，可以得出最后的结果。在这个过程中，希望搜索到的搜索模板具有如下性质：网格块1为黄色，网格块2为黄色，网格块3为白色，网格块4为白色，u是河道。这时，位于图3-11（c）的右下角，这个模板用红色的圆圈表示，而且出现的次数为1。这个模板的左侧表示的u为泥岩的搜索模板，次数为0。

这样，最后可以算出，在搜索模板中网格块1为黄色、网格块2为黄色、网格块3为白色和网格块4为白色的前提下，网格块u出现河道的概率是$1/(1+0)=1$，出现泥岩的概率是$0/(1+0)=0$。对于一个特定的搜索模板，这就是最后的结果，也就是以周围4个网格块处的微相为条件的网格块u处的微相概率分布。接着利用蒙特卡罗抽样，便可获取网格块u处的建模结果。

以下再对搜索树的组成部分进行解释。详细地观察图3-11中的搜索树，一共有5级节点，根节点为第1层节点。每一层节点包含若干个大正方形，每一个大正方形又包含4个小的正方形。其中，上面的两个小正方形分别写着一个数字，它们是有一定意义的，同时下面两个小正方形都是空的。每一个大的正方形的两侧有一个图形，代表搜索模板具有拓扑结构的一个局部或整体。到第5层，大的正方形两侧的图形就具有搜索模板完整的拓扑结构。

在同一级中，同时存在若干个大正方形，它们有相同的拓扑结构，充填着不同的微相。这些所充填的微相主要取决于训练图像上的微相分布。各级节点处的拓扑结构是在上一级节点的基础上生成的。

整个搜索过程所获得的有用信息就是第5级节点提供的，显然，也和前面所有的各级都有直接的关系。以上过程就是搜索模板的匹配过程。这个过程是由简到繁，由局部到整体进行的。

以上关于搜索树方法的解释只是原理性的，真正的多点统计方法涉及的搜索树要复杂得多。

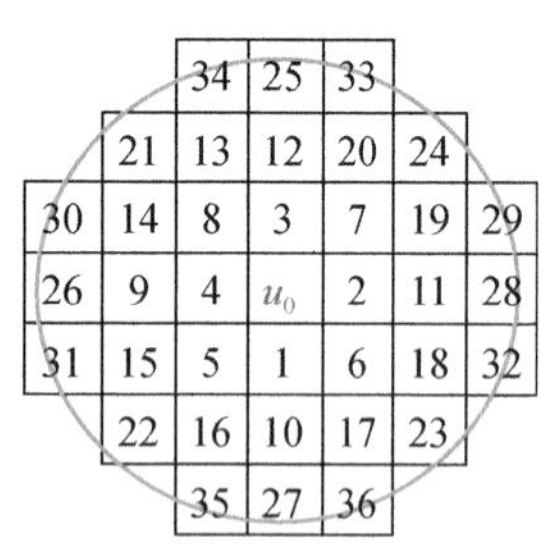

图3-12　实用化的二维搜索模板

图3-12显示的一个二维搜索模板更为实用。搜索模板用于扫描训练图像，由基于搜索椭球和各向异性距离的一套排序的节点组成。搜索模板尺寸决定了搜索树的深度，因此影响到存储成本，以致最后影响多点统计建模算法的实际费用。另外，训练图像的尺寸和训练图像的模式复杂程度是影响内存消耗的主要因素。

2）搜索树方法的特点与匹配

搜索树方法极大地提高了多点模拟算法的运行效率，使得这种方法在面前计算机运算速度的环境下能够合理地完成。

以图3-12所示的搜索模板为例，只需要建立具有36+1=37级节点的一个搜索树。对于一个实际的三维储层，需要模拟的网格块一般为几十万个，甚至几百万之多。这个37级节点的搜索树只需要建立一次就足够了。对于不同的搜索模板，只要在相应的存储地点把微相对应的条件概率读出来就可以了。这样，不需要重复计算，可以显著地节省机器运算时间。

为了使SNESIM和搜索树方法可以获得一个更清晰的理解，需要对搜索模板的匹配做一个必要的补充说明。

首先，局部模板是来自储层空间中建模所利用的已知数据；其次，需要一个一个地进行序贯建模的那些网格块的位置。这里，建模所利用的数据包括两种：一种是原始的测井数据，另外一种是已经完成的各次序贯模拟所产生的模拟值。

在图3-11的搜索模板中，网格块u_2、u_4处已经被置为砂岩，u_1、u_3处被置为泥岩，它们是已知数据。网格块u是待模拟的网格块，即其微相是未知的，需要通过模拟进行确定。结合以上条件，可以归纳出关于搜索模板的如下三条信息。

（1）建模所利用的数据在相对空间位置，也就是它们的空间构型。

（2）建模所利用的数据在空间各位置处的微相种类，即是砂岩还是泥岩。

（3）需要获取模拟值的网格块的位置，即u。

局部模板中的数据位置及其微相信息，以及待模拟网格块的位置构成了一个建模的基本模型，或者是一个建模的基本架构。利用地质统计学的语言，这个模拟可以转换为以数据为条件的在待估网格块处的微相信息的概率分布。换言之，局部模板的架构就是，利用已知网格块信息，模拟在一个网格块处的微相信息，达到寻找待估网格块信息的目的。但是，仅仅是局部模板的概念，并不构成多点统计算法的全部。

剩下的问题就是如何确定所涉及的待估网格块的条件概率分布。其途径就是利用训练图像的概念，利用局部模板在训练图像中的扫描，寻求局部模板和训练图像各个局部的匹配。

训练图像中包含的砂岩、泥岩相对分布的信息，是在一定的网格系统下，以网格块为承受体的微相信息。这些图像反映了地质学家经过地质研究获得该地区的认识，如河道宽度、厚度、弯曲度、河道流动方向等信息。

局部模板在训练图像中的扫描、搜索，就意味着在训练图像中寻找上述数据事件。这个数据事件准确地具备了这个局部模板所包含的三个要素：① 建模所利用的数据在相对空间位置（图3-11所示的搜索模板中网格块u_1、u_2、u_3、u_4）；② 它们各自相应的微相数据（图3-11所示的砂岩和泥岩）；③ 需要获取模拟值的中心网格块的空间位置（图3-11中的搜索模板所示的网格块u）。在图3-8所示的多点模拟算法示意图中，搜索的结果是在训练图像中存在4个局部模板所确定的数据事件。

3.4 辫状河训练图像的制作和多点建模分析

3.4.1 训练图像的制作

1）一般过程

在储层建模过程中，为了保证数据条件化的灵活性，以便再现弯曲复杂的沉积相结构，多点地质统计学建模能够从训练图像中捕获沉积相结构，并把它们条件化到特定油藏的观测数据，或称为“锚定”到特定油藏的观测数据。训练图像是对先验地质模型的一种量化。它包含真实储层中已经存在的沉积相的空间结构及其相互关系。从本质上讲，训练图像纯粹是概念性的，简单的手工绘画或计算机工具都可以用来生成不同的训练图像。通过训练图像把地质先验认识和概念模型引入储层建模中，是多点统计建模方法对储层建模的一个突出贡献。借助露头类比、岩心分析、测井解释和地震图像等，地质学家和储层建模人员都可以得到储层沉积相结构及空间相关性的先验认识，然后以训练图像的形式指导井间沉积相预测。和二点统计建模方法中的变异函数类似，在多点统计建模方法的训练图像是地质概念模型的数值表达，是根据研究区的地质特点而生成的二维或三维沉积相的空间分布图。它能够提供关于油藏架构的先验信息。

训练图像是地质建模人员在综合了各种类型数据（井位、测井、地震等）的解释并结合自己的经验、认识的基础上得出的。多点统计模拟将建模人员大脑中想要得到的相带空间分布样式直观地通过训练图像表达出来。这种“所见即所得”的建模原则是两点统计和基于目标的建模方法所没有的，也是多点建模受到广泛欢迎的主要原因。

最直观的三维训练图像的绘制，一般综合参考了相应小层砂体厚度分布图、沉积微相分布图和砂体纵向比例曲线。前两种图能够反映出小层中砂体分布在横向上的变化，第三种图可以反映纵向的变化。根据对砂体横向、纵向的粗略描述，可以自上至下一片一片地绘制砂体的分布图。把如此获得的预定的各片训练图像合并在一起，就构成了三维空间中的一个训练图像。其中，砂体厚度分布图可以是对测井数据加以统计后绘出的等值线图。沉积微相分布图是根据对沉积学的认识手工绘出的平面图。

砂体纵向比例曲线，是根据每一个沿层切面的砂体占的百分比，绘成的以纵向坐标为纵轴的一条曲线。

针对储层的三维建模问题，三维的训练图像就显得十分必要。从制作的常理来说，要制作三维的训练图像，先要从比较简单的二维训练图像的制作开始。先利用计算机图形制作的刷笔，做出含有二值的二维训练图像。这个可以参考二维的沉积微相图，或者二维的地层等厚图，或者三维地震反演数据的各个沿层切片的图像。

目前，我国油田开发正面临着从易开发区向难开发区、从部分高含水向全面高含水、从储采基本平衡向不平衡过渡的严峻形势。当前，地下油水的分布呈现出高度分散、局部集中的现象，剩余油多分布在差、薄、边部位，开采难度明显增大。井间砂体预测已经明显成为亟待解决的核心问题之一。开发造成这些特点的主要原因是储层内部的各种非均质性及复杂的构造断层切割。传统的地质研究往往进行定性描述，或用二维资料描述地下三维储层及储层变化，掩盖了储层的空间非均质性。

大庆油田是我国目前发现的最大油田，也是陆相沉积盆地中发现的最大油田。其中，一个油田的面积约 6.65km^2，井数目 290 口，井网密度 0.022 口/km^2，该区块共 65 个小层，细分每个小层，共 103 个层位。

针对这个密井网研究区的特点，建议使用训练图像制作的五种方法：① 砂体等厚图方法；② 地质认识方法；③ 人工划相方法；④ 示性点过程建模方法；⑤ 砂泥岩比例曲线方法。

2）训练图像的制作过程

为了完成委内瑞拉 MPE3 地区的辫状河储层的三维多点统计学地质建模，以下研究训练图像的制作。

奥里诺科重油带位于东委内瑞拉盆地南缘，奥里诺科河以北，是目前世界上唯一基本未开发的大规模重油富集带，面积约为 54000 km^2（长 460～560 km，宽 40～100km）。它所在的行政区域属于 MONGAS 州境内。该区属于奥里诺科河流三角洲平原，地形平坦，是一片一望无际的草原与人工松树林。

M 区块位于奥里诺科重油带的东端。研究区南北长约 16km，东西宽约 10km，其中有直井探井 24 口。

3）井位分布与测井数据分析

Morichal 段是油藏建模的主要研究层段。这里，主要研究的层位为 Morichal 段的顶层，即 O-11a 小层。O-11a 小层泛滥平原微相较多，河道微相与心滩微相分布较少，而下面层位则河道微相开始大量发育，平均高达 80%，泛滥平原发育较少。

通过论证，能够参与沉积相建模的直井探井为 20 口，均包括完整的岩相数据。这 20 口直井探井在研究区分布密度平均，建模结果对研究区具有参考意义。如图 3-13 和图 3-14 所示，有 20 口直井探井分别在研究区的二维与三维井位分布图。

在建模过程中，为了更好地分析目标层，可以对目标层进行细分，O-11a 小层在建模过程中被细分为 10 小片。数据分析的作用，就是为了在纵向上确定每一个小片微相的分布以及含量（图 3-15）。

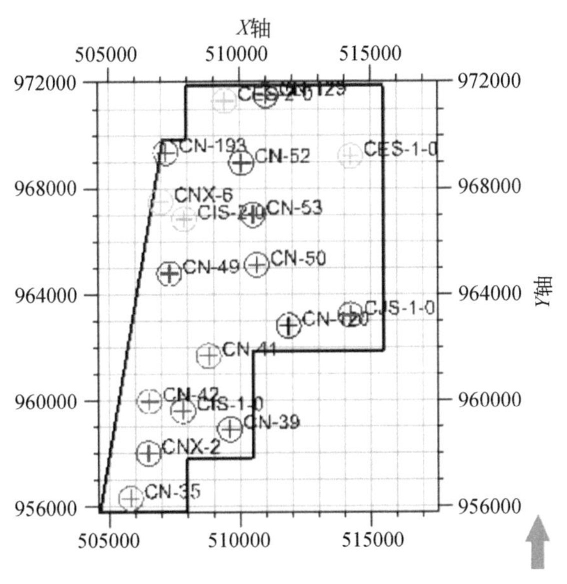

图 3-13　二维井位分布图

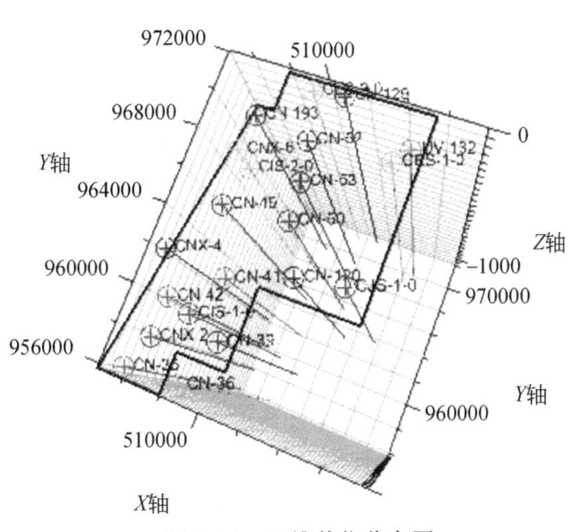

图 3-14　三维井位分布图

在图 3-15 中，Shale（代码 0）代表泛滥平原微相，Sand（代码 1）代表河道微相，Sand2（代码 2）代表心滩微相。通过对 O-11a 小层的纵向数据分析可知，该层是 Morichal 段的顶层，因此泛滥平原微相较多，但河道微相与心滩微相都开始发育。通过观察纵向曲线可知，O-11a 小层第 1 片不含有河道微相，泛滥平原微相呈现顶底多、中间少的变化趋势，而河道微相与心滩微相在中间的变化相对平稳。

需要说明的是，随着 Morichal 段水平井（50 口左右）的不断打入，统计出的河道与心滩比例介于 3 : 1 ~ 5 : 1。由于只采用 20 口直井探井进行研究，数据分析得到的比例可能与实际情况有所不同。

目标层的纵向数据分析，可以很好地指导训练图像的绘制。纵向上将 O-11a 小层细分

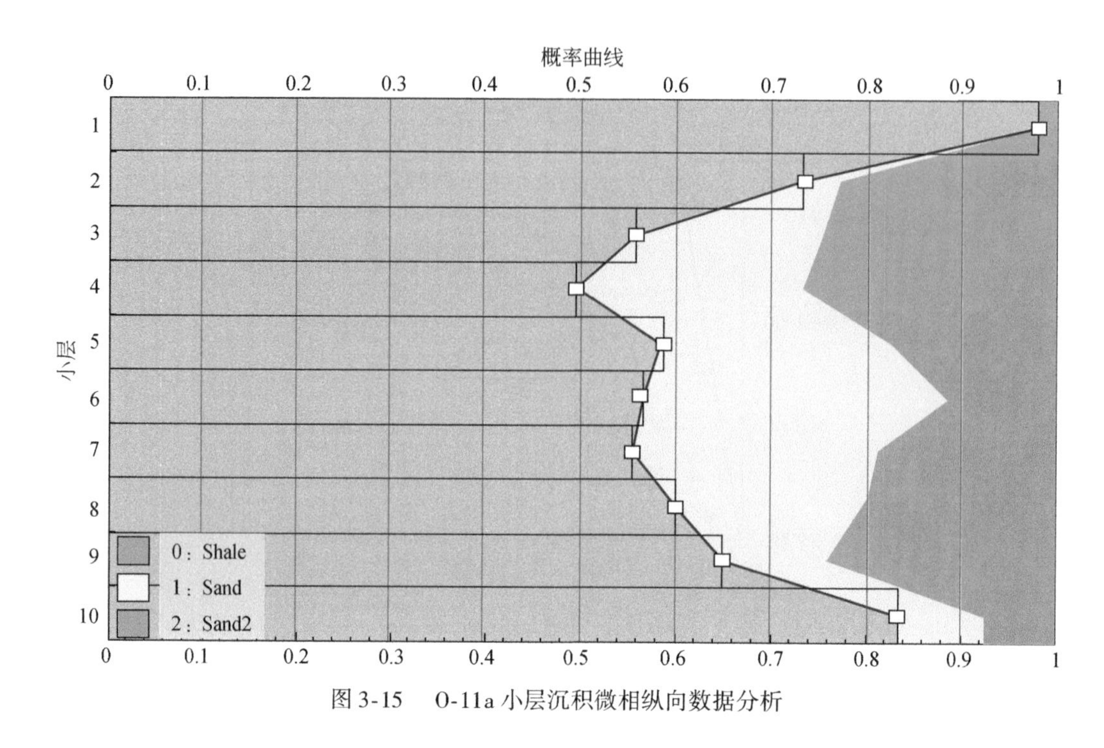

图 3-15　O-11a 小层沉积微相纵向数据分析

为 k 小层（$k=1\sim10$），那么相对应的训练图像就有 k 小片。每片的训练图像上沉积微相的含量必须与相对应的小层一致。

4）训练图像的制作过程

训练图像是地质概念模型的数值表示，是结合了各种类型数据（井位、测井、地震等）的变体。在储层建模中，训练图像作为三维概念模型或模式，可以描述属性的空间变化。训练图像的作用相当于变差函数，但后者只能反映两点间的结构性。

由于储层具有不同尺度的非均质性，可以产生不同分辨率的训练图像。针对研究变量的类型（离散或连续）也可以对训练图像进行分类，例如，沉积相是离散型的，而物性参数，如孔隙度、渗透率或其他的岩石物性是连续型的。在实际应用中，训练图像必须是三维的，这样才可以全面反映出沉积在横向上的迁移和垂向上的加积模式。

训练图像一般有以下要求：① 定义在一个三维空间中；② 稳定性，即贯穿整个研究区域，训练图像的统计参数是不变的；③ 重复性，即可以用相同的构建元素反复重建；④ 非周期性，即训练图像的一个部分都不是其他部分相同的复制；覆盖所有可能的变体的不同的综合中，这些元素必须是变化的；⑤ 相对简单，即训练图像的构建形式不能太复杂，这些构建形式在各个实现中不会重复出现。

多点统计建模方法具有通过训练图像把各种数据的变化合并到有条件模拟里的能力，而且使得训练图像的模式符合各个局部数据的空间分布。

绘制训练图像的参照物可以不同，可以依据砂体厚度图、波阻抗大小分布图，泥质含量分布图等。依据不同参照物绘制出的训练图像之间会有差别，本节绘制训练图像的依据分别是泥质含量分布图与波阻抗大小分布图。

绘制训练图像体现了研究人员的主观认识，但是绘制训练图像可以依据不同的参照物，因此这种主观认识又会产生一定的差别。这种差别，为研究两者之间模拟结果的不确定性提供了可能。

5）训练图像 A

根据20口直井的泥质含量数据，可得到M区块O-11a小层的泥质含量分布，这可以为绘制训练图像提供依据。由于O-11a小层被细分为10小片，因此可以得到每小片的泥质含量分布图。鉴于篇幅限制，选取第3、5、7小片的泥质含量分布图，如图3-16所示。

观察泥质含量的分布可知，研究区在南北方向泥质含量较低（如图中蓝色区域），并且具有良好的连续性，这可以为河道的走向提供参考。

绘制训练图像，需要考虑河道的连续性，以及各种微相的分布关系。根据O-11a小层的泥质含量分布，可以对三种沉积微相进行初步划分，即泥质含量大于0.25的为泛滥平原微相，泥质含量小于0.25的为心滩微相与河道微相，并且心滩发育在河道中。绘制训练图像的过程中，每片训练图像纵向上要严格依据O-11a小层沉积微相纵向数据分析（图3-15），横向上则要依据O-11a小层泥质含量分布图（图3-16）。

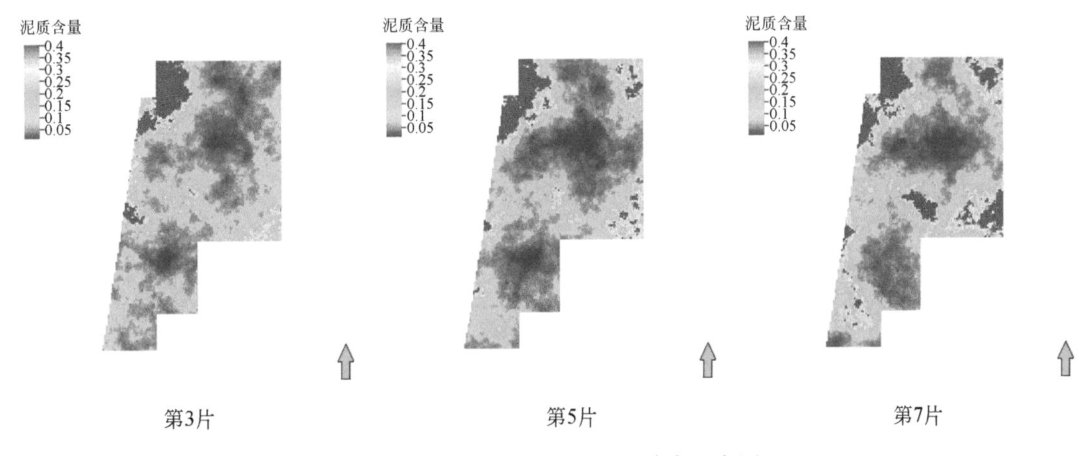

图3-16　O-11a小层泥质含量分布示意图

将O-11a小层分为10小片，因此训练图像应该有10小片，如图3-17所示。

观察这10小片训练图像可知，训练图像在纵向上具有较好的连续性，相似度较高。第1、2、10小片变化较大，这是因为三种微相在O-11a小层的顶底含量分布变化很大，可由O-11a小层沉积微相纵向数据分析（图3-17）看出（Facies表示相，Shale表示泥岩，Sand表示河道，Sand2表示心滩坝）。

此外，训练图像为一个具有先验性的概念（吴胜和等，2003），针对每一小片，纵向上含量是确定的，横向上则可能与实际情况相差较大。因此，结合地质知识分析训练图像时，需将10小片作为一个整体进行分析。图3-17绘制的训练图像可以清晰地看到河道的走向分布，心滩发育在河道中也符合对辫状河沉积环境的认识，因此是一组合理的训练图像。

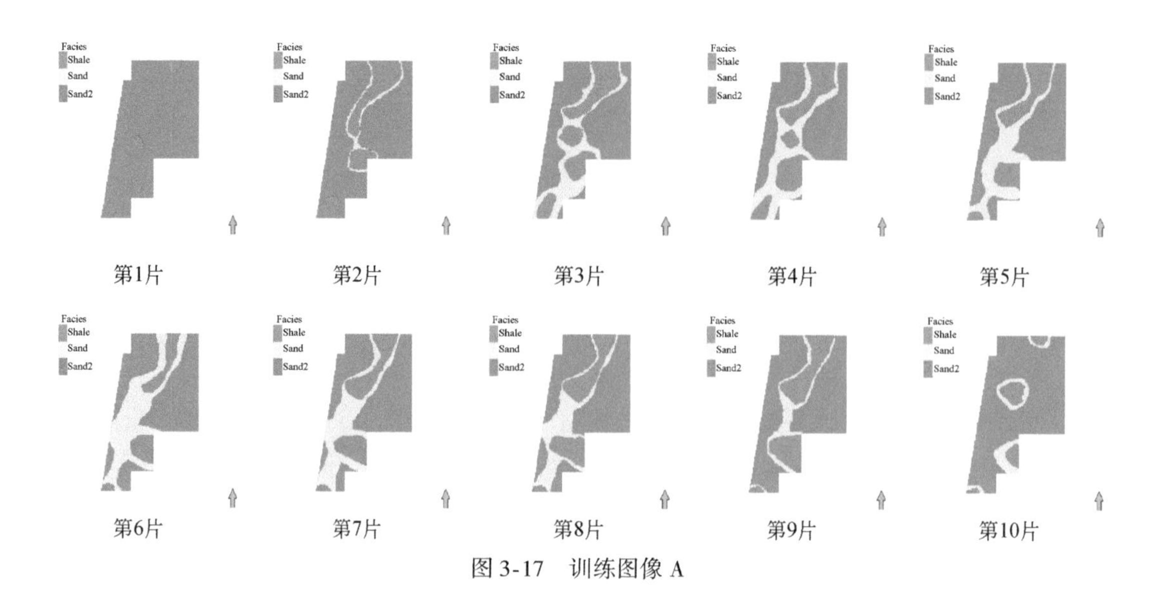

图 3-17　训练图像 A

6）训练图像 B

通过地震资料反演的波阻抗数据，也可以用来指导绘制训练图像。图 3-18 为 O-11a 小层的波阻抗分布图（Seismic 表示地震波阻抗，max 表示最大值，min 表示最小值），同样选取第 3、5、7 小片。由于地震资料的分辨率限制，以及O-11a小层较薄，三小片波阻抗分布的差别非常细微，如在研究区边界的右下角有微小变化。

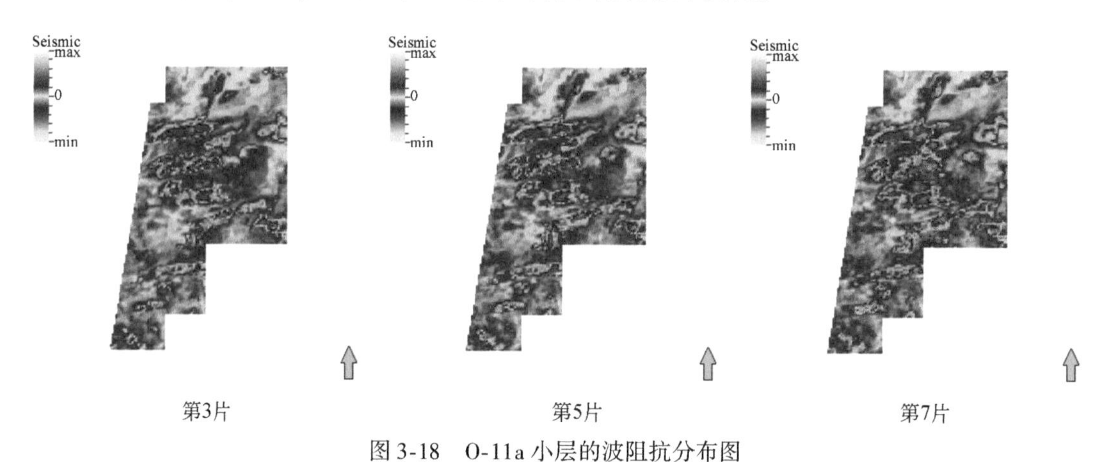

图 3-18　O-11a 小层的波阻抗分布图

波阻抗数据与岩性的关系具有很强的区域特性，与地层的厚度也有密切关系（李少华和卢文涛，2011）。一般来说，泥岩的波阻抗数值较小，砂岩的波阻抗数值较大。根据波阻抗数据与岩性的对应关系，可以为绘制训练图像提供一种可能的依据。

观察图 3-18 的波阻抗数据可知，研究区的外围波阻抗主要显示的是低值，在中央则出现高值。波阻抗的高值分布集中且具有较强的连续性，低值与高值之间出现明确的中间过渡区域（图中的灰褐色部分）。

为了直观地观察波阻抗值与沉积微相的关系，选取合适剖面观察波阻抗数据与井上沉积微相数据的对应关系，如图 3-19 所示。

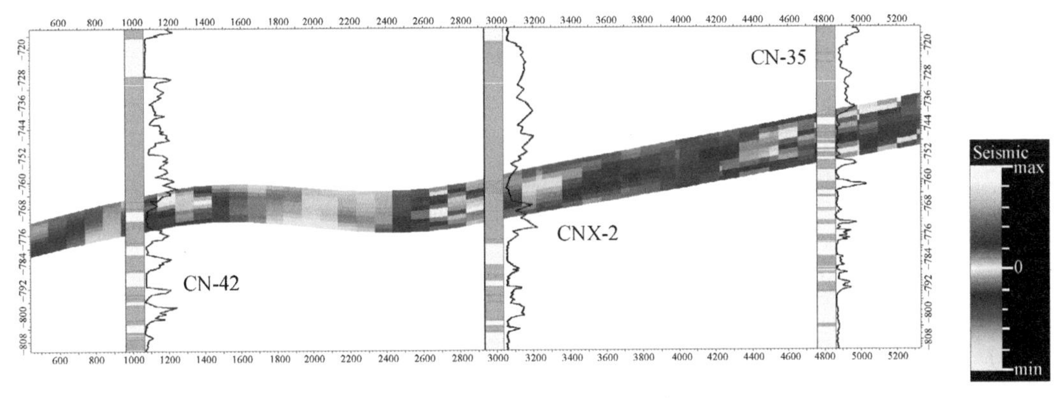

图 3-19　波阻抗数据剖面示意图

观察图 3-19 可知，三种微相在波阻抗数据上的分布具有明显的差异性，依据波阻抗分布图绘制训练图像时，利用的就是波阻抗数据在 M 区块可以较好地指示三种沉积微相的特性。波阻抗数据为浅蓝色的低值时，指示的可能是泛滥平原微相；波阻抗数据为灰褐色时，指示的可能是河道微相；波阻抗数据为红色与黄色的高值时，指示的可能是心滩微相。

根据对波阻抗数据的认识，心滩微相（高值区）主要分布在东西向且较为连续，因此可以认为连续河道的分布是沿着东西方向分布的。据此绘制的训练图像如图 3-20 所示。

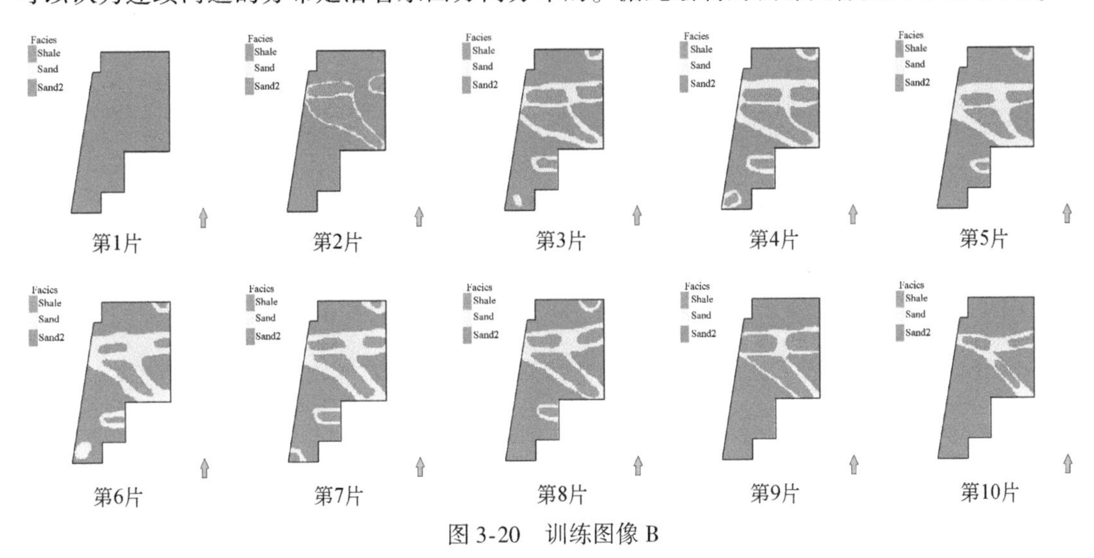

图 3-20　训练图像 B

对比两组训练图像，纵向上两者都是参照 O-11a 小层沉积微相数据分析（图 3-15），因此可以保证两组训练图像第 k 片（$k=1\sim10$）的沉积微相含量都是相同的。

但是由于两组训练图像的参照物不同，两组训练图像第 k 片（$k=1\sim10$）横向上沉积微相的分布具有较大的差异。训练图像 A 的河道分布主要是南北向，而训练图像 B 的河道分布则是东西向。

单组训练图像的建模结果，可以用来分析仅用测井数据建模时模拟结果的不确定性，以及这种不确定性是否普遍。

两组训练图像的建模结果，则可以用来分析人们对研究区的主观认识所带来的不确定性。

3.4.2　多点建模分析

1. 训练图像 A 的建模

1）不同随机种子对建模结果的影响

随机种子在油藏随机建模中是一个非常关键的参数，可以通过改变随机种子获得等概率的多个随机模拟实现（冯璐伽，2006）。这里，选取的随机种子数分别为 15000、20000、25000。每个随机种子都会产生一组模拟结果，每组模拟结果又细分为 10 小片。鉴于篇幅原因，选择每组结果的第 3、5、7 片进行分析比较（图 3-21 ~ 图 3-23）。

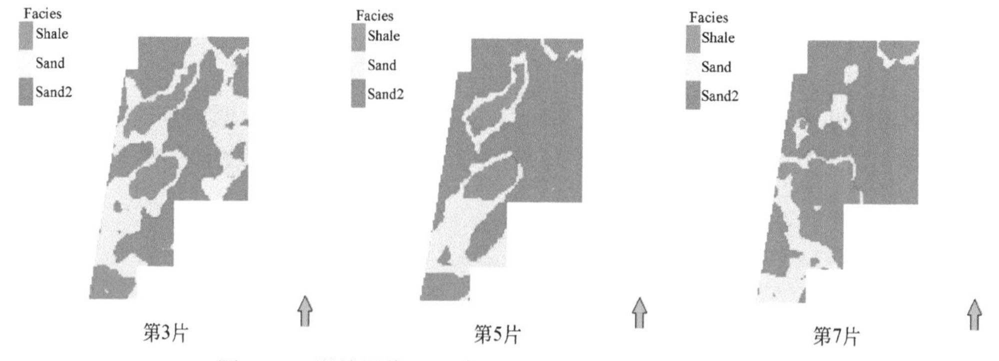

图 3-21　训练图像 A，随机种子 15000 产生的模拟结果

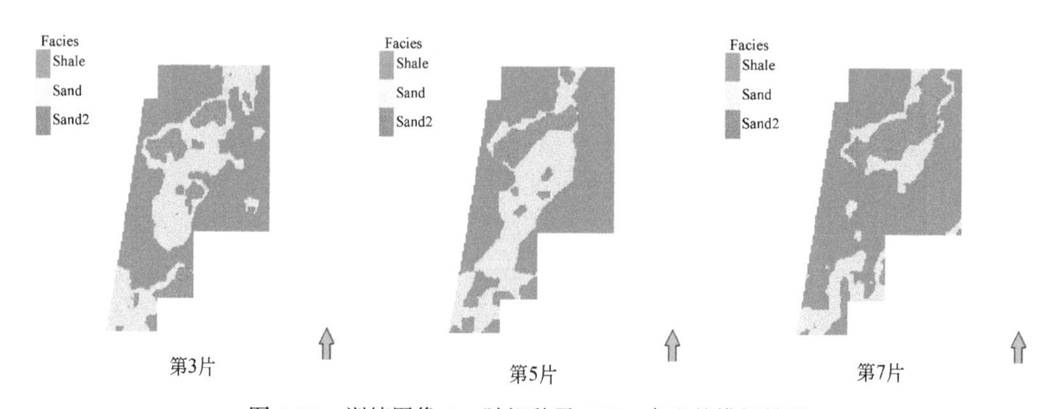

图 3-22　训练图像 A，随机种子 20000 产生的模拟结果

比较图 3-21 ~ 图 3-23 所示的不同随机种子条件下各小片的模拟结果可知：随着模拟种子的改变，模拟结果出现了差异，而这种差异就是随机建模不确定性的表现。

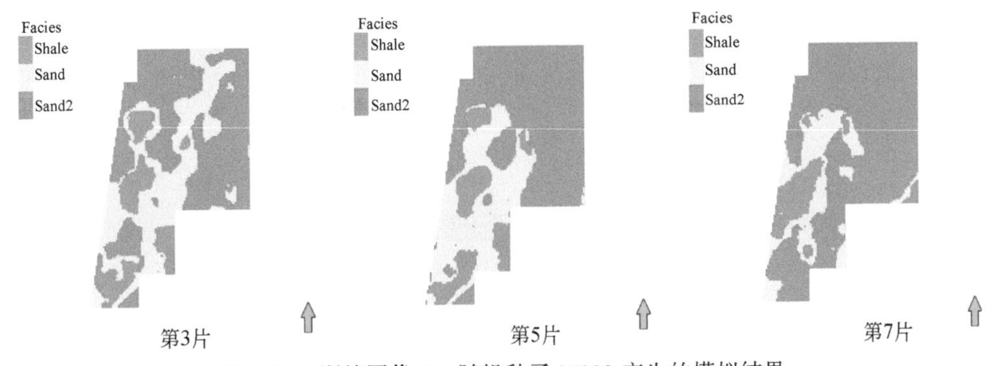

图 3-23　训练图像 A，随机种子 25000 产生的模拟结果

观察图 3-21 ~ 图 3-23 的第 5 小片可知，当随机种子为 15000 时，河道在南北方向是不具有连续性的，但是随机种子为 20000 时与 25000 时第 5 小片的河道已经具有连续性了。这说明随着随机种子的改变，同一小片的河道在连续性上会发生改变，从而产生较大的不确定性。

此外，随机种子为 15000 与 25000 时，第 7 小片的心滩主要发育在研究区的西南方向，而随机种子为 20000 时第 7 小片的心滩则发育在研究区的东北方向。这说明随着随机种子的改变，同一小片的心滩在分布位置上也会产生较大的差别。在不同随机种子条件下，模拟结果的沉积微相分布也是具有不确定性的。

2）建模结果剖面图对比

选取合适的井剖面，将模拟结果放在井剖面上与单井进行对比，比较井周的沉积微相与井上的沉积微相是否相似，这也是评价模拟结果的一个重要途径。

这里选取的井剖面单井分布从左至右依次为井 CN-42、井 CIS-1-0、井 CN-39，可作出如图 3-24 所示的模拟结果与该条剖面上单井的沉积微相对比图，其中参考的测井曲线为自然伽马曲线。

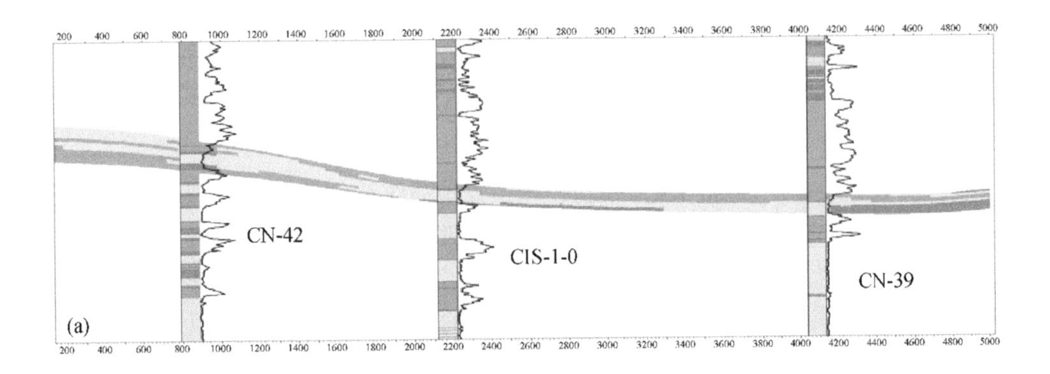

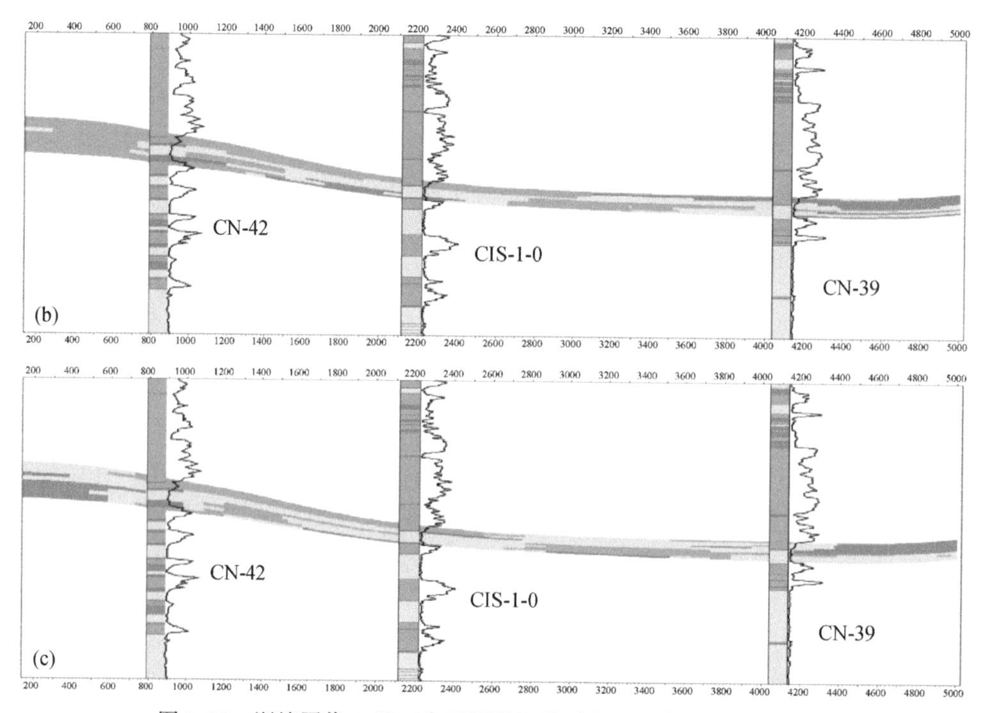

图 3-24　训练图像 A 及三个不同随机种子产生的模拟结果剖面图

（a）随机种子 15000；（b）随机种子 20000；（c）随机种子 25000

根据图 3-24 可知，随机种子发生了改变，模拟结果中的沉积微相在剖面上的分布也会发生改变。但是对比井上数据与井周数据可知，两者之间是一致的，这说明随机种子的不同确实可以反映模拟结果的不确定性，但是这些模拟结果又并不与客观相矛盾。

值得注意的是，当随机种子为 20000 时CN-42井的左侧主要是泛滥平原，随机种子为 15000 时 CN-42 井的左侧主要为河道，含少量泛滥平原，而当随机种子为 25000 时，CN-42左侧基本没有泛滥平原。通过分析可知，CN-42 井左侧建模结果不确定性较大是因为 CN-42 井位于研究区边缘，左侧没有其他直井来控制建模结果。

2. 训练图像 B 的建模

1）不同随机种子对建模结果的影响

以波阻抗数据绘制的训练图像为模板，用多点地质统计算法进行模拟时，随机种子也选取 15000、20000、25000。同样，每个随机种子都会产生一组模拟结果，而每个模拟结果又分为 10 小片。鉴于篇幅原因，选取每组结果的第 3、5、7 片进行比较。

观察图 3-25～图 3-27 可知，在随机种子不同的条件下，产生的模拟结果不同。三组模拟结果表明，河道微相与心滩微相在研究区下部的位置分布较为稳定，而上部则出现较大的不确定性。当随机种子为 20000 时，第 3 小片研究区的上部基本没有出现心滩微相，而随机种子为 15000 与 25000 时，模拟结果显示在研究区上部会出现大量的心滩微相。

此外，当随机种子为 15000 时，第 7 小片研究区的上部河道是不连续的，而随机种子

图 3-25　训练图像 B，随机种子 15000 产生的模拟结果

图 3-26　训练图像 B，随机种子 20000 产生的模拟结果

图 3-27　训练图像 B，随机种子 25000 产生的模拟结果

分别为 20000 与 25000 时，模拟结果第 7 小片研究区的上部河道开始表现出一定的连续性。

以上证明，当训练模板使用参考波阻抗数据绘制的训练图像进行多点地质统计模拟时，不同随机种子条件下模拟结果的沉积微相分布以及河道连续性还是会出现较大的不确定性。

2）两个不同的训练图像对应的建模结果对比

训练图像不同，模拟结果在剖面上的显示可能不同。在不同的随机种子条件下，将模拟结果与剖面单井井上的沉积微相做对比，可分析模拟结果的不确定性。

这里，选取的井剖面的单井分布从左至右依次为井 CN-42、井 CIS-1-0、井 CN-39，可作出图 3-28 所示的模拟结果与该条剖面上单井的沉积微相对比图。其中，参考的测井曲线为自然伽马曲线。随机种子的选取也依次为 15000、20000、25000。

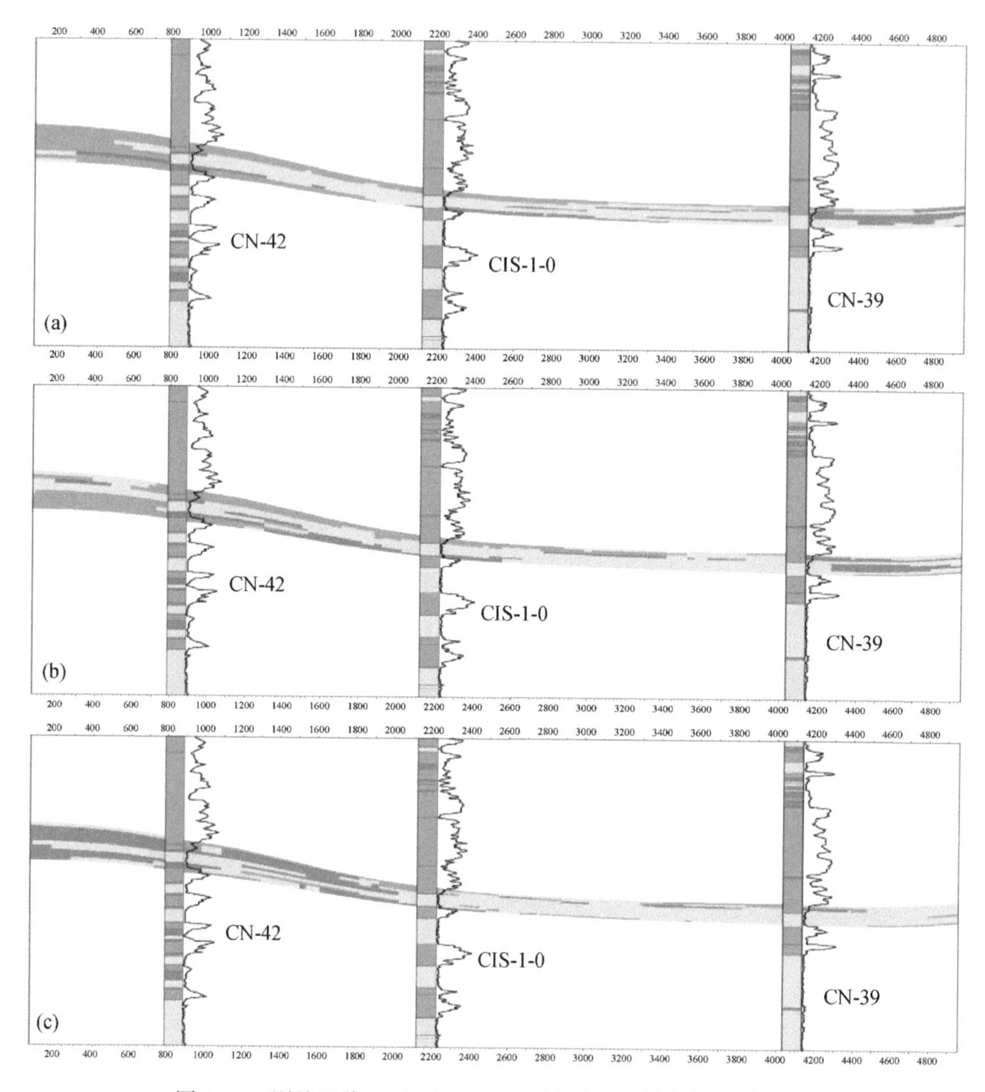

图 3-28　训练图像 B，不同随机种子产生模拟结果剖面对比图

（a）随机种子 15000；（b）随机种子 20000；（c）随机种子 25000

由图 3-28 可知，不同随机种子的条件下，井周的模拟结果与井上的微相数据是基本相似的，但是井间的模拟结果有较大的不确定性。

当随机种子为 15000 与 20000 时，模拟结果的顶部在井 CN-42 与井 CIS-1-0 之间存在泛滥平原微相，并且这跟 CN-42 井与 CIS-1-0 井在 O-11a 小层顶部的微相数据是一致的。但是当随机种子为 25000 时，模拟结果的顶部在井 CN-42 与 CIS-1-0 井之间出现了大量心滩微相，这不仅与随机种子为 15000 与 20000 的模拟结果有较大差别，并且很可能不符合真实地质环境，这是因为 CN-42 井上并不含有大量的心滩微相。

此外，CN-42 井左侧的 3 种沉积微相的纵向分布很不稳定，含量差别也较大，这是因为 CN-42 井处于研究区的边缘，左侧没有其他井来约束建模结果。

训练图像 A 与训练图像 B 分别依据泥质含量与波阻抗数据绘制，由于依据的参照物不一样，训练图像也会产生较大差别。O-11a 小层细分为 10 小片，分别选取第 3、5、7 小片的模拟结果（随机种子均为 15000）进行分析，如图 3-29 和图 3-30 所示。

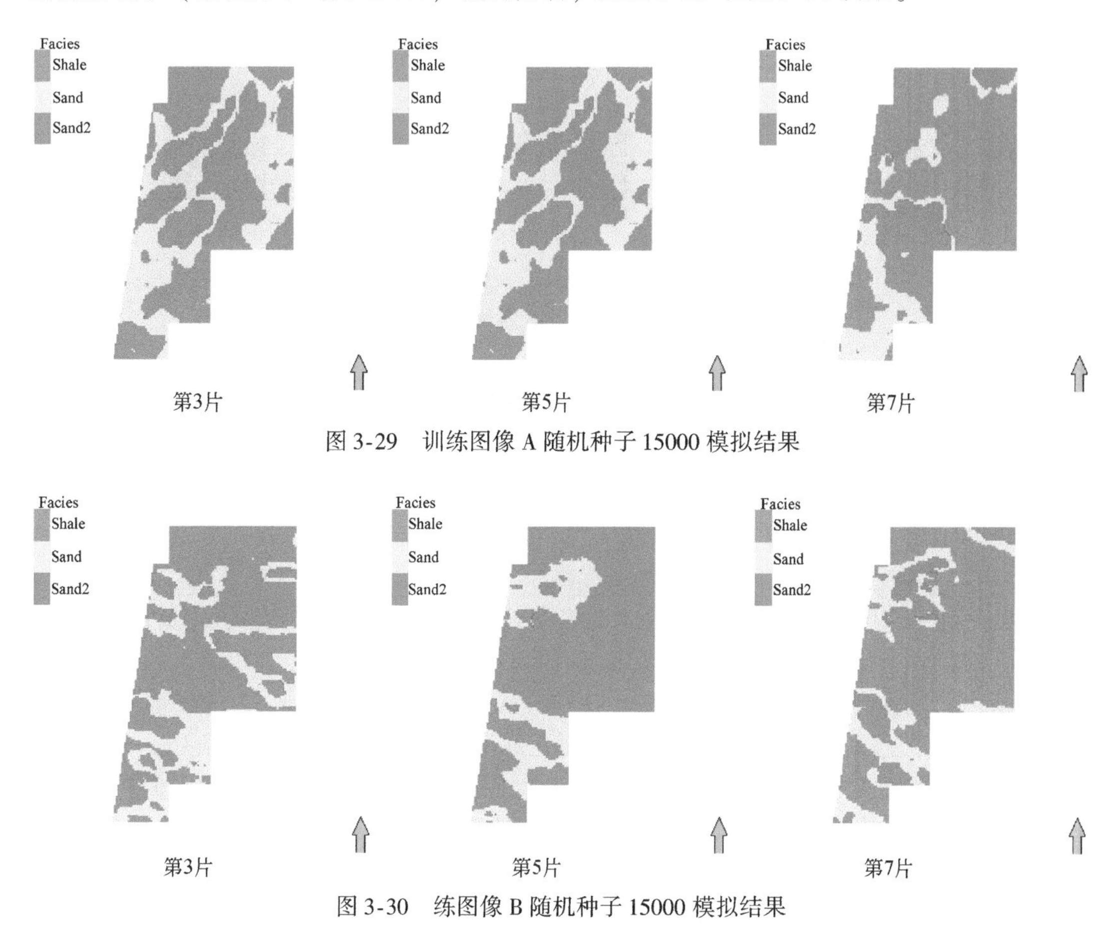

图 3-29　训练图像 A 随机种子 15000 模拟结果

图 3-30　练图像 B 随机种子 15000 模拟结果

由图 3-29 和图 3-30 可知，当使用训练图像 A 建模时，模拟结果的河道分布主要为南北方向；而使用训练图像 B 建模，模拟结果的河道分布出现了东西方向。这说明模拟结果与训练图像的河道分布是一致的。当训练图像不相同时，采用多点地质统计建模方法所得到的模拟结果差别很大。

由于绘制训练图像依赖人的主观认识，每个人对该地区的认识与依据不同，绘制的训练图像差别会很大。这是多点地质统计建模产生不确定性的重要原因。

图 3-31 中蓝色表示模拟结果中的沉积微相含量，红色表示原始沉积微相含量。代码 0 代表泛滥平原微相，代码 1 代表河道微相，代码 2 代表心滩微相。通过分析可知，两组模拟结果的各个沉积微相含量与原始沉积微相含量有一定误差，但是误差的绝对值不超过 5.5%，这在油藏建模中是合理的。

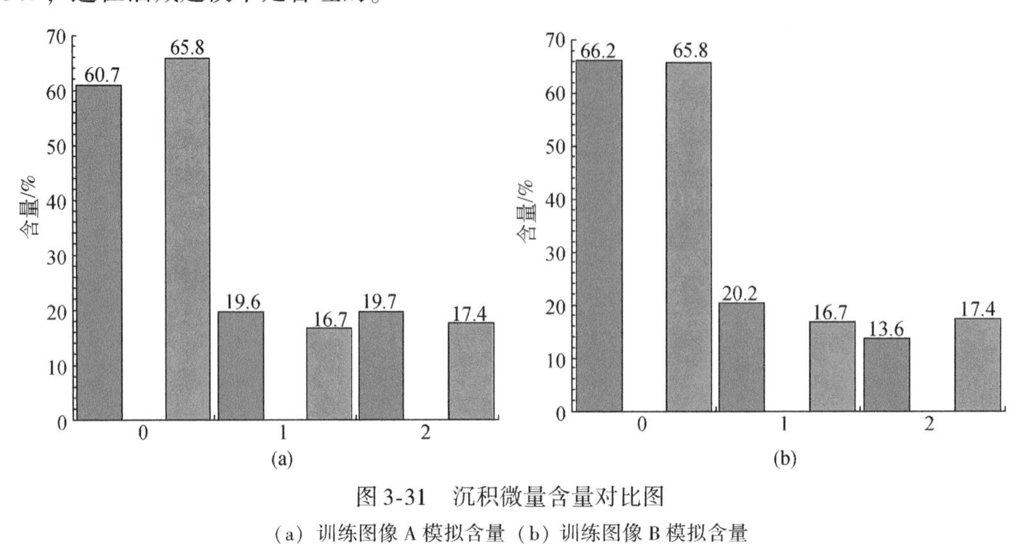

图 3-31 沉积微量含量对比图

（a）训练图像 A 模拟含量（b）训练图像 B 模拟含量

3.5 多点建模的点对点增长算法及其应用

3.5.1 点对点增长算法的原理

在油气储层地质建模时，往往由于井的数目比较少和地下地质情况的复杂性，模拟出的河道会变得时连时断，甚至难以辨认出河道的形状，严重地影响了建模结果的应用。

在众多的地质建模方法中，多点统计建模（multiple point simulation，MPS）是新近发展起来的已广泛使用的一种地质建模方法，并已在河流相储层建模中普遍应用。利用这种方法建模时，需要两方面的信息：① 被模拟点周围的各个已知点的位置和它们相应的信息；② 被模拟点和周围各个已知点间的先验空间结构模型。

多点统计建模方法中以 SNESIM 的应用最为广泛。这种建模方法是随机的，没有任何规则地选取区域中的被模拟点，就容易造成模拟结果出现不连续性。这个问题严重影响了河流相储层建模的效果。

美国得克萨斯大学奥斯汀分校的 Eskandari 和 Srinivasan（2010）提出了用于模式重现的 Growthsim 算法。在这种方法中，包括测井数据、横向和纵向比例曲线、地质概念信息等在内的静态数据可以被整合。为了模式重建，运用最优空间模板和基于增长的算法，保证了模拟目标地质意义上的连通性，对于准确地预测储层中流体分布具有重要意义。

根据 Eskandari 博士表述的 Growthsim 算法，各个网格块建模结果的形成呈现出逐步扩大的趋势，具有如下两个特点。

（1）Growthsim 算法模拟的结果会呈现当前这次模拟的结果是包含了上一次模拟的结果，呈现一种增长的趋势。

（2）Growthsim 算法这一次的模拟结果和上一次的模拟结果会有重叠。这个建模过程是从一个被估点出发，进行模拟的结果是形成三维空间中新形成的一个块（由若干个网格块组成），是一种“点到块”的模拟。

然而，这种 Growthsim 算法有如下两点局限性。

（1）Growthsim 算法对于井上数据（测井数据）的通过性问题没有考虑，失去了多点统计建模最常规的 Snesim 算法的一个优点。

（2）对于井震结合的算法，该种算法只能利用地震数据所提供的纵向比例曲线，而不能够利用三维地震数据本身。

因此，利用 Growthsim 算法不可能实现一般意义的井震结合。Growthsim 算法利用各个训练图像和相应的建模结果进行了对照，强调的是训练图像的模式重建，而没有涉及条件化数据的作用。鉴于条件化数据对于多点建模是一个关键的因素，这样就违背了多点统计建模的基本原理。

这种方法的独创新颖性在于，要求模拟结果符合逐步增长的模式，作为取被模拟点的一种规则。这样，使模拟的河道的连续性得到改善，在保持 SNESIM 的数据通过性优点的同时，获得良好的地质模拟效果。

这里，提出了多点地质统计学点对点增长模拟建模算法，要求模拟结果符合逐步增长的模式，作为选取被模拟的点的一种规则，较好地解决了建模结果的河道连续性问题（黄文松等，2017）。

本项点对点增长模拟建模算法的技术已经应用在委内瑞拉 MPE3 地区的辫状河储层建模中，并取得良好效果。

以图 3-32 来详细说明点对点增长算法的原理。上侧的图件表示的是被模拟的三维网格中最上面的一张二维网格，下侧图件则是三维网格紧靠的下一张二维网格。这两张图代表整个三维模拟区域的一个部分。X 轴方向和 Y 轴方向的刻度表示网格块自然排列的顺序。其中，填有红色、蓝色、黄色的网格块为进行建模过程中被顺序模拟的网格块。这些网格块标注的数字从 0 开始，一直到 15。它们则代表了模拟过程中被模拟的顺序。

第 0 个网格块是第 1 个被模拟的，它位置的编号是（X，Y，Z）=（33，48，2）。第 1 个网格块是处于（X，Y，X）=（33，48，1）。

点对点增长算法执行时，会使得除第 8 个网格块（在图中，利用黄色标注）以外的各模拟网格块的排列位置达到图 3-32 所示的那样。这些被模拟产生的网格块组成的区域显示了不断增长的趋势。更准确地描述，如第 7 个网格块和之前的第 0 个网格块，一直到第 6 个网格块所形成的几何体，一定是相邻的，即第 7 个网格块和这个形成的几何体是相邻的。具体地说，第 7 个网格块是和组成这个几何体的某一个网格块的某一个面相互接触的。

为了从另外一个角度说明不执行点对点增长算法的一般多点建模算法的特征，可以用第 8 个网格块作为例子。第 8 个网格块被模拟之前所形成的已经模拟的网格块所组成的几何体，和所要模拟的第 8 个网格块都是不相邻的。第 8 个网格块被选定为一个模拟对象，就破坏了点对点增长算法的选点规则。

所以说，点对点增长算法，实际上就是选择被模拟点（也就是网格块）的一种规则。这个规则就是在模拟的整个过程中，都不会出现像第 8 个网格块那样的模拟结果。这种规则虽然对于进行模拟的网格块的选取做了一定的限制，但是仍然在相当大的程度上保持随机性，所以蒙特卡罗方法仍然可以有效实施。

因此，点对点增长算法具有下面两个优越性。

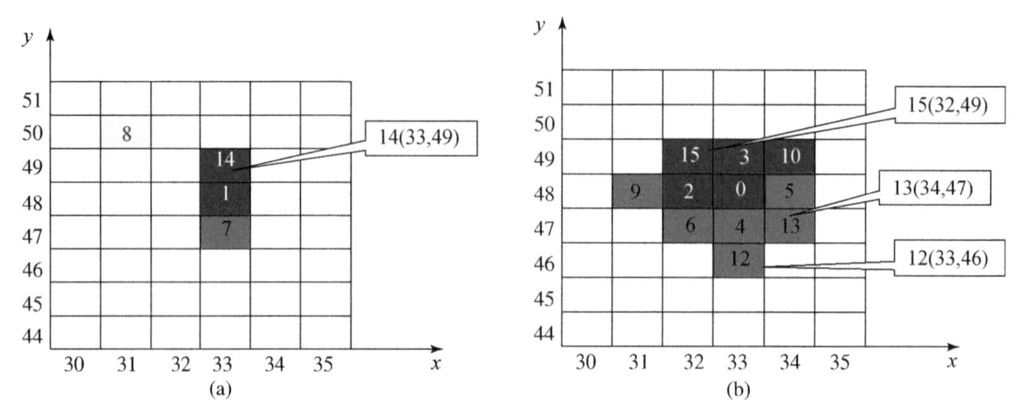

图 3-32　点对点增长算法的原理

（1）这种增长算法在序贯地选择被模拟点时，不是纯粹随机的，而是要求是和上一次已经模拟的那些节点在空间网格上相邻、贴近、紧靠（图 3-32（b））。图 3-32（a）中，黄色块中点“8”的选定不满足增长算法，体现出被模拟点选取的随机性。

（2）不同于 Growthsim 算法，本算法是“点对点”的，而不是 Growthsim 算法的“点对块”的。在选定被模拟点后，即可采用 SNESIM 进行模拟。

3.5.2　算法模拟结果分析

以 MPE3 油田 O-11a 小层数据为例，分别使用增长算法和 SNESIM 进行模拟结果的对比，对于河道和心滩的模拟，增长算法的结果具有明显的连续性（图 3-33）。

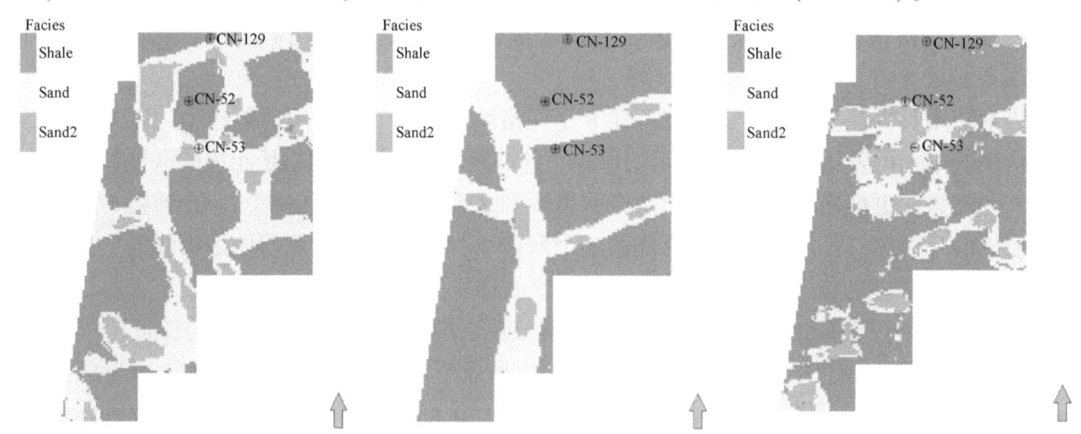

图 3-33　点对点增长算法与 SNESIM 算法的建模结果对比

改进了多点建模的传统 SNESIM，在被模拟点位置的选取上不再具有纯粹的随机性，使得模拟出来的河道更加连续，同时又保留了 SNESIM 的优点：通过性明显，并可以进行井震结合。

图 3-34 为利用剖面图对于点对点增长算法和 SNESIM 建模结果的对比。点对点增长算法建模结果表现出，在泛滥平原的背景下，河道和心滩具有较强的连续性，而 Snesim 算法的结果则显示出时常的间断和较差的连续性。

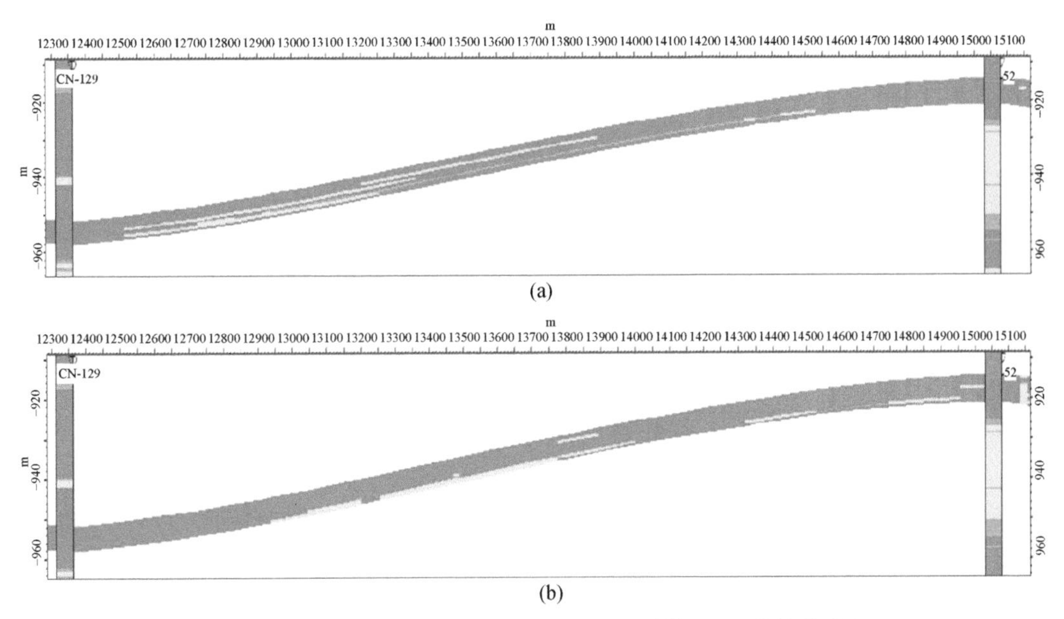

图 3-34　点对点增长算法（a）和 SNESIM 建模（b）的结果对比

灰色：泥岩，隔层；黄色：河道；橘黄色：心滩

在图 3-35 中，以 O-12-1 小层为例，使用点对点增长算法和 SNESIM 相比，河道、心滩、泥质夹层等的建模结果具有明显的连续性。在相同的训练图像之下，在河道为背景上面，增长算法和 SNESIM 相比，模拟出的心滩和泥质夹层明显连片性较强。

图 3-35　点对点增长算法在夹层建模中的应用
灰色：泥岩，隔层；黄色：河道；橘黄色：心滩

3.6　小　　结

本章主要研究了储层建模中采用多点地质统计算法，以两组训练图像得到模拟结果为例，并通过不同随机种子数与剖面对比分析模拟结果的不确定性，可得到以下结论。

（1）训练图像 A 与训练图像 B 的模拟结果都具有较强的不确定性。随机种子不同，模拟结果都会出现较大差别。这说明仅用测井数据建模，会产生较大的不确定性。

（2）训练图像不同，模拟结果中沉积微相的含量是一致的，但其空间分布会出现很大的不确定性。这说明训练图像是一个先验性的概念。地质学家对研究区主观认识不同，导致绘制的训练图像不同，这会给模拟结果带来很大不确定性。

（3）模拟结果忠于井上的原始数据，但是井间的微相控制不理想，导致沉积微相横向分布不确定性较大。为了降低这种不确定性，需要用合适的条件约束来对模拟结果中的沉积微相空间分布进行控制。

参 考 文 献

冯璐伽. 2006. 储层物性参数测井解释模型的建立［D］. 杭州：浙江大学：9-60.

何登发，李德生，何金有，等. 2013. 塔里木盆地库车坳陷和西南坳陷油气地质特征类比及勘探启示［J］. 石油学报，34（2）：201-218.

黄文松，王家华，任长林，等. 2017. 一种油气储层多点统计建模的方法及装置：中国，CN201410836612.4［P］.

李少华，卢文涛. 2011. 基于沉积过程的储集层随机建模方法——以河流相储集层为例［J］. 古地理学报，13（3）：325-333.

吴胜和，刘英，范峥，等. 2003. 应用地质和地震信息进行三维沉积微相随机建模［J］. 古地理学报，5（4）：439-448.

张吉光，杨明杰. 1994. 地质类比的层次与条件 [J]. 电子科技大学学报，(5)：32-35.

Caers J. 2005. Petroleum Geostatistics [M]. Richardson，TX：Society of Petroleum Engineering.

Eskandari K，Srinivasan S. 2010. Reservoir modelling of complex geological systems—a multiple point perspective [J]. Journal of Canadian Petroleum Technology，49 (8)：59-69.

Guardiano F，Srivastava R M. 1993. Multivariate geostatistics：beyond bivariate moments [M]. Springer Netherlands，1：133-144.

Maharaja A，Journel A. 2005. Hierarchical simulation of multiple-facies reservoirs using multiple-point geostatistics [C] //Society SPE 95574.

Miall A D. 1985. Architectural element analysis：a new method of facies analysis applied to fluvial deposits [J]. Earth Science Review，22 (2)：261-308.

Remy N. 2009. Applied Geostatistics with SgeMS [M]. New York：Cambridge University Press.

Strebelle S B，Journel A G. 2001. Reservoir modeling using multiple-point statistics [C] //SPE 71324，New Orleans.

Zhang T F，Li T，Reeder S，et al. 2011. An integrated multi-point statistics modeling workflow driven by quantification of comprehensive analogue database//73rd EAGE Conference & Exhibition Incorporating SPE EUROPEC 2011，Vienna.

Zhang T F，Switzer P，Journel A. 2006. Filter-based classification of training image patterns for spatial simulation [J]. Mathematical Geology，38 (1)：63-80.

第4章　地震数据约束建模的可变影响比算法

4.1　地震约束建模的发展

4.1.1　地质统计学建模与地震约束

井的覆盖率比较低，依靠井的位置数据建立的地质模型会受到一定的限制。因此储层地质学家所面临的挑战，就是对三维地震数据做定量化的研究，以获得井间储层特性的精细描述。本章的目的就是结合理论与案例来研究，以说明以及回顾现行的最优方法，找出制约地震约束建模的技术和问题。

地质统计学在地质建模中占有很重要的地位。Matheron（1965）发表了有关地质统计学的论文，在随后的二十多年中，他发表了一系列有关地质统计学基本概念和基本理论的论文。在地质统计学发展初期，其主要应用在采矿工业中。后来，由于斯坦福大学的Journel教授和挪威科技大学的Omre教授的工作，首次将其应用在石油工业中（Omre，1987；Journel and Huijbregets，1978）。由于克里金估计和条件模拟等技术的普遍应用，利用井中数据对储层物性进行插值，已经建立了地质学家和油气藏工程师比较满意的三维非均质性模型。二十多年前，地质统计学建模的软件包技术商业应用已经比较广泛，包括斯坦福大学创立的公开主流软件GSLIB（Deutsch and Journel，1992）。地质统计学的一个主要特征就是以克里金估计方法和各种统计模拟方法为基础，并可以利用地震数据进行约束，以建立储层的三维地质模型。

储层非均质性的随机建模是地质统计学的特点之一。20世纪80～90年代提出的序贯高斯模拟法、截断高斯模拟和示性点过程模拟等技术，现在都已经相当成熟，并且广泛应用于地质模拟的工作中。这里，可以回顾条件模拟的概念中像孔隙度这样的连续变量，其主要内容集中在适合结合地震信息的技术上。引入随机技术在地震岩性模型中的应用，探究贝叶斯分类和顺序指示模拟方法之间的联系。同时，也简要地介绍颇有前途的多点统计模拟，这种模拟方法比传统的基于变差函数的模拟方法更能真实地反映更多的地质特征，而且可以应用地震属性进行模拟。

在20世纪80年代后期和90年代初，地质统计学主要着眼于二维图件的生成，二维的地震属性分布图件用来指导区域均值的插值。如今，大部分二维图件被三维地质模型所取代，重点是使用地震推导信息来约束精细尺度的三维性质模型。反演的地震数据的垂直分辨率的局限性，成为在三维性质模型中广泛应用地震数据的主要障碍。

在地质统计学建模发展的初期，人们开始时只是利用了井位处的测井数据。由于储层在空间中的数据点过少，在储层参数的变异函数估计中进行统计推断时，造成了很大的困难。同时，进行克里金估计和随机模拟时，输入数据过少，建模结果造成了很大的不确定性。于是，人们想到了具有较大空间密度的地震数据。

地质统计学反演（geostatistical inversion），或称为随机反演，是在1992年由Bortoli等学者所提出的（Bortoli et al.，1992）。这种随机反演依然是一个研究的活跃领域。因为随机反演可以被精细尺度的测井数据直接约束，并提供高频的阻抗数据体，所以这个课题与地质建模的模拟联系紧密。另外，高频阻抗数据体可以在不必进行细化的前提下，在三维地质模型中被整合。当确定性反演依然是许多公司的最佳选择时，随机反演的应用最近几年却有所增长。对确定性反演而言，随机反演已经从叠后的声波阻抗反演，演变到了叠前处理，在那里多重偏角叠加同时被反演，而且可以估计几个弹性变量参数。确定性反演和随机性反演的联系也很容易理解，可以参看Buland和Omre（2003）关于贝叶斯的工作。叙述随机性反演最近的发展和下游工作流程的必要性也是明显的。为了岩性预测和不确定性定量化，这些流程开发出了反演的各种弹性性质的多个实现。

地质模型变得越来越复杂。它们可以用来表征多个领域的性能：储层特性（如沉积相、孔隙度和渗透率）、地震特性（如饱和性阻抗）、力学特性（如有效弹性模量）和动态特征（如饱和度、孔隙压力）。不同领域数据的整合面临许多挑战，包括怎样使不同领域的数据建立联系和怎么把数据放进同一个模型框架中。地质力学和四维地质模型的应用也要求一个完整的地质模型，不仅要包含储层层段，而且要包含覆盖层。岩石物理学是把不同领域数据联系起来的必要环节（如一个弹性模型可以将地震波速度和岩性、孔隙度、饱和度和压力联系起来），而地质统计学提供了在岩石物理学应用中处理不确定性的工具。Doyen（2007）将岩石物理学和统计学结合起来研究，提出了统计岩石物理学的概念，并给出了若干例子。统计岩石物理学是基于岩石物理学反演和随机模拟的一个流程，可以在三维地质模型中对地震孔隙压力进行预测，以及在三维油藏模型中对地震孔隙度和岩性估计进行预测。Doyen还提出了各种序贯反演的工作流程，即在弹性反演之后进行岩石物理反演，最后进行直接的物性参数反演。在反演过程中，地震数据直接地反演成岩石性质，如孔隙度和岩性。直接的储层物性反演流程变得越来越流行，因为它们保障了地质模型和地震振幅数据的一致性，这是传统的串联流程所不能完成的。

尺度的问题是把地震信息技术应用于三维地质模型最关键的问题。作为一种先进的属性建模工具，多点统计学在地质建模界广受欢迎。在碎屑岩油藏及碳酸盐岩油藏中，利用多点统计学，并以地震属性为约束生成了油藏尺度下的微相模型。近年出现的可对岩层及微观孔隙空间成像的先进工具，为用于完善数据缺口及重建多孔介质的多点统计学开辟了油藏描述的新途径。所得图像可直接用于训练图像，并用于地质建模中（Zhang，2015）。

应用地震数据建立地质模型是一个涉及很广泛的课题。Dubrule和Haas（2003）对这个重要课题给出了一个很好的引言。他们指出：随着技术的发展，20世纪90年代初产生了一个新的思想，即应用条件模拟方法对波阻抗进行反演，由此可以产生受地震数据约束的多个三维实现，这就是地质统计学反演方法。Doyen（2007）进行了四维地质建模的一些关键性挑战，四维合成是由动态模拟输出和与真实四维数据比较建立起来的。然而，对地震模拟工作流程的研究还是有限的。进一步说，这种研究没有包括饱和度和基于时移地震数据的压力测井问题、地震和生产数据的联合反演的问题，以及四维地质力学的问题（Calvert，2005）。

4.1.2　井间砂体预测

Pyrcz 和 Deutsch（2014）总结了井震结合建模的应用。他们指出，在储层地质建模中，运用地震数据约束的应用可以归纳为如下四个方面：

（1）地震数据驱动的构造建模。

（2）储层沉积环境和构型的建模。

（3）地震数据驱动的储层参数建模。

（4）解决次生裂缝和流体流动的微地震检测技术。

其中第二方面的应用，利用国内同行所用的术语，大致地说，就是井间砂体预测。这是储层地质建模中最关切、最基本的一项课题，和开发井的部署、确保油气田的稳产有着直接而密切的关系。况且，就储层地质建模应用效果的期望而言，井间砂体预测应该是最直接、最容易入手的一项成果。

近年来，国内的地质学家和地球物理学家在利用地震数据进行井间砂体预测方面已经做出了不少出色的工作。郭智等（2015）依据井震关系（GR 场反演比常规的波阻抗反演区分砂、泥岩效果好），增强了井间砂体的可预测性，使建立的模型符合已有的沉积特征和地质认识，提高了三维地质模型的精度。李鹏等（2011）利用谱分解方法得到的调谐厚度图，与地震纯波振幅属性的结果具有较高的一致性，通过地震资料预测的储层厚度可作为后期不同反演方法实现井间砂体预测的重要地质监控手段。石莉莉（2016）在岩相建模时，将地质统计反演得到的波阻抗数据作为约束，建立的岩相模型既符合井数据的高纵向分辨率特征，又真实地反映储层横向展布的连通性特征，有效降低了井间砂体预测的不确定性，提高了岩相建模精度。

胡勇等（2014）利用统计井眼处岩性与波阻抗的关系，将反演得到的波阻抗数据体转化为岩性概率体，并用协同序贯高斯模拟约束岩相建模。该文献分析了岩性概率体约束的建模结果，可以得知，模拟结果与概率体宏观规律吻合，能再现三角洲平面形态，且井间砂体预测结果能从沉积成因上进行解释。

在油气田开发中，井间砂体预测虽然是一个静态问题，但是要完全解决仍然是一项十分艰巨的任务。随着三维储层地质建模方法的出现，把沉积微相空间分布的建模作为主要对象，为井间砂体预测的解决提供了一条有希望的出路。从理论上讲，三维储层地质建模可以在三维网格系统的任何一个网格中模拟出沉积微相是砂岩还是泥岩。

在测井数据显示为砂岩井中的一个层位处，储层地质建模可以保证建模结果在相应的位置一定也是砂岩。然而，在建模结果的剖面图上，这个砂体的延伸长度就出现了不确定性。这个砂体渐灭在何处，往左端方向延伸多远，往右端又延伸多远，就会存在一定的不确定性。

在储层建模发展的过程中，强调了地质概念模型的研究和应用，强调了地质知识库指导下训练图像的研究和应用。经过许多油田地质学家、储层沉积学家的不懈努力，为井间砂体分布的建模结果更加符合储层的地质特征指明了方向，提供了地质上的保障，在一定程度上减少了井间砂体预测的不确定性。但是，由于储层建模采用的算法以蒙特卡罗模拟为核心，其结果受到随机种子的严重影响，获得的是一种同概率的建模结果。这是产生井间砂体预测不确定性的根本原因。

4.1.3 地质约束建模方法的发展

一般的储层地质建模只是通过少量确定性参数（如钻井取心及测井数据），用地质统计学方法进行空间分布的模拟而建立起来的油藏地质模型。在这种情况下，井间距较大，井的数据较少。这样的建模结果不能如实地反映地质体的非均质性、不确定性和结构性，也不能满足油藏数值模拟的要求，因而制约着建模的实际应用效果，从而严重影响油田开发各项措施的正确制定和实施。

地震约束储层地质建模技术是以地质统计学为框架，以测井数据为基础，结合地震数据建立储层地质模型的技术和方法的总称。在建模中，测井数据因其准确性而被视为“硬数据”，在各井筒处建模结果必须和测井数据相互重合，建模结果必须被条件化到测井数据。地震数据丰富，在横向上能大范围地反映地质构造和砂体特性变化等特征，且具有大面积追踪的能力。但是，地震数据在纵向上分辨率较低。只有通过测井数据和地震数据的相互结合，才能发挥各自的长处，弥补各自的短处，使得建模不确定性能够得到一定程度的降低。在地震约束建模中，两者的作用并不是同等的。这里，“约束”体现了测井数据的条件化作用和地震数据的确定性趋势（刘文岭，2008）。

地震约束储层地质建模，降低因随机模拟算法造成的井间不确定性，促进建模结果更忠实于储层的地质特性。其作用主要体现在如下三个方面。

（1）采用地震解释的断层和构造层面有利于建立准确的构造模型，为储层属性建模提供良好的基础。

（2）地震数据作为“软数据”，以趋势约束的身份参与建模，能够约束井间模拟结果，减少模型的不确定性。

（3）测井数据作为“硬数据”，在建模结果中必须得到通过，使得随机建模呈现出明显的确定性趋向。

早在油藏描述技术和储层地质建模发展的早期，就有地震数据约束的概念出现。例如，在 1985 ~ 1990 年，针对地震数据应用于油藏描述、储层地质建模就出现过数百篇文献。其主要研究成果包括如下几个方面：

油藏流体评价的地震响应，深度偏移可以作为地震建模的工具（Larson，1984）。对于迅速变化的储层沉积微相空间分布可以采用三维地震岩相建模（Gelfand et al.，1985）、地震岩相建模（de Buy，1988），还可以利用地震数据进行河流相地震岩相建模（Gelfand，et al.，1986）。在流体饱和的多孔介质中，可以利用三维地震数据进行油藏产油层的估计（Neff，1990），还可以利用地震数据的整合改善孔隙度预测，利用地震岩相对河流相储层进行建模（de Buy et al.，1988）。其他的一些应用包括：四维地震的建模（McDonald and Tatalovic，1986）、储层构造面的地震随机建模（Haldorsen and Macdonald，1987）、利用地震分类的各种地质图件和油藏工程图件进行油藏表征（Sonneland et al.，1990）。

刘文岭（2008）阐述了将地震数据用于储层地质建模的过程定义为地震约束储层地质建模，全面论述了地震约束储层地质建模的意义、地震数据的约束作用、与地震反演的区别、它们的应用领域及其地质统计学建模技术。

Doyen（2007）全面阐述了利用地震约束储层地质建模的各种地质统计学方法。利用大量的篇幅分别研究了地震数据在序贯高斯算法（sequential Gaussian simulation，SGS）中的应用，以及在序贯指示算法（sequential indicator simulation，SIS）中的应用。

4.2　统计岩石物理学

岩石物理学是一个研究内容比较广泛的领域。

地震岩石物理学是传统的岩石物理学与勘探地震学交叉构成的一门新兴学科，被誉为连接地震数据属性参数与油藏特性储集参数的“桥梁”（王炳章，2008）。地震岩石物理学致力于弄清储层岩石及其所含流体性质与地震属性参数之间的内在关系，基于岩石弹性、黏弹性和各向异性等物理特性的系统理论和介质模型，用来建立地震属性参数与储层油藏特性参数之间的经验关系。通过流体替换模拟和叠前弹性参数反演等技术手段，为隐蔽油气藏勘探和剩余油开采监测等的地震资料解释提供基础依据，有力地促进了地震岩性识别、储层流体检测、油藏地震监测等技术的发展。

这里研究的统计岩石物理学是属于地震岩石物理学的范畴。

4.2.1　原理

岩石物理学表达了定性的地质参数和定量的地球物理测量参数之间的一种联系（Avseth et al.，2009）。在众多文献（Eidsvik et al.，2002；Mukerji et al.，2001a；Mukerji et al.，2001b；Mavko and Dvorkin，1998；Mavko and Mukerji，1998；Doyen，2007）开拓性工作的基础上，统计岩石物理学目前已经成为对地震储层表征进行量化的一种重要方法。统计岩石物理学把确定性的岩石物理学关系与地质统计学结合起来。进一步说，利用岩石物理学方程建立起储层参数和地震属性之间的这种重要的联系。同时，统计技术在岩石物理学转换时用来描述各种不确定性的传播和蔓延，并用来描述岩石物性的空间变异性。

统计岩石物理学方法是井震结合方法的一个重要基础。它利用统计的概念，把测井数据所确定的储层参数和地震属性联系起来，并利用这种关联对地震数据标定为各类沉积微相。从而成为井震结合的储层建模必要的一步。

以往所用的地质统计学技术有一些局限性，特别是这种技术依赖于地震属性和岩石物性之间纯粹的统计校正。这种统计校正的质量和可靠度，依赖于具有统计代表性的储层属性抽样的有效性，具体表现为：

（1）在少量井控制的区域很难获得统计代表性的抽样。

（2）进一步，通常一次地质统计学预测只对一个变量进行。很明显，这种预测忽略了其他储层属性和它们变异性之间复杂的相互关系。这导致在对多个岩石属性分别做估计时产生了不一致性。

然而，在统计岩石物理学中，包含相应的三个步骤。

(1) 创建确定性的物性-弹性模型（petro-elastic model，PEM），接着用这个模型来建立弹性属性和储层物性（如岩性、孔隙度、流体饱和度以及孔隙压力）之间在物理学上具有一致性的多元关系。

(2) 利用蒙特卡罗模拟，构建概率意义上的物性-弹性变换。这种变换考虑了岩石性质的自然变化以及岩石物理学方程中参数的不确定性。

(3) 将这种概率意义上的物性-弹性模型与随机模拟结合，或与贝叶斯反演方法相结合，产生了在空间上连续的三维岩石物性模型。

这里，对于三维储层建模技术，提供一连串关于统计岩石物理学的成熟技术，或是给出一连串的综合描述，都将是困难的。这是因为这个领域发展迅速，并且一些完整的操作工作流程并未得到广泛应用。因此，本章提出岩石物理方法结合蒙特卡罗模拟或结合随机反演技术而产生的一些主要概念。通过若干实例的研究应用，可以引入其中一些概念。给出岩石弹性模型几个简单的例子，但是主要参考一般的岩石弹性模型，因为研究的重点在于如何将岩石弹性模型和地质统计学技术结合起来，而不是研究岩石物理方程的本身。Avseth 等(2005)、Mavko 和 Dvorkin（1998）、Mavko 和 Mukerji（1998）很好地引入了岩石物理学建模比较实际的方面。

4.2.2 波阻抗数据的相标定

斯坦福大学能源工程和地球物理系的 Mavko 和 Mukerji 叙述了利用测井数据进行地震相识别和分类的方法（Avseth，2000；Mavko and Mukerji，1998）。地震相是指具有特有地震属性的沉积单元。他们运用了波阻抗和自然伽马测井数据的交会图，以及其他三种交会图，进行了地震相的统计岩石物理学分析。在此基础上，利用判别分析、概率分布函数、神经网络等方法，对地震相进行分类。这种方法的符合率可达到80%。

参照 Mavko 等学者的统计岩石物理学方法，利用研究区 O-11a 小层 19 口井的自然伽马测井数据、相应井筒处的微相数据（分为心滩、河道、泛滥平原）以及相应位置处的地震波阻抗数据，可以绘制出交会图（图 4-1）。特别地，这里各井筒处的微相数据的确定是根据测井数据的综合解释，又参考相应的地质认识而确定的，因此其地质含义十分明确。这个交会图提供了在各井筒处微相数据和地震波阻抗之间的关系。利用这种桥梁关系，全空间的地震波阻抗便可进行合适的标定，从而获得相应的地震相。地震相的这种分类不仅受到地震数据和测井数据的影响，同时也受到地质因素的影响。这种分类是以下进行波阻抗标定和砂体概率生成曲线绘制的依据。

利用图 4-2 可进行下述研究区地震相的识别和分类。黄色和红色分别代表的河道与心滩的自然伽马值的变化范围是相近的。泛滥平原的自然伽马值较大，并且其值分布范围广泛。三种地震相在波阻抗数据上的分布具有明显的差异性，即波阻抗值由低到高对应的地震相分别为泛滥平原—河道—心滩。

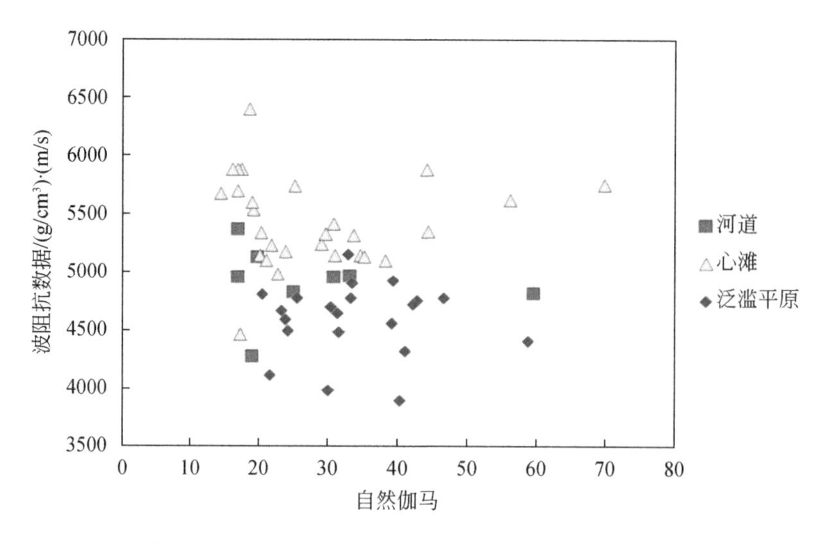

图 4-1　沉积微相在自然伽马-波阻抗交会图上的分布

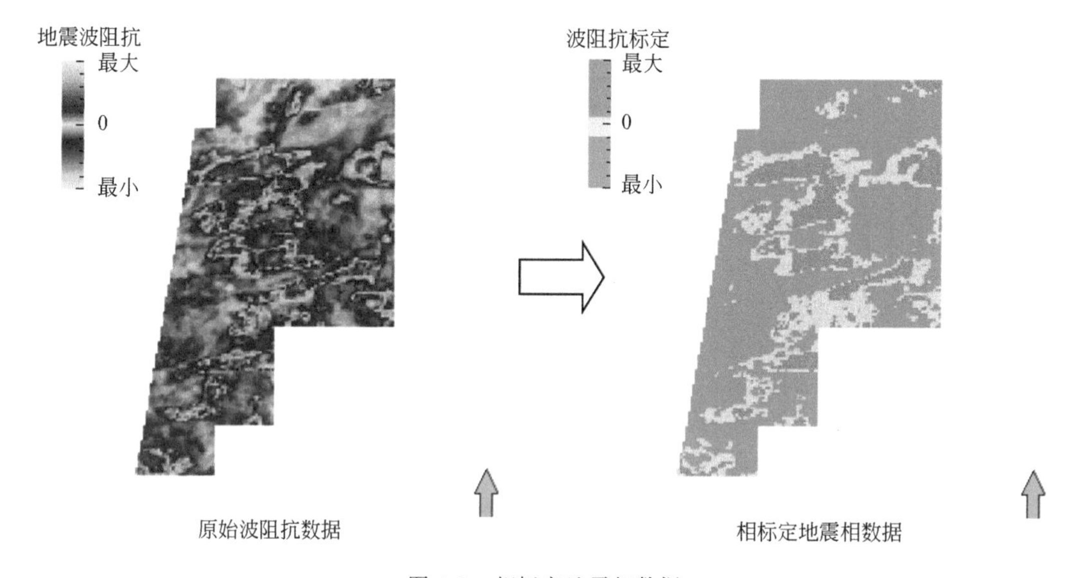

图 4-2　相标定地震相数据

对图 4-2 进行分析，心滩、河道、泛滥平原等地震相的波阻抗变化趋势上是从大至小，它们的自然伽马值则是从小至大。然而，这种趋势并不是十分严格的，存在一些重叠的地方。但是，它们的波阻抗均值依次从大至小，心滩、河道、泛滥平原的自然伽马值的均值则是依次由小至大。

为了使模拟结果更好地符合地震波阻抗数据，需要对地震相进行识别和分类，从而对波阻抗数据进行沉积微相标定。如图 4-2 所示，用沉积微相标定波阻抗数据后，可以用原始波阻抗数据与标定后的地震相进行直观的比对。

4.2.3　砂体概率生成曲线及其应用

多点统计建模中的地震数据约束可以通过砂体概率生成曲线的形式实现。定义这条曲线就是为了将波阻抗数据转化为多种微相的砂体空间分布概率。在这里，利用多点统计方法进行微相建模时，实际参与约束的是三种微相的砂体空间分布概率。这些概率是根据波阻抗数据得到的。Avseth 和 Johanse（2015）提出了如下一种具体的方法：首先参考地震相，把测井数据进行分类，并进行了识别，然后通过地震性质的表征，表示出不同的沉积单元。砂体概率生成曲线可以在这几种微相的空间分布与波阻抗数据之间建立联系，从而使波阻抗数据可以作为软数据引入微相建模中。

为了获得砂体概率生成曲线，需要对研究区波阻抗数据与微相的关系进行分析（Mukerji et al., 2001a）。对三种微相的地震属性进行分析后可知，泛滥平原、河道、心滩的波阻抗是依次增大的，因此可以依次划分出三种微相的波阻抗范围并得到三种微相的砂体概率生成曲线，如图 4-3 所示。

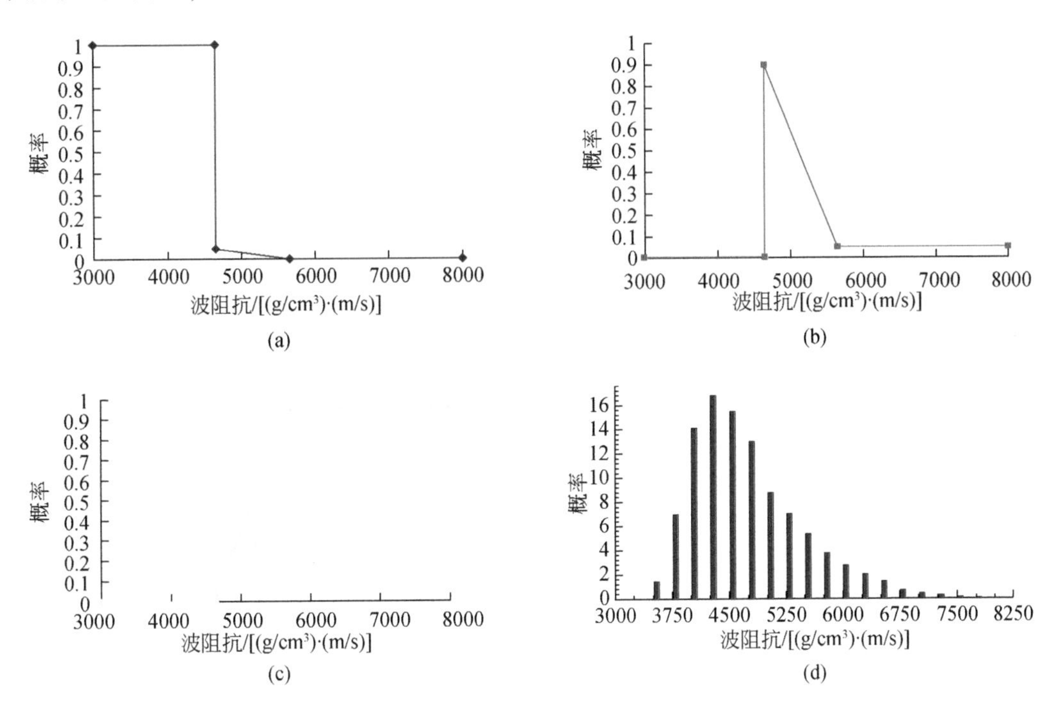

图 4-3　微相砂体概率生成曲线

（a）砂体概率生成曲线（泛滥平原）；（b）砂体概率生成曲线（河道）；（c）砂体概率生成曲线（心滩）；（d）波阻抗数据概率分布

砂体概率生成曲线含义是指在三维空间一个点处，在某一个指定波阻抗值条件下单一微相出现的概率。从空间角度而言，砂体概率曲线的意义即为微相在空间上的概率分布，如图 4-3 所示。值得注意的是，三种微相的砂体概率生成曲线波阻抗值相应的值的和必须为 1，否则不能作为地震数据参与多点统计相建模。这是因为砂体空间分布生成概率需同时符合地质含义与数学定义。对于三维空间的各个沿层切片，砂体空间分布概率与标定波阻抗数据在形态上是基本一致的，同一个位置的砂体空间分布概率之和为1。

以下对图4-3中的具体意义做进一步的详细解释。其中，三张图是有关砂体概率生成曲线的。它们需要联合起来，才能够表达利用波阻抗的数值来确定所在网格块处是泛滥平原、河道和心滩的概率。图4-3（a）是砂体概率生成曲线（泛滥平原），所表示的含义是，当波阻抗为3000～4600（g/cm^3）·（m/s）时，该网格块为泛滥平原的概率是1，意味着这个网格块可以肯定是泛滥平原。当这张图中的波阻抗为4600～5600（g/cm^3）·（m/s）时，这个网格块左上角的砂体概率生成曲线（泛滥平原）的含义是，这个网格块为泛滥平原的概率为0.05到0，意味着只有很小的概率为泛滥平原。

这时，就需要看另外两张图：砂体概率生成曲线（河道）和砂体概率生成曲线（心滩）。在砂体概率生成曲线（河道）的图中，波阻抗为4600～5600（g/cm^3）·（m/s）时，该网格块为河道的概率是0.9～0.05。而在砂体概率生成曲线（心滩）中，说明该网格块为心滩的概率为0.05～0.95。再进一步说，当波阻抗为4600～5600（g/cm^3）·（m/s）时，是河道和心滩的可能性都存在。一般来说，波阻抗越靠近5600（g/cm^3）·（m/s），该网格块为心滩的可能性就越大。若波阻抗越靠近4600（g/cm^3）·（m/s），那么河道的可能性就越大。

当各网格块的波阻抗处于5600～8000（g/cm^3）·（m/s）时，砂体概率生成曲线（泛滥平原）的图显示的概率为0，砂体概率生成曲线（河道）的图显示的概率为0.05，而砂体概率生成曲线（心滩）的图显示的概率是0.95。这样，砂体概率表明这个网格块基本可以说是心滩了。

通过以上的计算，可以根据一个波阻抗落入以下三个区间中的一个：[3000，4600]、[4600，5600]、[5600，8000]，再利用蒙特卡罗抽样，获取这个波阻抗对应一种微相，泛滥平原、河道或心滩。

这样，最后就可以把一个网格块中的波阻抗数据转化为微相，从而就可以实施地震数据对建模的约束作用。根据图4-3中的三张砂体概率生成曲线图，可以从空间中的一个网格块的波阻抗数值给出河道、心滩和泛滥平原三种微相出现的概率，从而进一步利用蒙特卡罗抽样方法，求得这个网格块中的微相。这样，就完成了基于地震数据整个储层空间中各个网格块所含的微相，从而为地震数据对于已经利用测井数据模拟出的微相空间分布进行约束，提供了必要的条件。

图4-3（d）描述的波阻抗数据概率分布说明了储层中的各个网格块中波阻抗的概率分布。波阻抗最小值为3250（g/cm^3）·（m/s），最大值为8000（g/cm^3）·（m/s）。其中，概率最大值是在波阻抗为4250（g/cm^3）·（m/s）大小时。

砂体生成概率曲线是指生成砂体所对应的概率曲线，它与一个网格块中特定的波阻抗数值所产生各种微相的概率有关。如果这个网格块的波阻抗为4000（g/cm^3）·（m/s），那么就对应于三种微相共同产生的概率。这与砂体概率生成曲线是完全不同的概念。

在眼下的例子中，对应于泛滥平原、河道、心滩等三种微相，整个砂体生成概率曲线包含三条真正的砂体生成概率曲线（图4-3）。

在获得砂体生成概率曲线后，对应一个网格块所具有的波阻抗，就可以获得生成三种微相自各的概率。到此，砂体生成概率曲线的应用还没有结束。还需要利用这些曲线和蒙特卡罗模拟对砂体生成概率曲线定义的相应概率分布进行抽样，获得这个网格块所应该具有的和确定的沉积微相以后，这个过程才算最终结束。

4.3　复杂水平井的深时转换

4.3.1　概述

1. 意义

油藏描述是油藏地球物理研究的重要内容之一，油藏描述的精度取决于时间域地震相解释和深度域测井相的解释精度以及两者综合解释的精度。显然，要实现时间域的地震空间信息与深度域的测井垂向信息的综合油藏描述（静态储层建模）相互结合，就必然会面临地震与测井信息间的时深转换问题。

时深转换是将地震剖面转化为地质剖面的必经环节，正确选择时深（时间-深度）关系式对转化结果的好坏极为关键。一般在石油勘探中采用相邻的钻井数据来拟合时深关系，但这些时深关系式只表达了钻井控制深度内的时深关系。勘探开发确定地层的层厚时可以使用这些关系式，但在进行地球物理勘探正演和反演、盆地研究和构造特征分析时，尤其是在沉积盆地地层厚度很大时，就需要进行深部地层甚至地壳的时深转换，以确定盆地和构造的真实形态，确定生油层的实际深度，确定莫霍面的深度和起伏大小等，就不能直接使用这些时深关系式。一般情况下，时深转换的精度基本能够满足构造成图的要求，如井震分辨率差异、井震时深转换速度的精度、井震时深转换方法、井震时深转换层位的选择、井震间基准面的选择等。

为此，出现了基于标准参考层位的井震时深转换、沿标准参考层的地震速度求取、井震基准面间校正、基于标准参考层的井震精细解释以及井震时深转换剩余因子校正等多种时深转换的方法。但是，对于一些地区，井的数量比较少或者测井数据不足，就会遇到如何进行精细地质建模等问题，这样就导致了这种研究区的地质建模工作应遵循下述流程。首先，将测井数据转换到时间域，进而在时间域完成井震结合的地质建模。进行时间域地质模型的时深转换方法研究就成为一个必要的任务。然后，将时间域的地质模型转换为最终的深度域地质模型。

依据上述流程能够较为准确地完成研究区的地质建模工作，具体理由叙述如下。

首先，地质建模工作要求测井和地震紧密结合，而且井震结合能够更准确地完成建模工作。井震结合的地质建模通常有两种方法，一是在深度域完成，另一种是在时间域完成。在深度域完成井震结合的地质建模，需要深度域的地震数据和测井数据。在本章的研究中，未搜集到深度域的地震数据，仅有深度域的测井数据。根据前期有关时深转换的研究，测井数据可以转换为较为准确的时间域数据。对时间域的地震-测井数据的层位对应情况进行详细的分析，发现两者对应关系正确。鉴于这种实际情况，建议本章研究的地质建模在时间域完成。

然而，在目前资料状况下，亦可在深度域完成地质建模工作。具体方法是，首先将地震数据转换到深度域，再在深度域完成建模工作。目前，地震数据的时深转换方法有两种：一种是地震叠前深度偏移，另一种是在拥有准确平均速度场的基础上，对偏移地震数据直接进行时深转换。前一种方法是业界目前广泛使用的方法，后一种方法因为无法得到准确的平均速度场，目前无人使用。叠前深度偏移方法能够较为准确地完成地震数据的时深转换工作。

另外，直接完成井-震结合的深度域地质建模是不准确的。在时间域完成建模后，模型数据与地震解释后的各层等 T0 构造图数据类似。对此，目前有非常成熟和准确的时深转换方法。在地震处理系统上，可用等 T0 构造图转换为等深度构造图的方法将时间域地质模型转换为深度域地质模型。因此，上述井-震结合的方法应为目前状况下最为合理的。

最后，众所周知，测井数据是深度域的，而地震数据是时间域的。对于作为研究区的委内瑞拉 MPE3 区块，缺乏精确的速度场资料，且可用的测井资料仅有自然伽马和电阻率两种测井曲线，导致缺少地震数据时深转换最重要的声波、密度数据。这样，测井数据和地震数据如何紧密联系，就成为一个问题。显然，用一般的方法不能解决时深转换问题。本书在充分研究分析委内瑞拉 MPE3 区块地震数据和测井数据的基础上，结合前人研究成果，提出时间域建模的方法，即将深度域的测井数据转换到时间域，进而在时间域内实现井震结合的三维地质模型。完成建模后，将时间域的地质模型转换到深度域，即可实现地震和测井数据的紧密结合。

2. 发展

在地震资料的时深转换过程中，进行地震层位的标定，主要是通过地震合成记录来进行。具体的做法是用声波测井或垂直地震剖面资料经过人工合成转换成地震记录（地震道）。它是地震模型技术中应用非常广泛的一种，也是层位标定、油藏描述等工作的基础。这项工作是把地质信息转化为地震模型的桥梁，也是连接高分辨率的测井曲线和研究区地震资料的桥梁。其精度直接影响地层的准确标定。现在石油勘探任务渐渐向隐蔽性油气藏发展，目的层逐渐变小，对合成记录提出了更严格的要求。由于合成记录的制作过程中存在诸多限制条件，实际地震剖面与合成地震记录通常不相同。合成地震记录的制作包含如下三个步骤。

首先，合成地震记录的制作。合成地震记录的制作是一个简单化的单次正演的过程，合成地震记录 $F(t)$ 是地震子波 $S(t)$ 与反射系数 $R(t)$ 的褶积。合成地震记录制作的通常步骤是：由声波速度测井曲线和密度曲线计算得到反射系数，将计算得到的反射系数与从地震数据中提取的子波进行褶积得到初始的合成地震记录。利用相对准确的速度资料对初始合成地震记录进行校正，并且与过井地震道匹配修改，最终得到合成记录。

其次，合成地震记录步骤中的精度研究。合成记录制作内容包括计算反射系数、提取地震子波和调整时深关系三个步骤，对这三个步骤进行有效的质量监控成为最后确定精度的重点。

最后，速度和密度资料的获得。为了制作地震合成记录，需要知道地震剖面的反射系

数曲线 $R(t)$。为此，就要有各小层的速度资料和密度资料，以便得出波阻抗曲线。最后计算出反射系数曲线。

其中，声波速度可以通过不间断声波速度测井获得，密度资料可以从密度测井获得。对于不能获得密度资料的情况，著名地球物理学家加德纳教授曾根据大量实际资料得出了一个由速度推算密度 ρ 的经验公式：$\rho=0.23V^{0.25}$（速度的单位为 ft/s）或 $\rho=0.31V^{0.25}$（速度单位为 m/s），有时候也可以在已知速度的情况下，利用该式近似求得密度的大小（上两式求得的单位都是 g/cm^3）。在很多区域不具有声波速度测井曲线的情况下，如果能够获取电阻率曲线，就可以把电阻率曲线转化为近似的声波速度曲线，从而转化为起初波阻抗和反射系数。

因为岩层速度和岩层电阻率都是随岩层孔隙率增加而变小的，两者之间的关系可用法斯特公式（李辉峰和徐峰，2009）来表示：

$$V=KH^{\frac{1}{6}}R^{\frac{1}{6}}$$

式中，V 是速度；H 是深度；R 是电阻率；K 是一个与岩石性质有关的常数。但是这个公式的适用范围是深度大于 200～300m、自然电位曲线上没有特殊的峰值、地层水矿化度变化很小的地层。

对于如何准确求取地层平均速度，国内外的专家和学者进行了大量的研究工作，并取得了一定的突破。王江等（1995）以正反演模型为例，研究了采用分层统一速度进行时深转换带来的问题以及改进方法。曹统仁（1999）分析了常规地震平均速度低于 VSP 平均速度的原因，强调利用 VSP 平均速度约束校正地震常规速度可以提供更可靠的速度资料。马海珍等（2002）对地震速度场的建立与变速构造成图进行了深入研究。鲁全贵等（2007）对珠江口盆地东部番禺低隆浅层天然气的形成机制及其对深部构造圈闭、气藏规模的影响做了一系列的研究。郭爱华等（2010）对莺歌海盆地 LD 气田和北部湾油田两种复杂构造进行了时深转换方法研究并在该地区进行了应用。

国际上，对于时深转换报道的文献，最早发表于 1936 年，一直到近几年都有发表。

凌云等（2011）在油藏描述中的井震时深转换技术研究中，全面、详细地叙述了时深转换技术研究的发展过程。其叙述要点列举如下：Slotnick（1936）在地层速度随深度呈线性变化（$v=v_0+az$）的假设条件下提出了地震走时计算方法，为时深转换和射线追踪提供了早期的研究基础。Legge 和 Rupnik（1943）在此假设下提出了采用最小平方拟合进行时深转换的方法。Acheson（1963）通过对沉积盆地的时深关系研究，基于时间、深度假设（$t=az^n+b$）和速度、深度假设（$v=cz^{1-n}$），提出了利用统计方法获得沉积盆地各个地层间的时深关系以及速度和深度关系的方法，并较好地指导了区域成图。Doherty 和 Claerbout（1976）基于低角度有限差分偏移理论讨论了非水平层条件下的速度与构造的关系，为后期深度偏移时层速度的求取和深度域成像奠定了重要基础。

国外在时深转换方面的研究一直在发展，直至 2000 年以后，仍出现了相当数目的论文。其研究内容包括侧向速度变化（Sripanich and Fomel，2017）、偏移校正（Zhang and Liu，2009）、小尺度侧向非均质对于地震速度分析的影响和地震速度分析（Takanashi，2014）、波前传播（Santos et al.，2015）、三维速度场（Turpin et al.，2003）和在侧向速度变化存在下的时深转换稳健性估计方法（Li and Fomel，2013）等因数、概念和时深转换关系。

3. 研究区的特点

本书的研究区是委内瑞拉奥里诺科重油带 MPE3 油田。它位于东委内瑞拉盆地南缘，面积 150km^2。新近系下中新统 Oficina 组为研究区的主力含油层段，砂体延伸范围广且纵向厚度大。奥里诺科重油带储集层为典型的砂质辫状河–三角洲平原沉积体系（黄文松等，2017）。因此，MPE3 油田采用水平井开发。

研究区具有 115 口生产井和探井，其中直井 15 口，水平井 100 口，仅有 5 口具有声波测井资料（图 4-4）。

根据前人的研究，可以将研究区划分为如下的反射层段，主要为 O-11a、O-11b1、O-11b2、O-12-1、O-12-2、O-13 层。

图 4-5 概括了以下叙述的关于地震数据时深转换的研究技术路线。

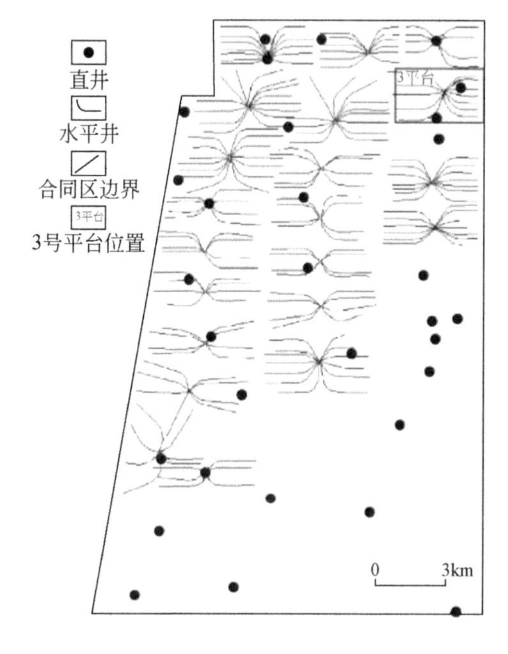

图 4-4　MPE3 区块的直井与水平井

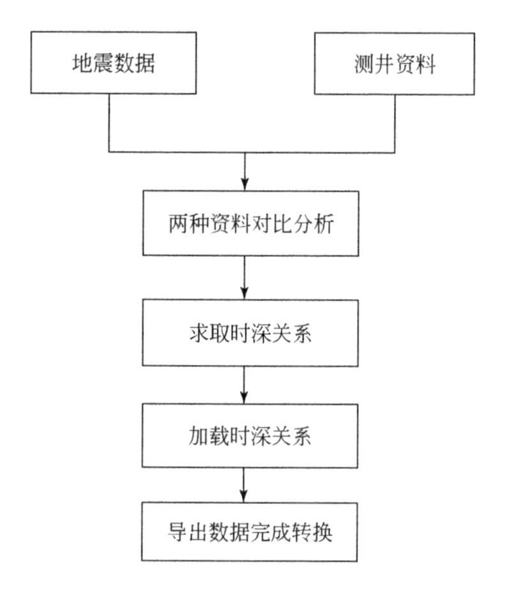

图 4-5　地震数据时深转换的研究技术路线

4. 3. 2　方法与应用

1. 原理

时深转换是将地震数据从时间域向深度域转换的过程，并依靠地震波的速度，向人们展示地下的构造情况。理论上讲，时深转换就是对地震数据处理、速度分析、测井资料研究几个过程的不断迭代往复，以优化转换结果。声波测井数据、校验炮测量和垂直地震剖面都可以帮助优化转换结果，还可以促进测井数据、钻井数据和地面数据的关联。

时深转换作为数据处理的一个重要步骤，使得地震数据的地质解释变得更为直接容易。最理想的状况是有很多可以使用的沿地震反射面的测井速度资料（井间地震或声波速度资料），利用这些资料可以对地震资料进行准确的时深转换工作。但多数情况下，由于钻井花费大、成本高，沿地震反射剖面有一至两口井已经是很少见的情况，更多的时候是没有钻井资料的。速度资料不仅可以利用钻井资料得到，还可以通过沿多道地震反射剖面的速度谱分析方法求得。利用这种方法求取获得的速度资料有优点也存在很多不足，其不足是分辨率不是很高，可靠性相比而言较差，尤其是在海底盆地的非浅水地区。其优点是可以沿地震反射剖面集中地获取速度资料。这种方法一方面可以提供速度的纵向变化特征，还能分析速度在横向上的变化规律。

利用人工在地面激发的机械振动在地下岩层中传播的弹性波称为地震波。当地震波遇到岩石性质不同的分界时产生反射。把波发出到反射回来的信息记录下来。利用波的传播时间 T 和波在岩层中的传播速度 V，就可以利用公式 $H=VT/2$ 来计算求得分界面的埋藏深度 H。

时深转换绘制构造图是地震资料解释的一个重要环节。目前，国内外传统的构造成图方法如下。

(1) 不用速度谱资料仅用测井资料进行常速时深转换，这种方法在速度横向变化明显的地区不能满足目的层精度的要求。

(2) 仅用测井资料进行速度内插得到的速度变化趋势做时深转换，不用速度谱资料。在实际工区中，井的数量通常很少或井分布不均，在研究区中不能准确地求取速度场。

(3) 虽然利用速度谱资料但没有利用速度谱基准面和地震反射剖面的基准面的插值，就是通常所说的静校正。利用该方法求取速度场，再利用速度场进行时深转换做出的构造图是不准确的。

(4) 将速度谱资料的每个速度谱点校正到地震剖面的基准面后再进行时深转换，这一方法不仅复杂而且容易产生浅层速度畸变。

显然，在地层速度横向变化明显而且构造复杂的地区，速度谱的基准面与地震反射剖面的基准面不一致，是不能使用以上方法的。

传统的构造成图方法的不足是在做速度分析及时深转换时都是在统一基准面上进行的，没有考虑速度谱的基准面和地震剖面的基准面不一致的情况。在这种情况下不能进行时深转换。因此，在构造复杂地区速度谱的基准面和地震剖面的基准面不一致的就需要建立高精度的三维速度场，时深转换在速度谱基准面上完成。

2. 时深转换方法

时深转换方法主要有以下几种。

1) 三维射线追踪法

地震波的射线追踪方法即地球物理层析成像，在地震定位、地震勘探资料的偏移处理等中起着相当重要的作用，射线追踪的计算精度和路径直接决定地震资料处理的计算速度和质量，因此研究快速而精确的射线追踪方法，在地球物理领域有特别重要的实际意义。

1980 年以后，特别是 Kirchhoff 积分在叠前深度偏移过程中取得成功，尤其是在解决复杂构造成像中，射线追踪方法作为其算法基础之一也得到了很大的促进和发展，与传统方法有异的新型算法也被大量发明。这些新型算法的主要特点在于不再仅仅是描述地震波的射线路径，而是直接从 Huygens 原理或 Fermat 原理出发，采用等价的波前描述地震波场的特征。射线追踪的理论基础是，在非低频相似条件下，地震波传播的轨迹是射线。传统的射线追踪方法，通常意义上包括边值问题的弯曲法和初值问题的试射法。试射法根据由源发出的一束射线到达接收点的情况对射线入射角及其密度进行调整，接收的走时由最靠近接收点的两条射线走时内插得到。弯曲法则是根据与接收点之间的一条假想初始路径开始，路径的扰动根据最小走时准则，从而求出接收点处的射线路径与走时。

建立在一定地质模型基础上的射线追踪方法，一般采用网格划分三维为平行六面体、层状结构和正方体等描述，模拟退火方法、波前法、图像理论法等都是把地质模型网格化，网格内的介质一般可看成常梯度速度或均匀速度，在层状结构模型上建立弯曲法是最常用的，试射法在网格划分模型和层状模型中均有应用。

2）平均速度法

在地球物理勘探中，人们一直被速度问题所困扰，尤其是在复杂地质构造地区，速度谱资料差、地震反射波的信噪比低、找准目的层的速度是地质学家和地球物理专家需要解决的问题。在起伏不大的地层中，有效解决问题。

平均速度法可以叠加速度资料，并用多次叠加覆盖地震记录来求取平均速度，尤其是在地层倾角很小的情况下，均方根速度近似等于叠加速度，因此先切割叠加速度场之后被 T_0 时间切割，再根据 Dix 公式求取层速度，最后平均速度场经过转换获得。目前，平均速度场的转换是利用较先进的趋势面分析方法对获得的平均速度进行网格化处理，获得整个研究区域的平均速度变化趋势，时深转换依据此速度进行。

一个数据平滑过程就是数据的趋势面分析。在速度分析过程中，最为重要的就是，如何在速度规律性差，跳动的速度值中准确地找到速度变化的趋势面，并使趋势面的真正变化规律能反映速度，是很重要的参考手段。在研究速度的过程中，至关重要的一步就是平均速度（或层速度）的趋势分析，构造图的精度极大程度地受该步骤的影响。在被平滑点周围取若干点是传统平滑方法，然后通过半径搜索法进行平滑，完全整体一致性的光滑曲面不能由这种局部取点的方法获得，并且很难处理断层两边数据的不连续性和数据的不均匀性。

平均速度场的建立方法是对全研究区层速度和每个速度谱点计算出均方根速度，再经过变化获得平均速度，得到一个四维的数据列（时间 T、平均速度 V、大地坐标 X 和 Y），然后利用多维网格化方法进行空间网格化，通过这种网格化方法建立的速度场更加准确，即速度畸变点被消除，从而获得了真实的三维速度体。对速度场的平面平滑还只能保证横向上的分布趋势比较合理，要保证纵向上速度的变化趋势还需利用钻井反算的速度或 VSP 对速度场进行约束校正，这样才能得到横、纵向都比较符合地下实际情况的速度场资料。

3）逐层叠加法

逐层叠加法就是在三维空间时间域中计算各层的厚度层和速度，然后进行逐层叠加，将时间转换为深度。在地震、地质和测井分层不统一的情况下，使用该方法能够使下伏地层三统一的反射界面不会受到较大的影响。同时，可以逐层分析钻井厚度和地震层厚度的差异，并分析原因。还能及时发现明显的高速层和低速层，例如，在三统一反射界面的情况下，能较为可靠地发现低幅度构造。

3. 常用时深转换的具体步骤

1）用合成地震记录曲线回归的公式制作时深转换构造成图

制作合成地震记录回归时深转换关系曲线，一般利用声波测井曲线合成记录来标定层位，形成时间和深度的对应关系，通过离散数据拟合出转换公式，建立勘探区时深转换标定的速度尺。解释员通过标定的层位解释地震剖面，得到时间层位的 T_0 值，从而进行时深转换。

由于合成记录的制作过程中存在诸多限制条件，实际地震剖面与合成地震记录通常不相同。合成地震记录的制作是一个简单化的单次正演过程，合成地震记录 $F(t)$ 是地震子波 $S(t)$ 与反射系数 $R(t)$ 的褶积。合成地震记录制作的通常步骤是：由声波速度测井曲线和密度曲线计算得到反射系数，将计算得到的反射系数与从地震数据中提取的子波进行褶积得到初始的合成地震记录。利用相对准确的速度资料对初始合成地震记录进行校正，并且与过井地震道匹配修改，最终得到合成记录。

合成地震记录制作的一般流程是：由密度测井曲线和速度计算得到反射系数，将提取的地震子波与反射系数进行褶积得到初始合成地震记录。根据较精确的速度场对初始合成地震记录进行校正，再与井旁地震道匹配调整，得到最终合成地震记录。

合成地震记录制作主要包括提取地震子波、计算反射系数和匹配调整时深关系三个环节，有效地对这三个环节的质量控制成为决定最终精度的关键，在实际制作过程中依照下列方法进行。

合成地震记录的制作要用到密度测井曲线和速度。声波速度测井是重要的测井数据，无论是探井还是生产井都有声波测井资料。在国内，声波是测井曲线最常用的四条测井曲线之一，这四条测井曲线分别是自然电位、自然伽马、声波、电阻率。

2）利用斜井 VSP 进行时深转换

VSP 资料是地表激发，井中接收所有波场，经过一定的特殊方法处理得到的速度信息，可以得到速度信息，它是当前进行时深转换的最可靠依据。

VSP 是一种井中地震观测技术。与地面地震相比，地面地震资料信噪比低，分辨率低，波的动力学和运动学特征不明显，而 VSP 技术恰恰相反。地面测量参数与地下地层结构之间最直接的对应关系可以由 VSP 技术提供，能够为解释提供精确的时深转换、速度模型及地面地震资料处理，可以改善地面地震资料解释效果以及识别地震反射层地质层位，甚至储层物性和资料研究也可以利用 VSP 技术进行研究。因此，VSP 技术是一种前途很广的地震观测技术。斜井 VSP 技术由于受到斜井 VSP 技术的影响也变得格外受重视，现已成为垂直地震观测方法中的一种重要手段。选取最佳采集参数的斜井 VSP 技术可以帮助识别斜井 VSP 波场特征，选择处理参数，确定适合的波场分离方法；还可以用斜井 VSP 处理新方法来进行检验和解释最终成果，所以很明显开展斜井 VSP 正演模拟研究是当务之急。

3）求取各层单井平均速度，建立层面平均速度网格

由于建立的是层面平均速度场，受上覆地层岩性、厚度、压力和孔隙度等参数的影响较大。

在基于速度谱分析的时深转换应用方面，王衍棠等（2006）利用南海中建南盆地内大量的速度谱资料得到了全区综合的时深关系，并将此应用于全区地震剖面及解释资料的时深转换工作。黄春菊等（2005）对各地层的计算是利用南海北部陆坡白云凹陷内沿地震剖面的速度谱资料对各地层进行了计算，并据此对地震剖面解释资料做时深转换。前者简单易于实现，但明显忽略了时深关系横向上的变化；后者在一定程度上考虑了层速度在横向上的变化，但对于同一地层，无论其埋深多少，均采用同一层速度，从理论上来看仍有不足之处。由于各个地区的地层条件不同，有的井没有声波测井曲线，就需要求取声波曲线，最常用的就是声波曲线重构。

4. 研究区时深转换研究的意义

委内瑞拉 MPE3 区块具有众多生产测井，该区域要求在多点地质统计建模的方法主导下建立地质、测井、地震三者结合的精细地质模型。基于地震约束的地质统计学建模技术可以实现油气储层的精细描述和建模，降低储层建模中的不确定性。测井数据在垂向上具有很高的分辨率，地震数据在横向上能大范围地反映地质构造和砂体变化特征。两者结合起来能够发挥各自特点，取长补短，获得理想的储层描述。

井震结合成为该区域地质建模的一个重点内容。众所周知，测井数据是深度域的，而地震数据通常是时间域的，该区域无精确的速度场资料，且研究区域内可用的测井资料仅有自然伽马和电阻率测井曲线，缺少地震数据时深转换所需要的声波、密度等测井数据和地震资料。显然，用一般的方法不能解决时深转换问题。这里，在充分研究分析委内瑞拉 MPE3 区块地震资料和测井数据的基础上，结合前人的研究成果，提出时间域建模的方法，即将深度域的测井数据转换到时间域，进而在时间域内实现井震结合的三维地质模型建模。最后，时间域的地质模型转换到深度域后，便可应用于油气田开发的各个领域。有关时深转换初始模型建立的研究，进行如下叙述。

1）时深转换方法的研究

在时深转换中，初始地质模型的合理建立是很重要的，它实际上是在地质概念的约束下实现井资料内插和外推的过程。转换结果的好坏很大程度上由初始模型即先验地质认识决定。因此，建立初始模型是做好时深转换的关键。在建模过程中，采用信息融合技术把地质、测井、地震等多元地学信息统一到同一模型上，实现各类信息在模型空间的有机融合，来提高转换的信息使用量、信息匹配精度和转换结果的置信度，并且在建模时考虑了多种沉积模式（超覆、退覆、剥蚀和尖灭等）的约束，使用分层和地层相似内插的方法构造出复杂储层的地质模型，该模型保留储层构造、沉积和地层学特征（通过地震波形变化）在横向上的变化特征。而在纵向上，合成的拟声波曲线详细揭示了储层岩性变化细节，两者的有机结

合，使得建立的初始模型更接近实际地层条件，减少其最终结果的多解性和粗略性。

地下地层是通过漫长的沉积过程形成的，这使得地下地层具有普遍成层的特点，因此按照地层的沉积顺序，把地下地质体进行分层，每层具有相似的物理属性（如速度等），这就使得层与层之间具有明显的分界面，分界面可用连续的单值函数表示。这种基于成层划分的建模方法表示的地质模型具有概念清晰、描述简单的特点，同时也符合人们的传统习惯。通过对前人研究报告、地震反演资料、测井地质和地质分层数据的研究，已知研究区目的层段的地层被划分为 12 个不同的反射层位。主要目标层段为 O-11a、O-11b1、O-11b2、O-12-1、O-12-2、O-13 层，水平井井段能够提供大量的地质信息，为重点研究区域，首先对该区域进行地层地质以及地震资料的研究。

2）层位的地震波组反射特征研究

通过该区合成地震资料的标定，目的层 Oficina 组地层位于顶、底两套强反射之间，反射时间约 250ms，其内部各个小层反射的波组特征振幅强弱不一。

O-4/5 层：顶对应波峰，解释波峰，反射强，连续性较好，全区可以追踪。

O-7 层：顶对应波峰，解释波峰，反射强，连续性好。

O-8 层：顶对应波峰，解释下波谷，反射特征较差。

O-9 层：顶对应波峰，解释下波谷，反射特征一般。

O-11a 层：顶对应波峰，解释波峰，反射特征一般。

O-12 层：顶对应波峰，解释下波谷，反射特征差。

3）模型应用的可行性和必要性

研究区位于东委内瑞拉盆地边缘隆起带。产油带沿马都林盆地的南三区到奥里诺科河和圭亚那地盾以北分布，自奥达斯港向正西延伸 700km，南北方向约 70km。至目前为止，在研究区域开展了三维地震勘探以及钻井勘探工作。该区域已经投入生产，而且地质特征明显，地震资料清晰，有公开发表的研究论文以及详细的地层资料。这些资料表明，在委内瑞拉 MPE3 区域，至少在一定深度范围内沉积地层的速度–深度关系符合线性模型。有一些钻孔远离地震剖面，且不同钻孔速度随深度的变化率各异，因此可以利用测井资料和地震资料，进行时深关系的转换与研究。

4.3.3 研究区时深转换方法研究

1. 方法的选择

时深转换的方法有很多，一般采用如下三种。

首先，用合成地震记录曲线回归的公式制作时深转换构造成图。制作合成地震记录回归时深转换关系曲线，一般利用声波测井曲线合成记录来标定层位，形成时间和深度的对应关系，通过离散数据拟合出转换公式，建立勘探区时深转换标定的速度尺。解释人员通过标定的层位解释地震剖面，得到时间层位的 T_0 值，从而进行时深转换。

其次，利用单井 VSP 进行时深转换。VSP 资料是地表激发，井中接收所有波场，经过一定的特殊方法处理，可以得到速度信息，它是当前进行时深转换最可靠的依据（王江等，1995）。

最后，求取各层单井平均速度，建立层面平均速度网格。由于建立的是层面平均速度场，受上覆地层岩性、厚度、压力和孔隙度等参数的影响较大。

对于该研究区域，没有精确的速度场，不能直接进行时深转换。虽然该区域有大量的集束生产井，但是绝大多数井没有声波测井曲线，显然用合成地震记录曲线来制作时深转换关系曲线行不通。同时，由于声波资料的缺失，不能直接求取单井的平均速度，因此建立层面平均速度网格也不适用。另外，在该区域并没有进行过单井 VSP 资料的采集，显然无法利用单井 VSP 进行时深转换。

1）直井井段

（1）读取某井的各分层数据，并获得该井的层位坐标。

（2）读取地震数据体的数据获取该层的信息。

（3）运用薄板样条函数，搜索井与地震反射层的交点，使地质分层和地震反射层位相对应，利用数学方法求取该点代表地层的时深关系。

（4）利用内插法得到两个地层界面各点的时深关系。

（5）判断是否为地震反射层的最后一层，若是最后目的层，则输出时深关系，否则返回。

（6）循环步骤（1）～（5），直到输出所有井的时深关系。

相应的程序流程如图 4-6 所示。

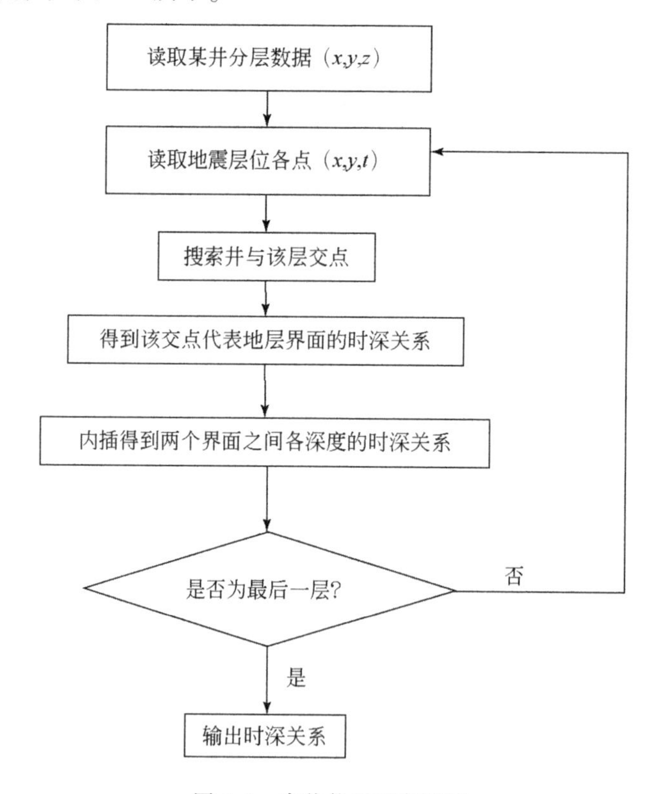

图 4-6　直井井段程序流程

2）水平井井段

（1）求取该层与各井交点的速度。

（2）利用薄板样条函数（曹统仁，1999）得到该层的平面速度分布。

（3）搜索水平井上点与地层垂直点速度。

（4）求取该点到地层与井交点的时间。

（5）求取该点的时深关系。

（6）求取包含的井水平层段的时深关系。

（7）输出时深关系。

相应的程序流程图如图4-7所示。

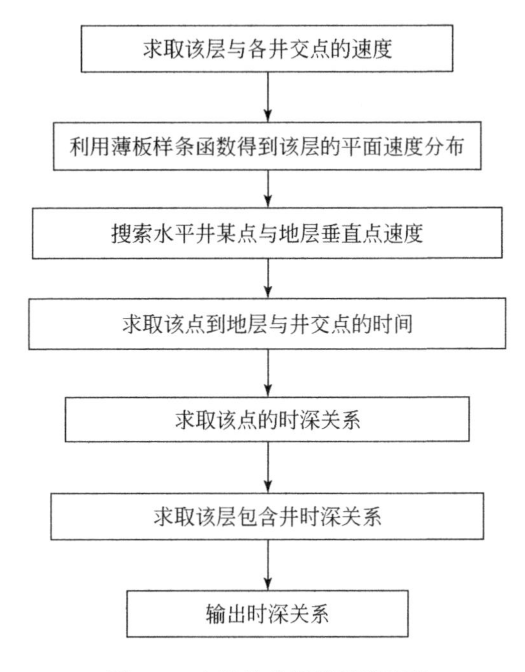

图4-7　水平井井段程序流程图

2. 时深转换算法

设地震反射层为不同的曲面，记为曲面 $S_i=\{x,y,t_i\}$，其中 i 为常数。取第一层 $S_1(x,y,t_1)$ 和第二层 $S_2(x,y,t_2)$ 为研究层。研究区域的每一口井都有地质分层，假设所选井为空间的一条曲线 $l=(x,y,z)$。

1）直井井段

对曲面 S 用薄板样条函数内插出该层各点的 (x,y,t)，在该研究区域，过井曲面与该井有且仅有一个交点，由于层位相同，根据平面坐标可以确定井与曲面的交点，记为点 A，对于该点可得 $z=vt$。即在平面 S_1 和 S_2 可分别得到 $v_1t_1=z_1$、$v_2t_2=z_2$，由于两个地层反射面之间距离比较小，岩性变化不大，在纵向上可以假定同一地层速度为均匀变化，可以计算出在地层 S_1 和 S_2 之间的平均速度。

$$\bar{v}=\frac{v_2-v_1}{2}$$

整理上述公式得出

$$\bar{v}=\frac{z_2t_1-z_1t_2}{2t_2t_1}$$

利用插值法可以得出两个界面内该井不同深度的速度。由于井的深度数据是准确已知的，由公式可以得出两个界面内直井段的时深关系，以此类推可以求出整个直井井段的时深关系。

2）水平井井段

经过前期对钻井资料的整理与分析，确定该区域的水平井井段基本位于同一地层，对于水平井井段的时深关系只需要在这一地层研究。在该地层，可以计算出该反射层与各井交点的速度 v，利用薄板样条函数得到该反射层的平面速度分布。因为水平井井段经过的地层为同一地层，岩性保持一致，所以认为在这一地层内部垂向上速度一致，水平井在某一点的速度可以用与其经过的地层平面上某点速度来代替，如图 4-8 所示，点 A 为水平井与地层反射面的交点，B 为水平井井段的任意一点。对于 B 点有 $V_B=V_{B'}$，曲线 AB 之间的距离足够小时可以近似地看成直线，A 和 B 点的坐标已知，B 点速度用点 B' 的速度代替，由公式 $\Delta Z=V_B\Delta T=V_{B'}\Delta T$ 可以求出 ΔT，对于点 B 的时间有 $T_B=T_A+\Delta T$，A 点的时间可以由反射层与井交点求出。由此可以得出点 B 的时间 T_B，据此求得点 B 的时深关系，依据此方法可以求得整个水平井井段的时深关系。

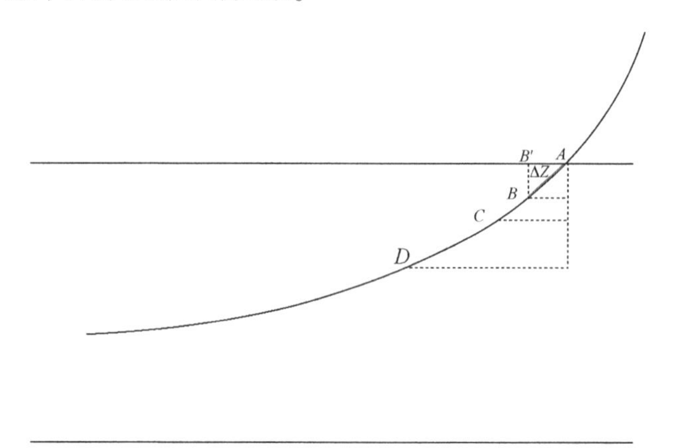

图 4-8　水平井井段时深关系求取示意图

3）薄板样条内插得到速度场

薄板样条方法是 Harder 和 Desmarais（1972）提出的，后来由 Duchon（1976；1977）和 Meingute（1979a；1979b）等学者予以发展。薄板样条法得名于如下事实，即使用此方法求出的散乱点插值函数使得下式这一泛函表达式具有最小值。

$$I(F)=\iint_{R^2}\left[\left(\frac{\partial^2F}{\partial x^2}\right)^2+2\left(\frac{\partial^2F}{\partial x\partial y}\right)^2+\left(\frac{\partial^2F}{\partial y^2}\right)^2\right]\mathrm{d}x\mathrm{d}y$$

式中，$I(F)$ 表示受限于插值点的无限弹性薄板的弯曲能量。因此，这一方法的实质从力学观点看是使插值函数所代表的弹性薄板受限于插值点，并且具有最小的弯曲能量。这是一个泛函求极值的问题。这一变分问题的解即为所求的插值函数，其基函数具有

$$h_k(x,y)=h(d_k)=d_k^2\lg d_k$$

的形式。式中，d_k 表示控制点 k 与点（x，y）的距离。下式是薄板样条的插值基函数：

$$F(x,y)=w_0+w_1x+w_2y+\sum_{i=1}^{n}a_ir_i^2\ln(r_i^2+\Delta)$$

$$r_i^2=(x-x_i)^2+(y-y_i)^2$$

式中，Δ 为任意常数，与径向基函数中的 Δ 作用一样，用于控制曲面的圆滑程度，Δ 越大曲面越圆滑，通常 Δ 根据实际情况取值不宜过大。对于一组已知的原始数据点（P_1，P_2，…，P_n），将每个数据点对应的坐标（x_i，y_i，z_i）代入上式所示的线性方程组，建立 n+3 个关于系数（w_1，w_2，w_3，a_1，a_2，…，a_n）的线性方程组：

$$\begin{pmatrix} 0 & R_{12} & R_{13} & \cdots & R_{1n} & 1 & x_1 & y_1 \\ R_{21} & 0 & R_{23} & \cdots & R_{2n} & 1 & x_2 & y_2 \\ \vdots & \vdots & \vdots & & \vdots & \vdots & \vdots & \vdots \\ R_{21} & R_{21} & R_{21} & \cdots & 0 & 1 & x_n & y_n \\ 1 & 1 & 1 & \cdots & 1 & 0 & 0 & 0 \\ x_1 & x_2 & x_3 & \cdots & x_n & 0 & 0 & 0 \\ y_1 & y_2 & y_3 & \cdots & y_n & 0 & 0 & 0 \end{pmatrix}\begin{pmatrix} a_1 \\ a_2 \\ \vdots \\ a_n \\ w_1 \\ w_2 \\ w_3 \end{pmatrix}=\begin{pmatrix} z_1 \\ z_2 \\ \vdots \\ z_n \\ 0 \\ 0 \\ 0 \end{pmatrix}$$

这样，利用数值算法求解，可以得到 n+3 个系数的数值解。当需要计算某一未知点（x，y）处的物理量时，只需将 x，y 反代入上面的插值基函数即可。

图 4-9 是使用薄板样条插值法插值得到的 O-11a 层段速度场的效果图。可以看出，使用薄板样条插值法插值得到的速度场细部特点突出，准确反映了该地层的速度变化（图中 Z 轴（铅直方向）方向为速度，X、Y 轴（水平方向）为平面位置）。

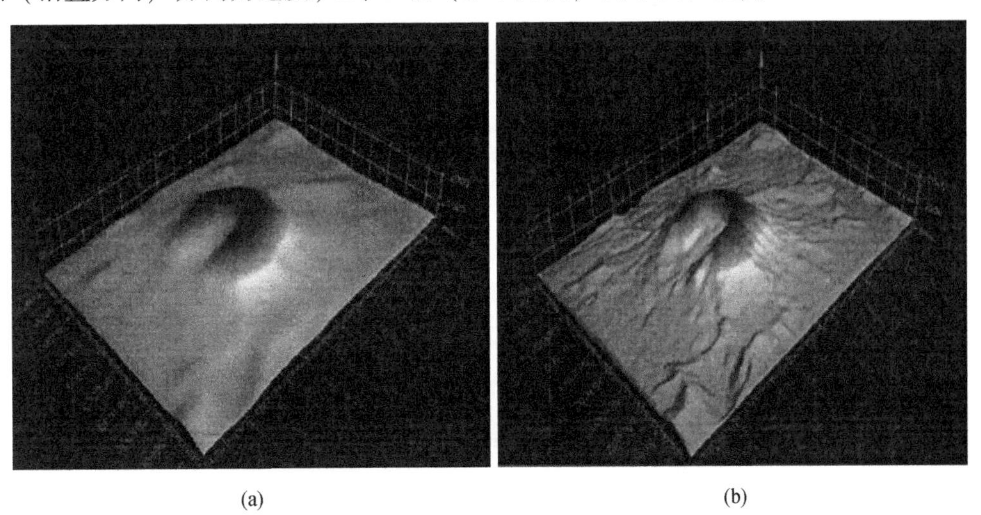

(a) (b)

图 4-9 11 点线性内插和薄板样条内插得到的速度场效果

（a）11 点线性内插得到的速度场；（b）薄板样条插值得到的速度场

3. 应用实例

1）时深关系转换的实现

通过对该区域的地震、地质和测井资料的综合研究，编制了时深转换程序。图 4-10 和图 4-11 为所编写的时深转换程序的界面。

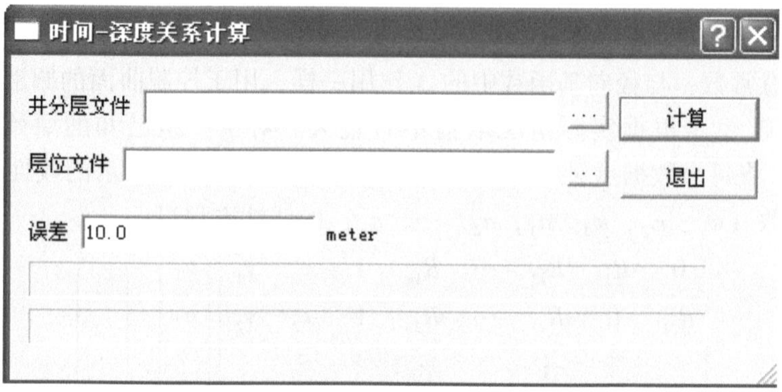

图 4-10　时深关系转换程序界面图（无时深表文件）

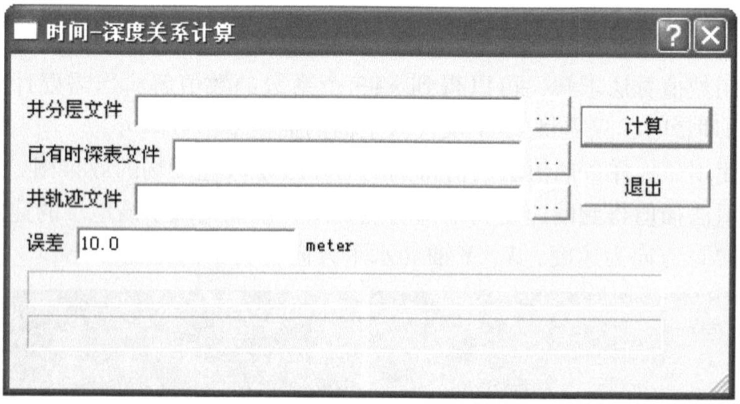

图 4-11　时深关系转换程序界面（有时深表文件）

其中，井分层文件为测井解释的成果，包含井名、井位坐标、地质分层以及深度。该区域其中一口井的分层文件见表 4-1。分层文件为三维地震资料反射层数据，可以直接从工区获得。误差为允许的精度误差，主要是由于地震资料的勘探精度与测井资料相比较低。为了能满足建模的要求，尽量控制在很小的范围。

表 4-1　某井的分层文件

井名	*X* 坐标	*Y* 坐标	分层数值	分层名称
CJS-××	513818.8	967116.5	3455.9	O-11b-1
CJS-××	513730.5	967070.2	3800.9	O-12-1

续表

井名	X 坐标	Y 坐标	分层数值	分层名称
CJS-××	513636.5	967049.9	4122.5	O-12-2
CJS-××	513943.5	967243.9	2778.8	O-7-1
CJS-××	513839	967132.7	3363.1	O-11a
CJS-××	513862.6	967155.1	3247	O-10
CJS-××	513877.2	967171.1	3167.1	O-9
CJS-××	513893.5	967189.4	3075.7	O-8-2
CJS-××	513908.7	967205.7	2991.5	O-8-1
CJS-××	513926.5	967223.6	2888.8	O-7-2
CJS-××	513962.9	967264	2658.7	O-6
CJS-××	513970.6	967272.9	2603.1	O-5
CJS-××	513973.8	967276.7	2580.9	O-4

时深关系的求取实际上是一个不断迭代的过程，理论上运算次数越多，精度越高。在有井轨迹资料的情况下，时深转换更加精确。

2）时深转换的结果

表4-2和表4-3是用编制的时深转换程序得到的时深关系，它们展示的是在没有可用数据的情况下得到的时深关系，此处以本区XX63井为例。其中，表4-2为该井直井井段的转换数据，表4-3为水平井井段的数据。

表4-2　直井井段时深转换数据

测量深度/ft	垂直深度/ft	双程时/ms
4463.5	3160.11	1040.85
4463.0	3160.14	1040.90
4463.5	3160.17	1040.95
4465.0	3160.21	1041.01
4465.5	3160.24	1041.06
4466.0	3160.27	1041.11
4466.5	3160.3	1041.16
4467.0	3160.34	1041.21
4467.5	3160.37	1041.26

表4-3　水平井井段的时深转换数据

测量深度/ft	垂直深度/ft	双程时/ms
…	…	…
6973.0	3083.84	1293.19

续表

测量深度/ft	垂直深度/ft	双程时/ms
6973.5	3083.83	1293.24
6975.0	3083.82	1293.29
6975.5	3083.81	1293.34
6976.0	3083.80	1293.40
6976.5	3083.79	1293.45
6977.0	3083.78	1293.50

该区域的生产井为长水平层段丛式开发井，通过对时深转换后的速度时间拟合的曲线来看，直井井段和水平井井段没有发生翻转，符合变化规律（图4-12）。

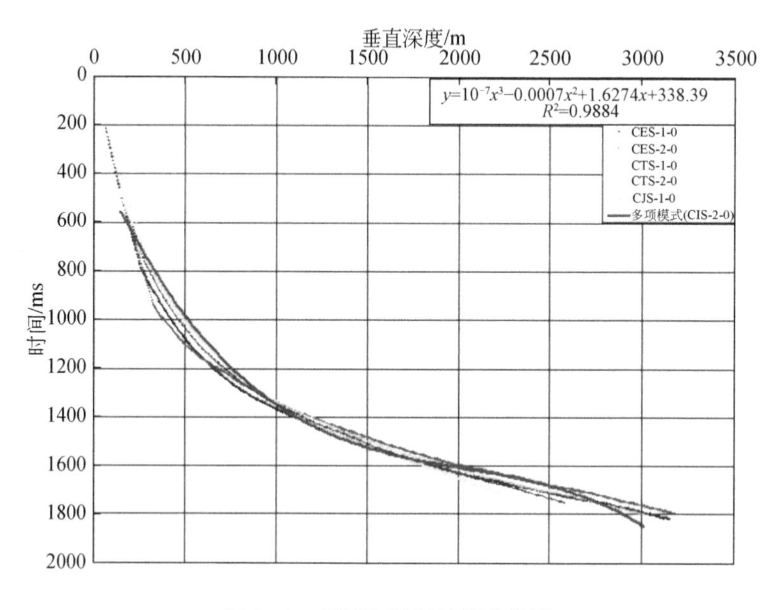

图4-12　深度与时间的拟合曲线

3）转换效果

通过上述方法解决了井的时深转换问题，时深转换的最终目的是使测井和地震数据能够为三维地质建模提供依据，时深转换与实际情况越接近，地震约束条件下的多点地质统计学建模越精确。

运用以上所述的方法得到的井轨迹在时间域的显示可以看出，在直井井段井的地质分层与反射层界面完全吻合，在水平井井段井轨迹的形态完全符合地质规律。经过对所得井的验证，时深转换的数据可以用于后期的地质建模。

上述验证表明上述方法可以实现井曲线时深的转换，并且转换的时深关系符合要求。图4-13是该地区中某井的测井曲线图，从中可以看出测井数据和地震数据的对应关系。

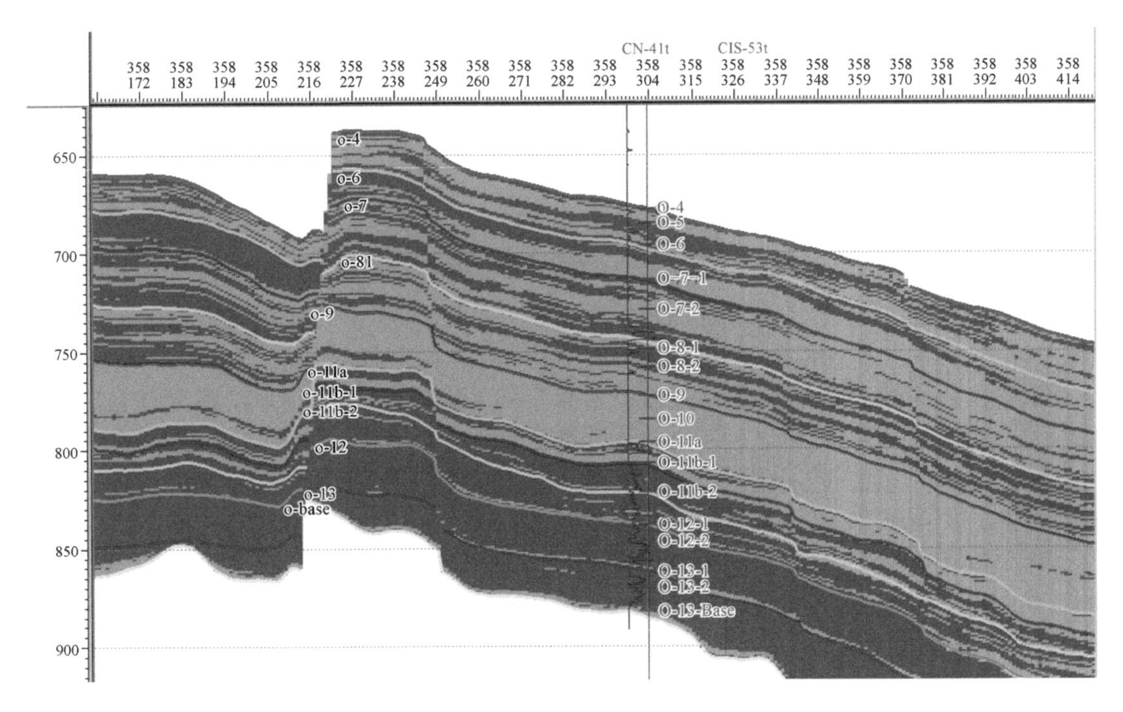

图 4-13　该地区某井测井曲线图

本次研究共完成了 168 口井的时深转换，经过验证，各井的时深关系都能满足地质建模的要求。

4.3.4　小结

研究区生产井为丛式水平井，井轨迹复杂和沉积的多样性导致小层对比划分困难。从井轨迹曲线可以看出，生产井具有斜度大、水平井井段长（1000～1200m）、井轨迹复杂的特点；同时由于陆相地层纵横向变化快，每口井的测井曲线都有各自的特点，井间地层的准确对比及砂体的时空分布规律成为储层研究的难点。常规小层对比方法，如旋回对比、韵律层对比、等厚切片对比等方法，往往不能客观地反映地层的等时关系。本次研究主要是通过整理和收集测井资料、地震资料、地质资料、生产动态资料以及前人综合研究成果，对工区的地震资料和测井曲线进行分析研究，在时深关系理论研究的基础上，通过对研究区域的地震资料和测井资料的综合研究，根据地震层位和测井数据的对比分析，通过 C 语言编程，编制时深转换程序，获得井的时深关系，并加载到工区里，得出井的时间域关系，为地质建模提供准确的时深关系。

4.4　地震约束建模中的不确定性分析

由于地震数据的空间分布密度明显地大于测井数据的空间密度，地震数据约束建模中的不确定性有了十分明显的改善。但是，地震约束建模的有关算法是基于统计学的原理，因此，地震约束建模的结果仍然带有不确定性。只是这种不确定性与多点统计建模算法的结果相比，有了明显改善。

4.4.1 建模方法产生的不确定性分析

为了充分发挥储层建模结果的应用价值，对储层建模不确定性的理解和认识是十分必要的。储层建模的不确定性分析的根本目的是更好地把建模结果应用于油气田开发。不考虑含有不确定性的建模结果难以在油气田开发中产生理想的效果。正因为不确定性分析在储层地质建模中的重要作用，国内外众多的文献研究了不确定性在储层建模中的研究。随着储层建模的不断发展，各种算法产生了各种不同的不确定性，必须加以研究和处理。建模过程和建模结果中发生的各种不确定性，是必须进行研究的。

以上的储层建模过程，实际上就是利用随机函数的方法对储层性质的空间分布进行预测的过程。这种理解构成了地质统计学建模方法的精髓。

不确定性分析是为了适应建模方法本身的特点而提出来的，是对整个建模方法的一种完善和实用化。不确定性分析通常涉及随机模拟的算法特点分析和各类不同数据的整合。不确定性分析的动力是对地质认识的运用和各种数据的约束及整合。进行储层不确定性分析的目的是更好地认识和研究不确定性，进而寻求更恰当的储层建模方法来降低建模过程中的不确定性（Ma and Pointe，2011）。地下储层是复杂地质作用的结果，是确定的、唯一的。对储层资料不完整的层位而言，对沉积微相、孔隙度、渗透率、含油或含水饱和度等属性的推测可以看成不确定的。同时，地质研究、地球物理和油藏工程观察手段，以及各种解释方法的局限性，使得对地下储层性质和储层物性参数的认识都带有各种不确定性。

地下储层的非均质性导致了地质认识上存在不确定性。非均质性可以看成地下储层构造在一定尺度上的剧烈变异。正由于存在这些剧烈变异，借助有限的基础地质资料来预测储层的性质就存在很大的不确定性。对研究区域进行详细的、深入的储层地质研究，是降低储层建模不确定性、提高建模结果精确程度的重要手段之一（Ettehad et al.，2011；Idrobo et al.，2003）。

随机建模技术的出现和应用，实现了定量地评价储层的非均质性。随机建模算法所生成的建模结果具有多解性，是不确定性的一种具体体现，是研究不确定性的一个具体切入点。随机建模技术能够在一定的控制条件下给出储层的各种等概率的展布，这些等概率的展布反映了储层的非均质性和不确定性（Mukerji et al.，2001b）。当可用的基础地质资料有限或储层地下地质情况很复杂时，使用某一个随机种子的方法所得到的储层模型是难以准确地描述真实地质体的，更不能精确地反映实际地质体认识过程中的不确定性（Doyen，2007；Eidsvik et al.，2002）。将所在研究地区的地质研究作为基础，采用随机建模技术，选择合理的数学算法，借助多组等概率地下储层地质模拟实现，反映地下储层模型的不确定性等，是目前储层数字化过程中亟待解决的问题。

由于地质统计学的快速发展，储层物性建模技术可以融合诸如地质、测井、地震、油气藏动态等多尺度数据，建立测井解释、地震解释、储层沉积学、储层建模、油气藏数值模拟等方法和技术的综合技术平台，这顺应了实际应用的需要。地震解释技术的发展，以及三维地震技术、高分辨率地震技术的出现，使得利用地震技术对油气藏进行解释开始形成。地震记录资料丰富，在横向上能够反映大范围的地质构造和砂体变化等特征，能够进行大面积追踪。地震解释后的区域地层、岩相和储层特征都是有价值可供利用的资料。测井资料在垂向上具有很高的分辨率，可以提供局部的储层数据，但是在缺少井或井数很好的区域，很难对其进行精确的评价。如果采用某种方法，把地震观测得到的资料与测井数据综合起来，发挥各自的长处，就能建立高精度的地质模型，可大大地降低所建沉积模型的不确定性，改善沉积微相、孔隙度、渗透率和饱和度的建模结果。

本书研究的是多点统计建模在辫状河储层地质建模中的应用，这里研究的地震约束建模算法的不确定性产生的原因可以大致归纳为如下四个因素：蒙特卡罗抽样、砂岩分布概率、数据搜索模板和统计岩石物理学（图4-14）。

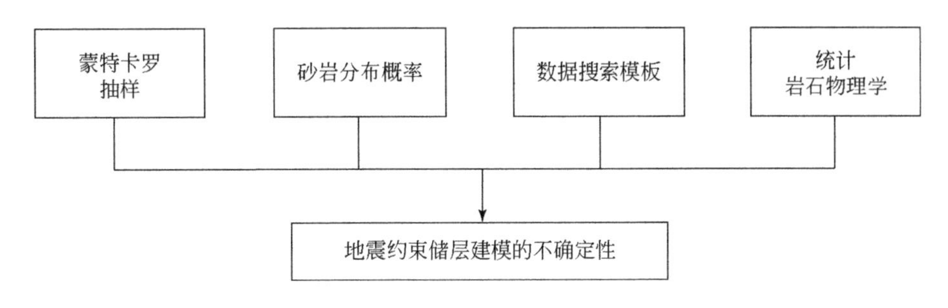

图4-14　建模方法产生的不确定性分析

以下对蒙特卡罗抽样、砂岩分布概率、数据搜索模板等不确定性产生的原因进行详细的解释。从以上关于统计岩石物理学的叙述中，地震波阻抗数据转换成微相数据的过程可以明确看出其中的不确定性。

4.4.2　砂岩分布概率和蒙特卡罗抽样

以地质统计学为基础的储层地质建模方法及其在油气田开发中的应用，已经被公认为主流的技术。在国内外文献中所提的储层地质建模方法，肯定是储层地质统计学建模方法，就意味着多点统计建模，或序贯指示建模，或面向对象建模，或序贯高斯建模，或其他随机建模方法。这些地质统计学算法所引起的储层地质建模的不确定性是可以具体进行分析进而进行一定控制的，因此这些算法可以称为产生储层建模不确定性的直接原因。

1. 蒙特卡罗抽样

在3.3.1节中，曾对蒙特卡罗抽样方法做过简略的叙述。以下就这种抽样方法与砂体分布概率的关系方面，做进一步的叙述。

在任何地质统计学建模方法的运用过程中，在产生沉积微相，或产生孔隙度、渗透率等的物性参数时任意一个空间网格块中的建模结果时的最后一步，就要运用蒙特卡罗抽样方法获得对应的数值。这就需要把沉积微相或孔隙度、渗透率视为一个具有特定分布规律的概率分布函数，以便使用蒙特卡罗方法对之实现抽样。实行蒙特卡罗抽样的前一步，就是形成沉积微相，或孔隙度、渗透率、含油饱和度在各个网格块处的概率分布函数。该概率分布函数作为各个网格块的函数，不同网格块所对应的概率分布函数是不一样的。它们可以通过各种不同的建模方法进行构造，如多点建模方法、序贯指示方法、序贯高斯方法等。概率分布函数的生成过程，需要输入各种测井数据、地质数据和各种通过统计推断获得的数据，如变异函数。

蒙特卡罗抽样方法在储层地质建模中具有十分重要的地位。以下就从应用的角度出发，利用不十分严格的语言，叙述蒙特卡罗抽样的原理。

这种蒙特卡罗抽样方法的应用具有一个最大的特点，那就是即使对于同一个砂岩的分布概率函数，由于随机种子不同，所产生的结果也不是唯一的。这种抽样方法在计算机中实现时，可以利用程序完成如下工作：对于一个给定的随机种子（random seed），是一个正整数，会产生一个 0 和 1 之间的随机数。产生的这个随机数也可以称为样本（sample），或称为实现（realization）。不同的随机种子，所产生的随机数会不同。在储层建模的有关过程中，这个特点就意味着针对一个储层的网格块的砂岩分布概率函数，作为建模结果的抽样结果会是多个。

以图 4-15 为例，说明利用储层空间中一个三维网格块的岩相概率分布函数，运用蒙特卡罗抽样方法求得该网格块的沉积微相。在图 4-15（a）中，相应的岩相概率分布函数（用红色的线段表示）如下，该网格块取为砂岩的分布概率为 0.9，那么取得泥岩的分布概率即为 0.1。

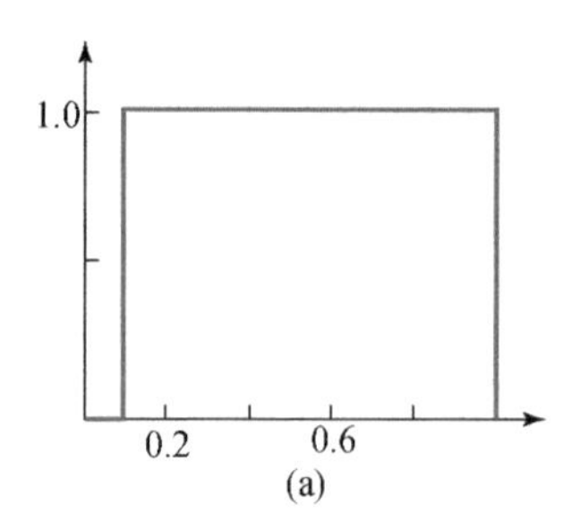

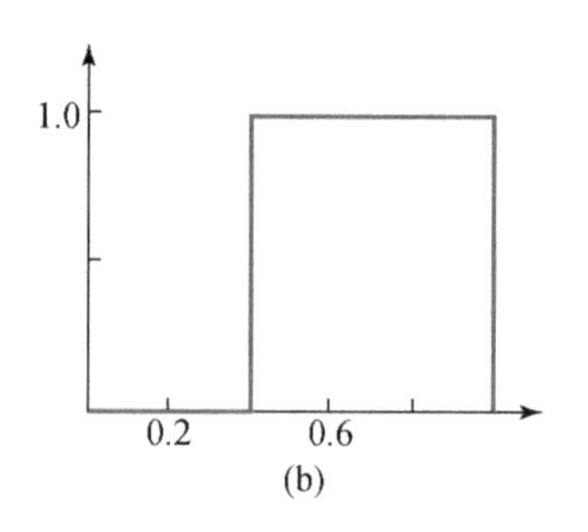

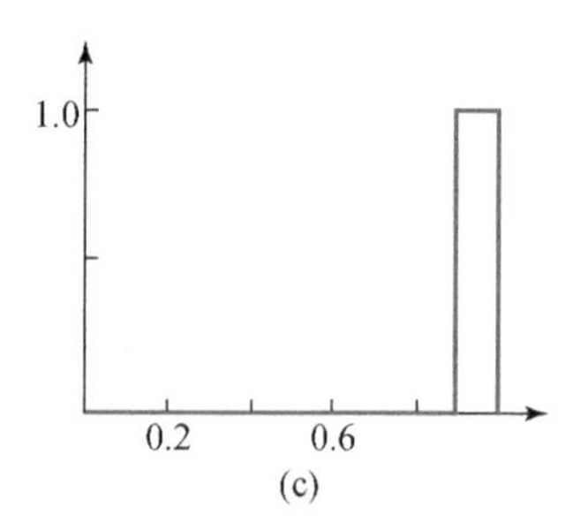

图 4-15　砂岩分布概率图

假如利用蒙特卡罗抽样得到的值 M 为 $0\leqslant M\leqslant 0.1$，就意味着该网格块落入泥岩的区间。当 $0.1<M\leqslant 1$ 时，就落入砂岩区间。每一次蒙特卡罗抽样产生一个数值，它的区间是从 0 到 1，而且是随机的。即这个数从 0 到 1，不管这个数是 0.1、0.2，还是 0.7、0.8、0.9 等，出现的概率都是相等的。

如果利用图 4-15（a），进行蒙特卡罗抽样，得到泥岩的可能性是 0.1，而砂岩的可能性是 0.9。对于这种砂岩分布概率图，抽得泥岩的可能性不是绝对没有，而是可能性很小，有时会抽得泥岩。

对于图 4-15（c），同样利用红色的线段表示砂岩分布概率函数。其中，抽得砂岩的概率为 0.1，而抽得泥岩的概率为 0.9。然而，图 4-15（b）中抽得泥岩的概率为 0.4，而抽得砂岩的概率为 0.6。

这里，应该说明的一点是，图 4-15 中的三幅图代表的都是岩相概率分布函数。它们是根据第 2 章搜索树方法的运行结果来确定的。

通过以上的解释就可以明白，在储层地质建模中，如何利用蒙特卡罗抽样方法，把网格块关于砂岩分布概率的信息转化为该网格块沉积微相的信息。

蒙特卡罗抽样方法还有一个重要的特性需要加以叙述。运用蒙特卡罗抽样时，往往是进行多次抽样的。例如，储层地质建模时，需要对所划分的一系列网格块进行模拟，也就需要进行一系列的蒙特卡罗抽样。利用随机数生成器的程序实现蒙特卡罗抽样时，需要输入一个正的自然数，输出一个 0 和 1 之间的随机数，该随机数是一个正整数。这个正整数就可以作为第二次再调用随机数生成器时需要输入的随机种子。

如此设计的随机数生成器就可以保证，只要第一个随机种子相同，就可以保证第二个和第三个随机种子也是不变的。这样，也就保证了随后生成的随机数也是不会发生变化的。这样，就保证了只要第一个随机种子不改变，那么随后取得的一串随机数是不会改变的。具有如此性质的蒙特卡罗抽样就可以保证，只要记住第一个输入的种子，使用这个没有改变的种子，那么所随后生成的一串随机数都是不会改变的。

这样，所产生的蒙特卡罗抽样的结果具有一定的平稳性。只要第一个随机种子不改变，就可以重复获得在储层全部空间中各个网格块对应的砂岩分布概率的抽样结果。这样的特性，可以在第一个随机种子不变的情况下，使得获取的储层地质建模结果是不变的。这个特性保证了储层地质建模的结果具有可重复性，从而就使得蒙特卡罗抽样具有实用价值。

因此，在储层地质建模的实际操作过程中，随机种子的给定是十分重要的。一个随机种子对应一个建模结果（也称为一个实现），也就是在实行一次建模的过程中，一定会在某一个步骤中给定一个随机种子。只要记住了这个给定的随机种子，相对应的一个储层地质建模的结果就可以重现出来。这个特性保证了储层地质建模的结果可以相互比较，从而使得储层地质建模的地质统计学算法具有实际的可用性。

如果给定的随机种子进行了改变，那么所获得的建模结果就一定不同于已经获得的那一个。给定了 N 个随机种子，就可以获得 N 个建模结果。它们是互不相同且互相独立的。

2. 砂岩分布概率的生成

砂岩分布概率是地质统计学建模中最基本的一个概念。这个概念是利用离散的井中数据生成的。针对每一个三维网格块，都会存在一个砂岩分布概率。它是一种分布的概率，和密度概率是不一样的。

在第 3 章所叙述的多点统计建模原理中，利用周围多个网格块的沉积微相信息，借助训练图像可以求得被模拟网格块的砂岩分布概率（图 3-8）。在这个过程中所获得的砂岩分布概率显然与搜索模板的几何构型、几何尺寸有明显的依赖关系。另外，这个砂岩分布概率也与三维训练图像中所体现的各条河道的形态分布和具体尺寸有密切关系。

图 3-8 所示的多点统计建模过程具体解释如下。“模拟网格”所示的图件代表现有储层内部的井中沉积微相数据。这些确定的数据代表已知的各个网格块上的沉积微相信息，

它们是确定的，没有随机的成分。这样，红色椭圆中的全部信息定义了一个搜索模板。其中心是一个红色方块，是待进行模拟的位置。其上下是代表泥岩的两个白色方块。左右是代表砂岩的两个黑色方块。多点统计建模的算法是要通过已知网格块上的信息，来推断一个确定的红色网格块上待模拟的信息。图 3-8 的右面部分的是训练图像，是一个需要建模人员根据该储层的沉积特征确定的一个图形。其中，黑色部分代表河道，白色部分代表泥岩。

多点建模开始时，利用已经定义的这个搜索模板，在训练图像中进行一个网格块一个网格块的移动，并发现在整个训练图像中具有 4 个局部构型，和搜索模板中相同，即上下两个网格块是泥岩，左右两个网格块是砂岩。对这个搜索结果进行统计，不难得知，处于椭圆中心和边界的三个红色网格块是黑色，即代表了砂岩。同时，还可以发现一个是白色的（在训练图像的左下方）。利用概率论的言语，该网格块可以判断为砂岩的概率是 3/4，而可以断定为泥岩的概率是 1/4。总体来说，这两个概率就形成了砂岩分布概率。

以上以井中数据为依据的建模算法的过程可以概括为如下三个步骤。

（1）利用不含随机性的、与沉积微相的井中的数据。

（2）以周围井中的数据为条件，推断出被模拟点处的砂岩分布概率。

（3）通过蒙特卡罗抽样得出被模拟点处的砂岩分布概率，即可获得被模拟点处的沉积微相的数值。

以上三个部分体现了多点统计建模算法的主要精华：利用概率方法求得被模拟网格块处微相的砂岩分布概率，再利用蒙特卡罗抽样获得该网格块处的具体微相。因为待模拟网格块处的微相与周围若干个网格块处的微相之间存在十分复杂的关系，无法利用确定性的方法加以表述。只能利用诸如多点统计建模的统计概念与统计算法进行表述，并以已知的若干个网格块处的微相信息作为条件，获取待模拟网格块处的分布概率。然后，利用蒙特卡罗抽样获取待模拟网格块处的具体微相。

在针对一个待模拟网格块的微相分布概率进行确定时，训练图像的具体制作对模拟的结果具有明显的影响。多点统计建模充分体现了统计方法的优越性和必要性。

4.4.3 数据搜索模板

训练图像一般是三维的，也可以是二维的。在储层建模过程中，为了保证数据条件化的灵活性，以便再现弯曲复杂的沉积相结构，多点地质统计学建模能够从训练图像中捕获沉积相结构，并把它们条件化到特定储层的观测数据，或称为“锚定”到特定储层的观测数据。训练图像是对先验地质模型的一种量化。它包含真实储层中所存在的沉积相的空间结构及其相互关系。

从本质上讲，训练图像纯粹是概念性的。简单的手工绘画或软件工具都可以用来生成不同的训练图像。通过训练图像把地质先验认识和概念模型引入储层建模中，是多点统计建模方法对储层建模方法的一种巨大推动。借助地质知识库，包括露头类比、密井网储层沉积学研究、现代沉积、岩心分析、测井解释和地震图像等，地质学家和储层建模人员可以得到储层沉积相结构和空间相关性的先验认识，然后以训练图像的形式指导井间沉积相的预测。和两点统计建模方法中的变异函数类似，多点统计建模方法的训练图像是地质概念模型的数值表达，是根据研究区的地质特点，生成二维或三维沉积相的空间分布图。它能够提供关于油藏架构的先验信息。

训练图像是地质建模人员在综合了各种类型数据（井位、测井、地震等）的解释结果并结合自己的经验得出的。多点统计建模将建模人员大脑中想要得到的相带空间分布样式直观地通过训练图像表达出来。这种“所见即所得”的建模原则是两点统计和基于目标的建模方法所没有的，也是多点模拟受到业界广泛欢迎的主要原因。

为了绘制一个储层建模的三维训练图像，应该综合参考相应小层砂体厚度分布图、沉积微相分布图，以及砂体纵向比例曲线。前两种图能够反映出小层中砂体分布在横向上的变化。第三种图可以反映储层微相分布的纵向变化。根据对砂体横向、纵向的粗略描述，可以自上至下一片一片地来绘制砂体的分布图。例如，把如此获得的若干片图（如30片）合并在一起，就构成了一个与储层的砂体分布对应的三维空间中的一个训练图像。其中，砂体厚度分布图是根据测井数据加以统计后，绘出的等值线图。而沉积微相分布图是根据沉积学的认识，手工绘出的平面图。

数据搜索模板是多点统计建模中的一个重要概念。搜索模板的数据是来自研究区的实际数据。用一个搜索模板对训练图像进行扫描，同时统计出处于该模板中心位置的被模拟点的砂体分布概率。图3-8中的红色椭圆就表示一种二维搜索模板的范围。一般说来，搜索模板越大，那么模拟结果越接近合理。但是，由于计算量的关系，局部模板又不能无限大。一般所建立的局部模板要求能够涵盖各沉积微相在空间上的接触关系。在实际应用中一般取为区块总网格数目的1/2或1/3。

所建模型的网格（$I\times J\times K$）为108×160×10（单位：网格），在建立多点微相模式时，将搜索模板设置为60×90×5和36×55×3，分别进行多点统计模拟，并将各自的模拟结果进行对比（图4-16）。模拟结果中黄色区域代表河道相，橘黄色区域为心滩相，灰色区域则表示泛滥平原。这两个结果是在其他的建模参数保持不变的前提下，仅搜索模板大小不同所得出的。从该图中可以看出，搜索模板为60×90×5的模拟结果，其砂体呈现比较连续的形态，而搜索模板为36×55×3的模拟结果，其砂体呈现相对不连续的形态。最重要的一点是，两个不同的搜索模板对应的建模结果中所显示的心滩相（橘黄色）和泛滥平原相灰色的空间分布没有丝毫的相关。这充分说明了运用训练图像时，不同的搜索模板对建模结果产生了相当严重的影响，显示了搜索模板大小引起的不确定性相当严重。

通过对比两种模拟结果中沉积微相的百分含量直方图（图4-17）发现，将搜索模板设置为60×90×5时，三种沉积微相在模拟结果中的百分含量与原始数据中的差别非常小，最大的差别不足1%。搜索模板设置为36×55×3时三种沉积微相在模拟结果中的百分含量与原始数据相比的差别较大，最大差别近5%。因此，应该将搜索模板的大小设置为60×90×5（单位：网格）。

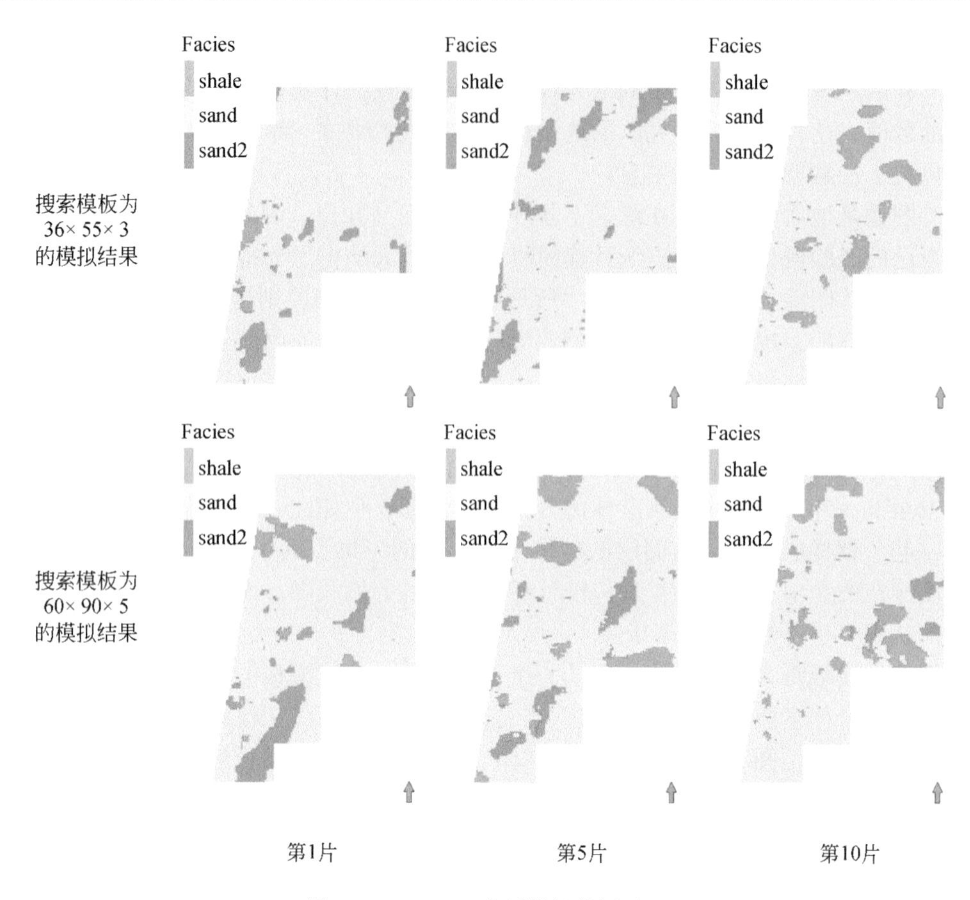

图 4-16　O-12-2 小层模拟结果对比

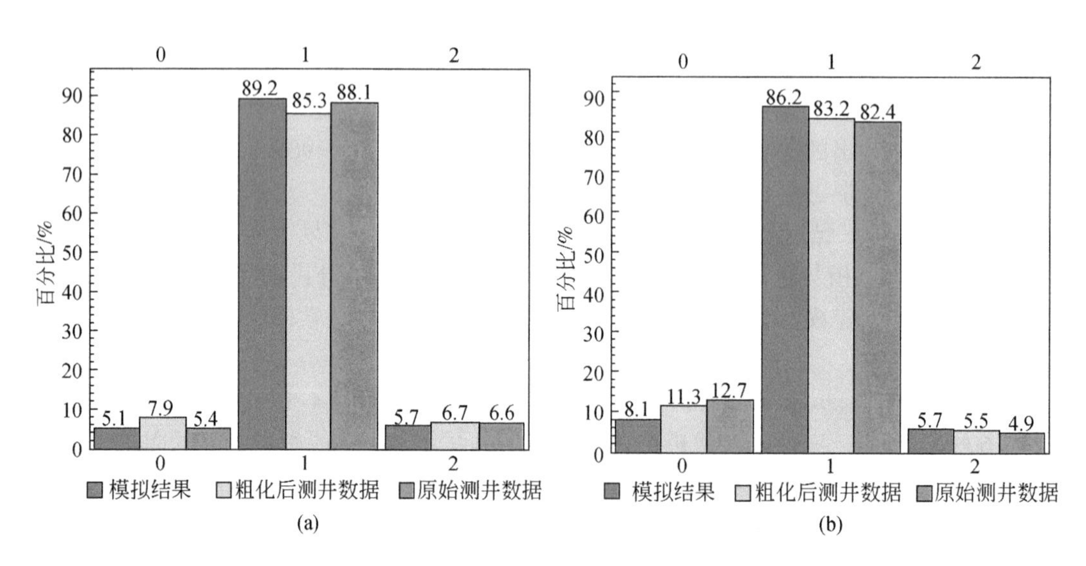

图 4-17　模拟结果中各沉积微相的百分含量直方图

(a) 局部模板 60×90×5；(b) 局部模板 36×55×3

4.4.4　统计岩石物理学的影响

从地质约束建模中统计岩石物理学的运用过程可以看出，统计岩石物理学带来的不确定性是十分明显的。沉积微相的自然伽马-波阻抗交会图上数据点的取舍、所获取的砂岩分布概率图的参数，会对地震约束建模结果造成直接的影响。这些因素综合体现了利用地震波阻抗转换为沉积微相的过程中，使用的算法参数的不同所导致的各种不确定性。

4.5　可变影响比算法

4.5.1　井震结合的固定影响比算法

国际著名储层建模专家、斯坦福大学 Journel（2002）以井震结合为应用背景，提出了一种数据整合的方法。这个算法已经被商品化软件采纳为井震结合的主要算法，并已广泛应用。

Journel 教授提出的一个关键概念是固定影响比（permanence of updating ratios）。

通过条件概率函数 $P(A|B, C)$ 可以对一个未知事件 A 进行评估。这里，B 是指在井中一个点处由测井数据确定的沉积微相，C 是由地震数据确定的该点的微相，而 $(A|B, C)$ 则是由测井和地震共同确定的沉积微相空间分布。这个条件概率函数 $P(A|B, C)$ 中的 B 和 C 来自两个不同的数据源。每一个事件可能对应许多共同的空间位置。为此，需要假定这两个数据事件满足这样的条件：概率函数 $P(A|B)$ 和 $P(A|C)$ 能够被分别计算出来。那么，这里遇到的难题是：如何把这两个局部条件概率函数合并成 $P(A|B, C)$ 这样的模式，在这其中没有必要假定这两个数据事件 B 和 C 是独立的。最后，可以利用概率函数 $P(A|B, C)$ 对事件 A 进行估计或者模拟。

然而，在地球科学实践中，当事件 B 和事件 C 来源于不同的数据源时，它们可能处在不同的标度和分辨率情况下。这样，很难直接对 $P(A|B, C)$ 估算。那么，需要面对的难题是：如何把先验概率 $P(A)$ 和两个单一事件概率函数 $P(A|B)$ 和 $P(A|C)$ 整合成后验概率 $P(A|B, C)$，或者直接这样做：$P(A|B,C)=\varphi((P(A),P(A|B),P(A|C))$，或者间接这样做：$P(A|B,C)=\psi(P(A),P(B|A),P(C|A))$。

具体算法中，包括如下三种数据：A，B，C。

利用贝叶斯公式，在 A、B 为条件互相独立时，可以有

$$P(A|B)=\frac{P(A,B)}{P(B)}=\frac{P(B|A)P(A)}{P(B|A)P(A)+P(B|\tilde{A})P(\tilde{A})} \tag{4-1}$$

式中，利用 $A|C$ 代替 A，于是得到

$$P(A\mid B,C)=\frac{P(B\mid A)P(A\mid C)}{P(B\mid A)P(A\mid C)+P(B\mid \tilde{A})P(A\mid \tilde{C})}$$
$$=\frac{P(A\mid B)P(A\mid C)[1-P(A)]}{P(A\mid B)P(A\mid C)[1-P(A)]+[1-P(A\mid B)][1-P(A\mid C)]P(A)}\in[0,1] \tag{4-2}$$

把被估计的数据 A 的条件概率记为 $P(A\mid B,C)$，就是以硬数据 B（测井数据）和软数据 C（地震数据）为条件时，进行模拟所得到的参数 A 的条件概率。

然而，式（4-2）中的 $P(A\mid B)$ 就是利用多点统计建模方法获得的在空间某点的砂岩概率。式（4-2）中的 $P(A\mid B)$ 作为地质信息，可以从训练图像获得。$P(A\mid C)$ 是地震信息导出的概率。$P(A)$ 是先验概率，即为预先确定的砂岩的概率，即目标的砂泥比。

对于各个条件互相不独立时，Journel（2002）引入了固定影响比的概念，把 $P(A\mid B,C)$ 表示成如下形式：

$$P(A\mid B,C)=\frac{1}{1+x}\in[0,1] \tag{4-3}$$

式中，

$$x=\frac{1-P(A\mid B,C)}{P(A\mid B,C)}$$

利用参数 τ_1 和 τ_2，可以定义

$$\frac{x}{a}=\left(\frac{b}{a}\right)^{\tau_1}\left(\frac{c}{a}\right)^{\tau_2} \tag{4-4}$$

式中，

$$a=\frac{1-P(A)}{P(A\mid A)},\quad b=\frac{1-P(A\mid B)}{P(A\mid B)},\quad c=\frac{1-P(A\mid C)}{P(A\mid C)}$$

当 $\tau_1=\tau_2=1$ 时，式（4-4）的左端（各条件不独立时的 $P(A\mid B,C)$）就等于式（4-2）的左端（各条件独立时的 $P(A\mid B,C)$）。这表明式（4-2）中的 $P(A\mid B,C)$ 是式（4-3）中 $P(A\mid B,C)$ 的一个特例。这说明在固定影响比中的测井数据的影响为 1，同时地震数据的影响为 1 时，条件不独立时的 $P(A\mid B,C)$ 就等于条件独立时的 $P(A\mid B,C)$。

进一步具体地说，以上的各个概率表达式，是空间各个网格节点的函数。也就是说，整个建模过程需要对三维储层区域内的每一个网格节点都进行模拟，才算整个模拟过程完成。式（4-4）中的 τ_1 和 τ_2，应该对于各个节点进行确定。

Journel 教授提出的固定影响比就是指 τ_1/τ_2，就是说对于所有的三维空间中储层区域的各个点，所对应的影响比 τ_1 和 τ_2 都是相等的，相应的比值都是不变的。例如，τ_1 取为 1，τ_2 取为 5，那么就意味着对于储层区域内的所有网格节点，测井数据产生的影响是 1，地震数据产生的影响为 5。进一步说，在井震结合后，测井数据的影响比较小，地震数据的影响比较大，而且对于储层空间中的任何一个网格节点都是这样的。

再进行分析，这样的影响比求取方法，对于井点附近的网格块产生的建模结果就不太合适。因为从实际结合的过程来看，对这种网格块而言，结合的结果应该主要受测井数据的影响，测井数据的影响应该比较大一些，而地震数据的影响应该比较小一些。然而，考虑到测井数据和地震数据对于建模过程的实现所产生的不同作用时，才会发现这种固定影

响比算法的不足。

这样固定影响比的算法简化了井震结合算法的设计，虽然对于井震结合的正确实现有一定的差距，但在算法形成的初期是可以理解的。

由于多点统计建模方法和井震结合的方法较为复杂，它们的输入数据也较多，需要对它们的输入、输出关系用简明的方法加以表达（图 4-18）。

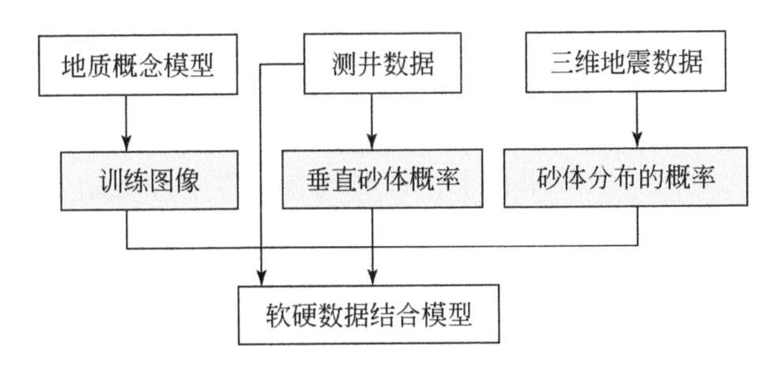

图 4-18　多点统计建模为基础的地震约束建模需要输入的参数

4.5.2　可变影响比算法的提出

针对现有技术中井震结合的固定影响比算法的这一主要局限。本章提出的一种基于可变影响比的油气藏多点统计建模方法（黄文松等，2016）。这种基于可变影响比算法的地震约束的油气藏多点统计建模方法，可以实现空间内部的各网格节点处的影响比能够随着各个被模拟节点相对井的位置不同而进行智能的改变。这样，保证了井震结合地质建模的效果，进而促进了油气藏进一步的合理、高效开发。

基于可变影响比的油气藏多点统计建模方法，包括采集当前油气藏区域对应的测井数据以及地震数据，并在所述测井数据以及地震数据的基础上设置网格。将所述油气藏区域的测井数据以及地震数据赋值到所述网格的节点，然后获取沉积微相空间变异函数的变程 R。根据所述的变程，将所述的储层区域对应的网格划分为第一部分区域和第二部分区域（图 4-19）。

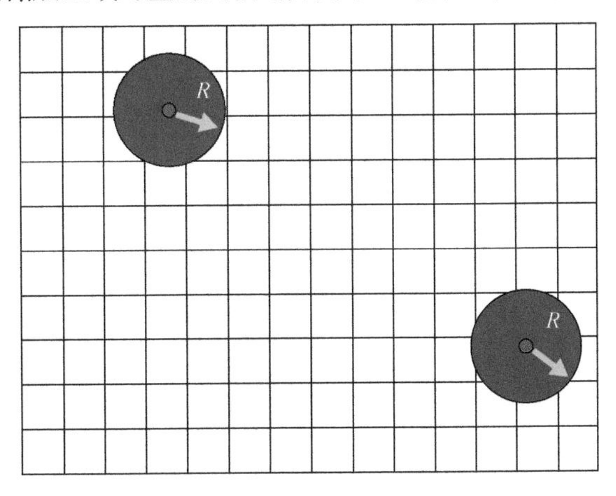

图 4-19　油藏区域的第一部分和第二部分的划分

储层区域的第一部分为以各口井的轴线为中心，以沉积微相的变异函数的变程为半径形成的若干个圆柱体之和（在图中的蓝色区域）。其第二部分则为整个油藏区域中除去第一部分后剩下的区域（在图中的白色区域）。

对于油藏中所划分的第一部分和第二部分分别赋予式（4-4）中的 τ_1 和 τ_2。具体来说，对属于第一部分的节点进行模拟时，τ_1 应该大一点，而 τ_2 小一点，例如，$\tau_1=5$，$\tau_2=1$。然而，对属于第二部分的节点进行模拟时，也就是对于井间部分的节点模拟时，τ_1 和 τ_2 的赋值应该分别设为 1 和 5。这样就会产生如下效果：地震数据对应的影响应该呈现得强一点，而测井数据的影响就呈现得弱一点。

本章提出的可变影响比算法效果在于，针对现有技术中井震结合的固定影响比算法这一主要局限提出，提供了一种基于可变影响比算法的井震结合的油气藏多点统计建模方法。可变影响比算法根据测井数据和地震数据测量的特点，把整个研究区域划分为两个区域，分别赋予不同的影响比。它对于充分发挥测井数据和地震数据各自的作用、完成井震结合的多点统计建模具有良好的调节作用，实现了空间内部各网格节点处的影响比能够随着各被模拟节点相对井的位置不同而进行智能改变，提高了井震结合建模的效果，为油气藏进一步的勘测提供了技术支撑。

大量应用的井震结合的固定影响比算法带有明显的局限性，不能随着所模拟节点的不同而突出或弱化井中数据和井间的地震数据对模拟结果的不同影响。可变影响比算法可以在井位附近突出测井数据的影响，在井间和井外位置突出地震数据的影响，从而大幅度提高井震结合建模的精度和可靠性。

4.6 可变影响比算法的效果分析

4.6.1 可变影响比算法与辫状河井间砂体的预测

不变影响比算法作为一个算法，在同时应用测井数据和地震数据进行建模时，需要考虑这两种数据所起作用的关系，并在输入参数中加以体现。测井数据和地震数据之间只能突出其中的一种数据。Journel 教授提出的不变影响比就是指 τ_1/τ_2，就是说对于所有三维空间中储层区域的各个网格块，所对应的影响比 τ_1 和 τ_2 都是相等的，相应的比值也都是不变的。然而，可变影响比算法的目标是平衡地震数据与测井数据在储层建模中所起的作用，对于储层空间中各井筒附近的网格块，和井间网格块加以区别，采用不同的影响比。作为对于建模的结果的期望，井筒附近的网格块受到测井数据的影响应该比较大一些，受到地震的影响应该比较小一些，而井间的网格块受到地震数据的影响应该比较大一些，受到测井的影响应该比较小一些。按照这个思路，对图 4-20 ~ 图 4-23 进行综合分析，显示出可变影响比算法建模的效果。图 4-20 是地震波阻抗数据剖面图，图 4-21 是利用多点统计建模的可变影响比算法获得的建模结果，图 4-22 和图 4-23 是 SNESIM 建模的结果。可变影响比算法的结果在井附近突出了测井数据的影响，在井间突出了地震数据的影响，比较符合实际。当可变影响比算法得到建模结果和地震波阻抗的对比时，在心滩、河道、泛滥平原等沉积微相的空间分布也呈现比较接近的状态。

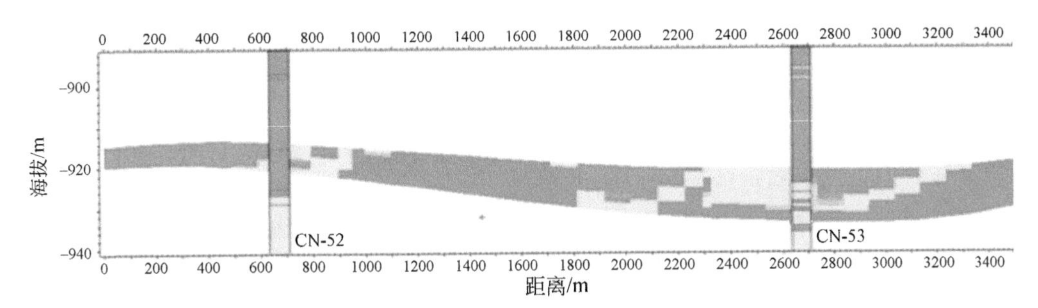

图 4-20　沉积微相标定波阻抗图

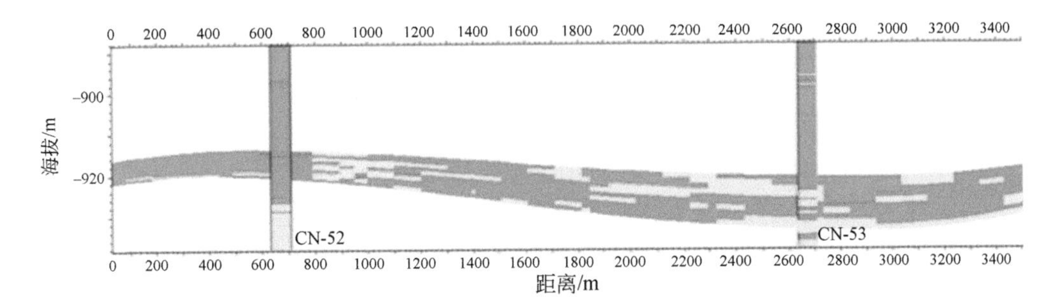

图 4-21　可变影响比算法的结果（井震比为 1 : 5）

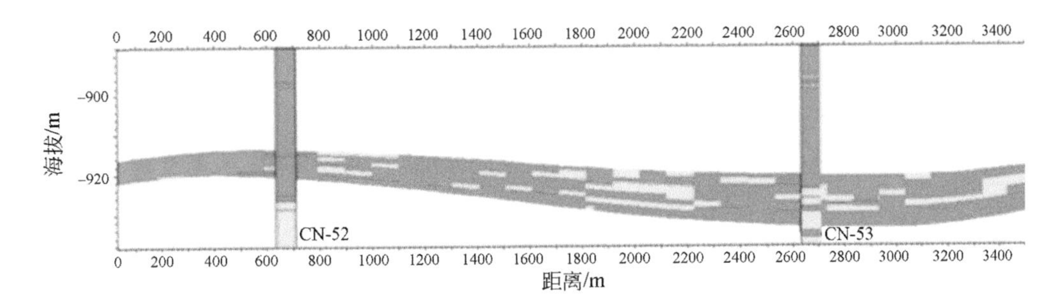

图 4-22　SNESIM 的结果（影响比 1 : 5）

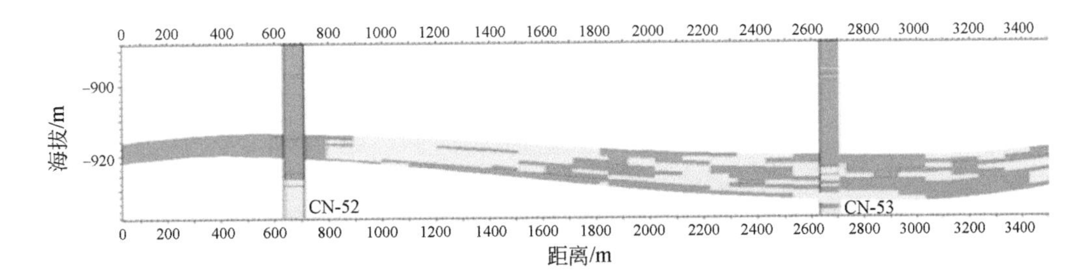

图 4-23　SNESIM 的结果（影响比 5 : 1）

然而，在观察利用SNESIM建模的结果时，固定影响比为1∶5，在CN-52与CN-63两口井点及其附近的节点上，测井数据和建模结果的差别比较明显（图4-22）。这是因为测井数据的影响只有1，地震数据的影响为5，于是建模结果主要受地震数据的影响。特别是在CN-53井点处附近，建模结果和测井数据的对应有明显的出入。

再来分析固定影响比为5∶1时SNESIM的建模结果（图4-23）。这时，测井数据的影响为5，地震数据的影响只有1。既然在井点数据及其井点附近的建模数据对比方面比图4-19有所改善，但是井间建模结果和地震波阻抗的分布却存在明显的差异。特别是在CN-52与CN-53之间部分和靠近CN-53位置处，这种差异十分明显。在CN-52与CN-53之间的部分，地震波阻抗显示出有大段的心滩，而建模结果却没有相应的显示。

作为随机方法，地震约束的多点统计建模结果和可变影响比算法的结果也是带有一定不确定性的，同时也带有一定的随机性。因此，以上的结果及其分析，也应该考虑这一点。

4.6.2　隔层建模中的应用

在对测井、三维地震数据进行隔层识别的基础上，利用井震结合的多点统计建模的可变影响比算法可以开展隔层建模。首先，利用标定地震波阻抗数据识别O-11b-2层底与O-12-1层顶之间的隔层，并以标定的波阻抗数据（图4-24，图中灰色代表隔层）为对比的标准，采用可变影响比算法进行隔层建模（图4-25）。隔层建模的可变影响比算法的优势分析如下。

（1）突出了地震数据对井间预测的约束作用，增强模拟结果的连续性（图4-24和图4-25的红色圈内部所示）。

（2）以井震比为5∶1的SNESIM为例（图4-26），该方法突出了井数据对井附近空间的约束作用，增强模拟结果的确定性（蓝色圈内部所示）。

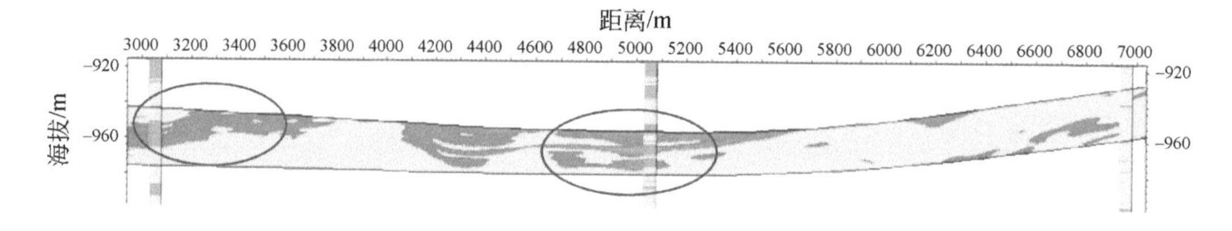

图4-24　标定后波阻抗数据CN-52、CN-53、CN-50过井剖面

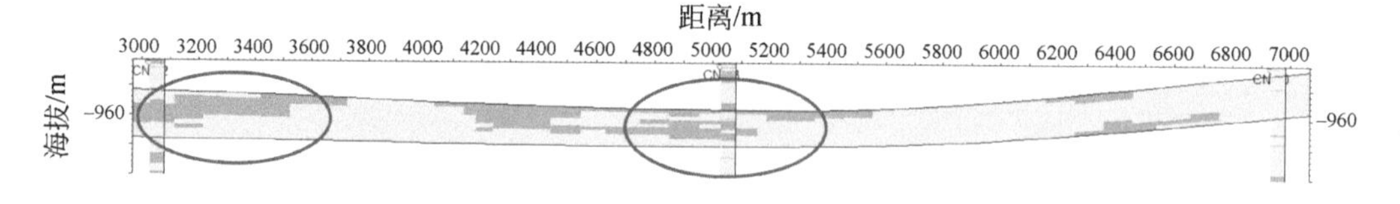

图4-25　可变影响比为5∶1隔层建模结果

（3）在实际应用过程中，由于地震数据存在一些与井数据对应不好的区域。在这种情况下，井附近以考虑地震数据为主，如井震比为1∶5的SNESIM模拟结果所示（图4-27），井附近的模拟结果不强调井数据的约束作用，而更多地体现地震数据的约束作用（蓝色圈内部所示）。

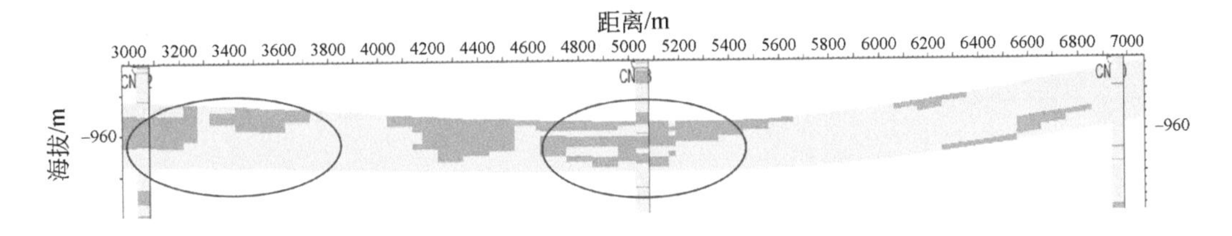

图4-26　井震比为5∶1的SNESIM建模结果

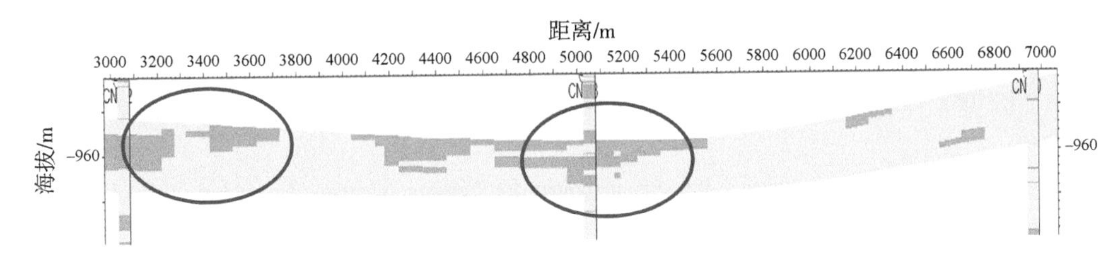

图4-27　井震比为1∶5的SNESIM隔层建模结果

利用储层建模对隔层出现的位置进行预测是一项相当有难度的工作。以上关于隔层位置的建模结果的分析仅仅是初步的。然而，从以上图件中可以看出，地震数据显示出隔层的形态是相当光滑的，也是十分细致的。这个认识也可以提示人们，对于隔层的表征，利用地震约束的建模方法是有可能实现的。

参考文献

曹统仁. 1999. VSP平均速度的应用［J］. 西南石油学院学报，21（2）：46-48.

郭爱华，周家雄，张国栋，等. 2010. 两种复杂构造时深转换方法研究及应用［J］. 西部探矿工程，11：54-60.

郭智，孙龙德，贾爱林等. 2015. 辫状河相致密砂岩气藏三维地质建模［J］. 石油勘探与开发，42（1）：76-83.

胡勇，于兴河，李胜利，等. 2014. 应用地震正反演技术提高地质建模精度［J］. 石油勘探与开发，41（2）：190-197.

黄春菊，周蒂，陈长民，等. 2005. 深反射地震剖面所揭示的白云凹陷的深部地壳结构［J］. 科学通报，50（10）：1024.

黄文松，王家华，任长林，等. 2016. 一种基于可变影响比的油气藏多点统计建模方法及装置：中国，CN 201310652010. 9.

黄文松，王家华，陈和平，等. 2017. 基于水平井资料进行地质建模的大数据误区分析与应对策略［J］. 石油勘探与开发，44（6）：939-947.

李辉峰，徐峰. 2009. 地震勘探新技术［M］. 北京：石油工业出版社.

李鹏，钱丽萍，石桥，等 . 2011. 大庆高密度井网开发区地震解释技术的应用效果［J］. 石油地球物理勘探，46（增刊1）：106-110.

凌云，郭建刚，郭向宇，等 . 2011，油藏描述中的井震时深转换技术研究［J］. 石油物探，50（1）：1-13.

刘文岭 . 2008. 地震约束储层地质建模技术［J］. 石油学报，29（1）：64-74.

鲁全贵，陈雪芳，向家万 . 2007. 一种消除浅层天然气影响的时深转换技术［J］. 天然气地球科学，18（4）：616-620.

马海珍，雍学善，杨午阳，等 . 2002. 地震速度场建立与变速构造成图的一种方法［J］. 石油地球物理勘探，37（1）：53-59.

石莉莉 . 2016. 基于地震资料的薄互层储层精细地质建模［J］. 长江大学学报（自然科学版），13（1）：12-15.

王炳章 . 2008. 地震岩石物理学及其应用研究［D］. 成都：成都理工大学 .

王江，李子顺，张海桥 . 1995. 时深转换方法的改进［J］. 石油地球物理勘探，30（增刊2）：88-97.

王衍棠，陈玲，吴大明 . 2006. 南海中建南盆地速度资料分析与应用［J］. 热带海洋学报，25（5）：7.

张璐 . 2009. 基于岩石物理的地震储层预测方法应用研究［D］. 北京：中国石油大学（北京）.

Acheson C H. 1963. Time- depth and velocity- depth relations in Western Canada［J］. Geophysics，28（5）：894-909.

Avseth P. 2000. Combining Rock Physics and Sedimentology for Seismic Reservoir Characterization of North Sea Turbidite System. Per Avseth.

Avseth P，Johanse T A. 2015. Explorational Rock Physics and Seismic Reservoir Prediction，EAGE Short Course，13-14，Fab，Kuala Lumpur，Malaysia.

Arveth P，Mukerji T，and Mavko G. 2005. Quantitative seismic interpretation［M］. Cambridge University Press：359.

Aveseth P，Mukerji T，Mavko G. 2009. 地震定量解释［M］. 李来临，等译 . 北京：石油工业出版社 .

Bortoli L J，Alabert F，Haas A，et al. 1992. Constraining stochastic images to seismic data［C］//Troia，Soarres A. Priceeding of the International Geostatistics Congress. Dordrecht：Kluwer Publications.

Buland A，Omre H. 2003. Bayesian linearized AVO inversion［J］. Geophysics，68（1）：185-198.

Calvert R. 2005. Insights and methods for 4D reservoir monitoring and characterization | | 1. Introduction and motivations［J］. Tulsa：Society of Exploration Geophysicists：10. 1190/1. 9781560801696：1-6.

Damsleth E，Tjolsen C B，Omre H，et al. 1992. A two- stage stochastic model applied to a north sea reservoir［J］. Journal of Petroleum Technology，44（4）：402-486.

Day R A，Burch T，Lehmann C，et al. 2000. Data integration for velocity modeling and depth conversion，Trinidad and Tobago［C］//2000 Offshore Technology Conference，Houston.

de Buy M. 1988. Reservoir Description from Seismic Lithologic Modeling，Part 2：Substantiation by Reservoir simulation，SEG-1987-038.

de Buy M，Guidish T，Bell F. 1988. Reservoir description from seismic lithologic parameter estimation［J］. Journal of Petroleum Technology，40（4）：475-482.

Deutsch C V，Journel A G. 1992. GSLIB：Geostatistical Software Library and User's Guide［M］. New York：Oxford University Press.

Doherty S M，Claerbout J F. 1976. Structure independent velocity estimation［J］. Geophysics，41（5）：850-881.

Doyen M P. 2007. Seismic Reservoir Characterization：An Earth Modeling Perspective，Education Tour Series［M］.

Tulsa: EAGE Publications.

Dubrule O. 2003. Geostatistics for seismic data integration in earth models, SEG/EAGE distinguished instructor short course No. 6.

Dubrule O, Haas A. 1994. Geostatistical inversion—A sequential method for stochastic reservoir modeling constrained by seismic data [J]. First Break, 13 (12): 61-69.

Duchon J. 1976. Interpolation des fonctions de deux variables suivant le principle de la flexion des plaques minces. Revue française d'automatique, informatique, recherche opérationnelle [J]. Analyse Numérique, 10 (3): 5-12.

Duchon J. 1977. Splines minimizing rotation-invariant semi-norms in Sobolev spaces [C] //Constructive Theory of Functions of Several Variables. Berlin, Heidelberg: Springer: 85-100.

Eidsvik J, Omre H, Mukerji T, et al. 2002. Seismic reservoir prediction using Bayesian integration of rock physics and Markov random fields: A North Sea example [J]. The Leading Edge, 21: 290-294.

Ettehad A, Jablonowski C J, Lake L W, et al. 2011. Stochastic optimization and uncertainty analysis for E&P projects: A case in offshore gas field development [C] //OTC21452, Offshore Technology Conferrence, Houston.

Gelfand V A, Taylor G, Tessman J, et al. 1985. 3-D seismic lithologic modeling to delineate rapidly changing reservoir facies: A case history from Alberta, Canada [C] //SPE Annual Technical Conference and Exhibition, New Orleans.

Gelfand V A, Taylor G, Tessman J, et al. 1986. Delineation of river-channel reservoirs by seismic lithologic modeling of 3-D seismic data in Southern Alberta [C] //the SPE 1986 International Meeting on Petroleum Engineering, Beijing.

Haldorsen H H, Macdonald C J. 1987. Stochastic Modeling of Underground Reservoir Facies (SMURF) [C] //the 62nd Annual Technical Conference and Exhibition of the Society of Petroleum Engineers, Dallas.

Harder R L, Desmarais R N. 1972. Interpolation using surface splines [J]. Journal of Aircraft, 9 (2): 189-191.

Idrobo E A, Jimencz E A, Ospino A A, et al. 2004. A new tool to upload spatial reservoir heterogeneity for upscaled models [C] //SPE Latin American and Caribbean Petroleum Engineering Conference.

Journel A G. 2002. Combining knowledge from diverse sources: an alternative to traditional data independence hypotheses [J]. Mathematical Geology, 34 (5): 68-75.

Journel A G, Huijbregets C J. 1978. Mining Geostatistics [M]. London: Academic Press: 600.

Larson, D E. 1984. Migration as a seismic modeling tool [C] //1984-0776 SEG Conference Paper, Atlanta.

Legge J A, Rupnik J J. 1943. Least squares determination of the velocity function $V=v_0+kz$ for any set of time depth data [J]. Geophysics, 8 (4): 356-361.

Li S, Fomel S. 2013. A robust approach to time-to-depth conversion in the presence of lateral-velocity variations [C] //SEG Houston Annual Meeting, Houston.

Ma Y Z, Pointe P. 2011. Uncertainty Analysis and Reservoir Modeling, Developing and Managing Assets in an Uncertain World [M]. Tulsa: American Association of Petroleum Geologists Memoir 96.

Matheron G. 1965. Principles of geostatistics [J]. Economic Geology, 58: 1246-1266.

Mavko G, Dvorkin J. 1998. The Rock Physics Handbook [M]. Cambridge: Cambridge University Press: 329.

Mavko G, Mukerji T. 1998. Rock physics strategy for quantifying uncertainty in common hydrocarbon indicators [J]. Geophysics, 63: 1998-2008.

McDonald J A, Tatalovic R. 1986. Modeling 4D Seismology [C] //the SPE/DOE Fifth Symposium on Enhanced

Oil Recovery of the Society of Petroleum Engineers and the Department of Energy, Tulsa.

Meinguet J. 1979a. Multivariate interpolation at arbitrary points made simple. Zeitschrift für angewandte Mathematik und Physik [J]. ZAMP, 30 (2): 292-304.

Meinguet J. 1979b. An intrinsic approach to multivariate spline interpolation at arbitrary points [C] //Polynomial and Spline Approximation. Dordrecht: Springer: 163-190.

Mukerji T, Jørstand A, Avseth P, et al. 2001a. Mapping lithofacies and pore-fluid probabilities in a North Sea reservoir: Seismic inversions and statistical rock physics [J]. Geophysics, 66: 988-1001.

Mukerji T, Avseth P, Mavko G, et al. 2001b. Statistical rock physics: combining rock physics, information theory, and geostatistics to reduce uncertainty in seismic reservoir characterization [J]. The Leading Edge, 20: 313-319.

Neff D B. 1990. Estimated pay mapping using three-dimensional seismic data and incremental pay thickness modeling [J]. Geophysics, 55 (5): 567.

Omre H. 1987. Bayesian kriging- merging observations and qualified guesses in kriging [J]. Mathematical Geology, 19 (1): 25-39.

Pyrcz M J, Deutsch C V, 2014. Geostatistical Reservoir Modeling [M]. Oxford: Oxford University Press.

Santos H B, Valente L S S, Costa Jessé C, et al. 2015. Time- to- depth conversion and velocity estimation by wavefront-propagation [C] //SEG New Orleans Annual Meeting, New Orleans.

Slotnick M M. 1936. On seismic computations, with applications II [J]. Geophysics, 1 (3): 299-305.

Sonneland L, Barkved O, Hagenes O. 1990. Reservoir Characterization by Seismic Classification Maps [C] // the 65th Annual Technical Conference and Exhibition of the Society of Petroleum Engineers, New Orleans.

Sripanich Y, Fomel S. 2017. Fast time- to- depth conversion and interval velocity estimation with weak lateral variations [C] //SEG International Exposition and 87th Annual Meeting, Houston.

Takanashi M. 2014. Influence of small- scale lateral heterogeneity on seismic velocity analysis and time- to- depth conversion [C] //the International Petroleum Technology Conference, Kuala Lumpur.

Turpin P, Gonzalez- Carballo A, Bertini F, et al. 2003. Velocity volume and time/depth conversion approach during Girassol field development [C] //SEG Conference Paper, San Antonio: 2003-2179.

Zhang L, Liu H. 2009. A migration correction approach to time- to- depth conversion of velocity [C] //SEG Houston 2009 International Exposition and Annual Meeting, Houston.

Zhang T. 2015. MPS- driven digital rock modeling and upscaling [J]. Mathematical Geosciences, 47 (8): 937-954.

第5章 水平井建模研究

5.1 水平井建模的发展现状

水平井在恢复老井产能、提高油气井产能和开发重油油藏等方面具有显著优势，并广泛应用于老油田、低渗油气田以及重油油藏的开发中（汪志明等，2015；赵继勇等，2015；刘合等；2015；韩德金等，2014）。目前已出现以水平井井网开发为主的各类油气田，不同于以往利用直井信息建模，水平井信息的参与对储集层地质建模结果有显著影响（Ma et al.，2008；Rodriguez et al.，2007；Junker et al.，2006；Capen，2001；Doligez and Chen，2000）。由于水平井水平段延伸距离长，水平段对砂体及相应物性参数的描述变得更加精细（王伟，2012；郝建明等，2009）。

已经出现了多篇专门研究水平井地质建模过程的文献，这些文献研究了水平井给地质建模带来的影响以及应该采取的应对措施。

Tsyganova（2011）分析了水平井建模过程中不确定性的来源；同时，研究了储层有效厚度、储层渗透率等不确定性参数，并对它们影响水平井性能的程度进行评价。这些不确定性参数应该会根据它们的范围和等级进行识别和估计。在具有大量不确定性因素的非均质各向异性储层中，单个模型，即使是和生产历史相匹配的模型，都不会得到精确的水平井特性预测。因为建模结果的不唯一性，就需要进行多个变量的预测。最后，指出应用蒙特卡罗技术及自动历史匹配可以生成对水平井更多的可信预测。作为结果，会有更为可靠的模型被创建出来。建模中不确定性的研究也会导致需要进行不确定性管理。

Muda等（2013）研究了多分支水平井建模技术，并应用于长北气田开发。他们指出，应用多分支的水平井技术使得长北气田中致密砂岩气的经济开发最大化。一般来说，水平井设计时所用到的储层模型主要受控于直井。然而，在大量水平井完钻后，需要通过水平井对储层模型进行更新，以便对剩下的已经设计的水平井进行再规划。对长北气田具有高度储层非均质性的辫状河杂岩来说，将水平井数据有效且正确地纳入已存的储层模型中是主要的难题之一，尤其具有挑战性。

Suta和Osisanya（2004）研究了地质建模优化复杂油藏水平井设计技术。他们指出，在具有空间上的地层学变化、构造复杂的薄储层目标中，水平井地质建模的作用更加突出。这种模型的构建过程，一般通过整合探井和生产井的数据及地震数据，以便获得现有储层结构中所存在的更加有效的流动单元分布及层面倾角。

Polyakov等（2013）提出了利用地质模型进行大斜度井及水平井测井数据解释的一个新方法，以便对大规模油藏研究中的测井资料进行研究。该工作流程的第一步是进行基于物理学的建模及测井曲线反演，进而获得边界与断裂、倾角、交错层理等的储层结构，以及近井眼的高分辨率性质。随后，三维地质模型随着在第一步测井解释中所获得的几何信息及物性信息进行自动更新。所用的方法以网络服务的形式与地质建模流程相互结合。以采收率提高25%为最终目标，在一个巨大的碳酸盐岩油田研究中采用该方法解释了上百口大斜度井或水平井。

Ait-Ettajer等（2014）提出了水平井测井粗化所产生的不确定性及该不确定性对孔隙体积和储量所带来的影响。该文指出，在进行储层建模及经济评价的过程中，对水平井的集成研究成为一个重要的任务。这主要归因于水平井钻井技术的发展以及水平井测井技术的提高。然而，测井数据所能代表的规模远远小于油藏的规模，水平井粗化所带来的不确定性为整合水平井带来了挑战。这样，在对储层原地生烃量及动态特性预测方面的潜力进行评价之前，会出现大量可能发生的建模结果。将提出一个过程来对水平井测井粗化所产生的不确定性进行量化并建模。随后，研究了不确定性及孔隙体积所带来的影响，并对相关油气储层的储量经济评价进行探讨。

本章在分析水平井数据采集特点的基础上，指出水平井所特有的布井方式，其在特定方向上具有大信息量的数据，对于数据统计分析、变差函数计算等将造成较大影响，并阐述水平井在参与储集层建模过程中存在的沉积微相建模、储集层物性建模及概率储量计算的误区及其原因，进而提出了合理应用水平井资料建立高精度地质模型的策略（黄文松等，2017）。

本章以委内瑞拉奥里诺科重油带MPE3油田为例，在分析水平井信息特征的基础上，对比直井和水平井数据分布和变差函数的差异，针对将水平井信息直接应用于地质建模中产生的大数据误区，提出相应的建模策略。本章的研究表明，由于研究区水平井具有数据信息量大、井轨迹方向性强、砂岩钻遇率高的特点，会造成不符合地质认识的变差函数分析结果，进而在沉积微相和储集层物性建模以及概率储量预测上产生误区。建模时，首先采用直井信息对分流河道砂体分布进行变差函数分析，通过沉积相控、地震约束的方法建立岩相框架；再利用水平井信息反映储集层内部非均质性精度高的特点，结合直井信息进行泥质隔夹层的变差函数分析，建立相应的储集层岩相精细模型。最后，建立储集层物性模型，并分井区计算地质储量。该建模策略能够真实反映地质特征，且有效提高了井间砂体预测的精度，增强了储集层地质模型的可靠性。

5.2 水平井数据采集的特点

本章的研究区奥里诺科重油带MPE3油田位于东委内瑞拉盆地南缘。研究区采用丛式水平井方式整体开发，平均井间距为300 m，井轨迹多为东西向，单井水平段长度达800～1200 m。研究采用目的层31口直井和197口水平井的相关资料（图5-1）。

5.2.1 数据信息量

由于研究区水平井的水平段横向延伸距离远，水平井参与模拟的信息数据量很大。在应用直井和水平井联合建模时，水平井资料的数据点相比直井资料具有数量上的绝对优势。研究区目的层M段平均厚度为20m，测井数据采样间隔0.125m。单一直井的数据采样

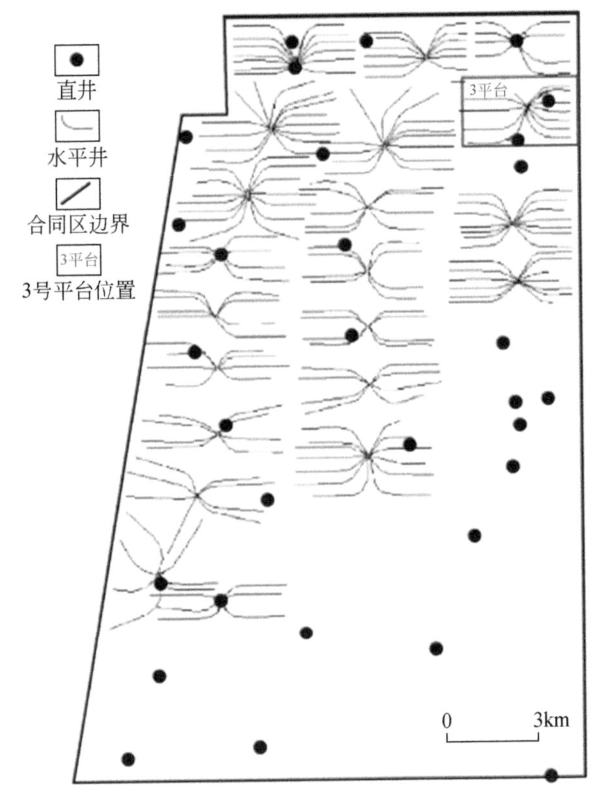

图5-1　MPE3区直井与水平井分布

点约为160个；而水平段长度达到800～1200m，单一水平井的测井数据采样点为6400～9600个。将两种井型数据采样在三维网格上表示（图5-2），水平井数据点远远超过直井数据点，其对建模结果的影响巨大。这就是地质统计学中的大数据效应（Ma et al.，2008）。

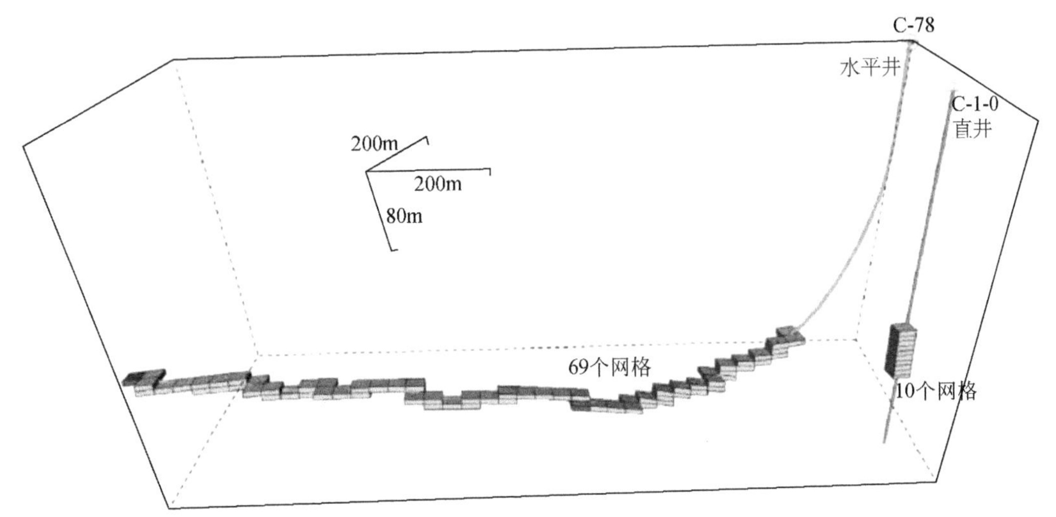

图5-2　水平井与直井数据网格化

5.2.2　数据的空间分布

研究区内水平井多以平台方式集中布井，每个开发平台平均部署 8 口水平井，水平段间距 300 m，占地面积约为 4 km^2（图 5-3）。平台范围内水平井数据点可达 76800 个，这些数据量大而且分布集中，在建模过程中导致局部数据对整体模型有较大影响。同时平台内水平井轨迹相互平行，呈东西向展布，而研究区沉积物源供给呈南西—北东向，水平井数据方向与物源方向接近垂直，这就造成变差函数分析过程中主变程方向可能受到水平井轨迹的影响，而与实际物源方向不一致。因此，采样点分布不均或在特定方向上堆积大量数据造成不符合地质体实际分布的地质学统计，会引起储集层建模数据分析（变差函数分析）时的大数据误区。

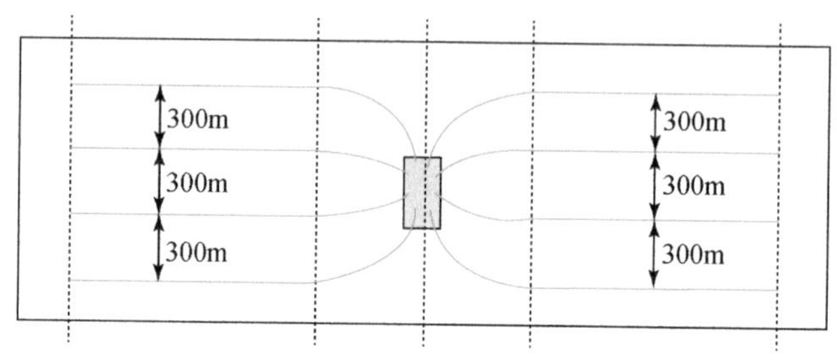

图 5-3　平台布井模式图

5.2.3　砂岩钻遇率

研究区钻井过程中根据地质导向系统对水平井进行井眼轨迹调整，选择性钻遇砂岩而避开泥岩和差储集层段，从而提高单井砂岩钻遇率。因此，水平井反映出更多的砂岩信息，导致砂泥比远远大于地下真实情况。目的层钻井统计结果表明，水平井钻遇砂岩比例与直井相差 17.0 个百分点（图 5-4）。因此，在数据统计与分析时，水平井资料的参与将会导致砂

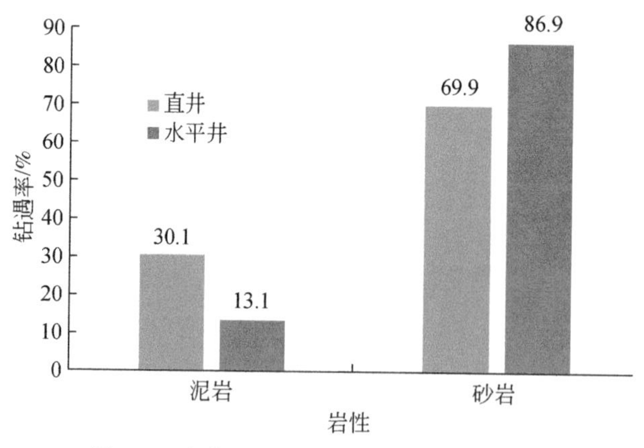

图 5-4　直井和水平井砂泥岩钻遇率对比图

泥比大幅度增加，从而造成模型中砂泥比高于实际的情况。同时，由于水平段往往钻遇优质储集层，反映得更多的是好储集层的孔隙度、渗透率、含油饱和度等信息，会使统计的储集层物性值偏大，进而导致储集层物性模型有悖于地下真实的储集层物性分布规律。

5.3　变差函数分析

变差函数是表征变量的空间相关性与空间变异性的重要概念。对测井数据的空间分布特征进行分析时，变差函数的变程、方向等参数可以提供对物源方向、砂体展布特征等方面的关键认识；通过地质统计学方法进行物性参数建模时，需要利用变差函数对孔隙度、渗透率、含油饱和度等参数进行统计分析和计算。

5.3.1　沉积微相的变差函数分析

空间变量的变差函数的变程和方向密切相关，主方向为变差函数变程最大的方向，它代表对应空间变量连续性最好的方向，次方向则对应于最短的方向，垂直于主方向。

本研究区主要储集层为辫状分流河道砂体。分别对研究区水平井和直井的分流河道砂体分布做变差函数分析。在原点附近，水平井所提供的点对远远多于直井，数据点相对更加集中。根据图5-5和图5-6可以发现：①水平井比直井数据的半方差分布更有规律；②水平井比直井数据变程更小，直井的主、次变程分别为4873.3m、2583.8 m；而水平井的主、次变程分别为730.5 m、553.2 m；③水平井数据与直井数据的主变程方位角不同。

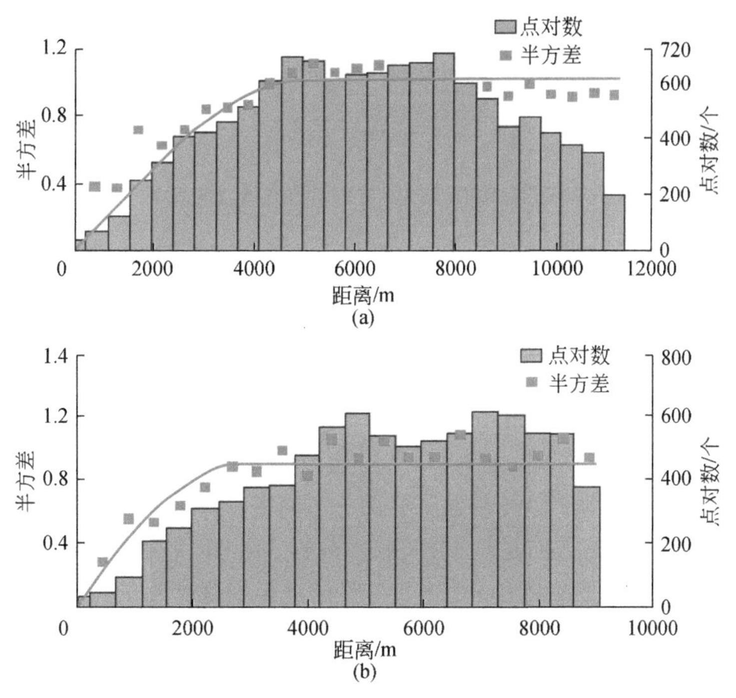

图5-5　直井数据分流河道砂体变差函数分析（主变程方位角30°）

（a）主变程；（b）次变程

这是由于水平井数据在平台内集中出现，水平段数据点密集分布并且沿轨迹呈线性展开，使变差函数的值沿一个方向集中出现；水平井选择性钻遇砂体导致储集层数据相对均匀，点对分布更有规律，同时变程相应更短，主变程的方向与轨迹方向一致。对于全区分布的直井，由于目的层分流河道砂体呈比较连续的大范围分布，变差函数分析中主、次变程则数值偏大。模型上反映出直井模拟的砂体分布广且宽度大，水平井由于是按井区布井，模拟的砂体多为集中分布并呈条带状。从区域地质研究的基础上分析，直井变差函数分析结果更符合地质认识。

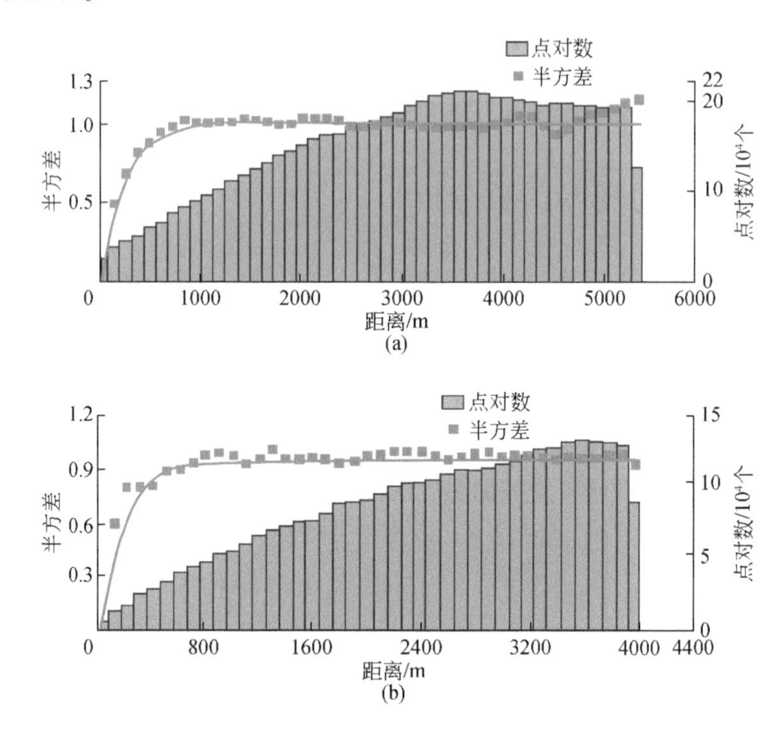

图 5-6　水平井数据分流河道砂体变差函数分析（主变程方位角 90°）

（a）主变程；（b）次变程

5.3.2　物性参数的变差函数分析

在相控条件下，直井、水平井、直井+水平井的孔隙度变差函数分析结果表明，水平井计算得到的变程比直井、直井+水平井对应的更短（表 5-1）。仅用直井分析得到的孔隙度连续性最好的方向与砂体优势展布方向（即分流河道延伸方向）一致；仅用水平井分析得到的孔隙度连续性最好的方向是水平井轨迹方向；而同时采用直井+水平井分析得到的孔隙度连续性最好的方向则表现出以上两种井型的数据混合产生的折中效应，既不能代表物源方向，也不能代表水平井轨迹方向。同样，渗透率、含油饱和度的变差函数分析结果也有类似的特点。因此，直井分析得到的物性参数的变差函数更能满足沉积规律认识，更具有真实性。

表5-1　不同类型井数据得到的孔隙度变差函数

井型	主变程方位角/(°)	主变程/m	次变程/m
直井	30	1701.9	1113.3
直井+水平井	45	1059.7	912.2
水平井	90	965.1	666.1

5.4　水平井建模的大数据误区

5.4.1　沉积微相建模误区

水平井资料在特定方向收集的大量数据造成了数据统计与变差函数分析方面的偏差，于是在沉积微相建模、储集层物性建模及概率储量计算方面产生了误区，以下逐一进行分析。

1. 沉积粒度韵律

由于水平井数据为水平方向数据，不能像直井一样反映沉积的垂向演化过程，因此也就反映不出沉积粒度韵律性或沉积微相类型的变化。分流河道沉积垂向表现为正韵律，而水平井横向钻进的地层为相对均质砂岩，没有垂向的韵律特征。由于水平井优势数据的影响，在井间和远离井的位置，储集层特征模拟结果会趋向水平井井段砂体特征，表现出均质化，破坏了真实的砂体粒度韵律特征。

利用序贯指示模拟方法，分别采用直井、水平井、直井+水平井数据对目的层展开岩相模拟（图5-7），仅利用直井数据的模拟结果保持了分流河道砂体在垂向上下粗上细的正粒序特征；仅利用水平井数据模拟，在远离水平井的位置，地层表现出均质化的倾向；利用直井+水平井数据模拟，井间地层也出现了均质化的倾向。因此，可以看出由于研究区水平井优势数据的影响，储集层建模结果受沉积微相控制作用减弱，建模的结果与实际储集层存在明显偏差。

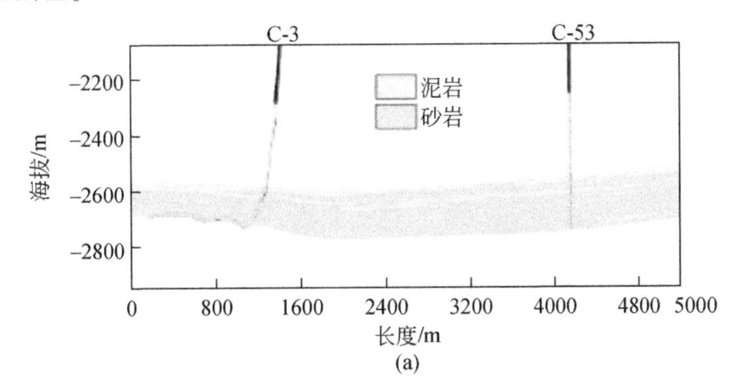

(a)

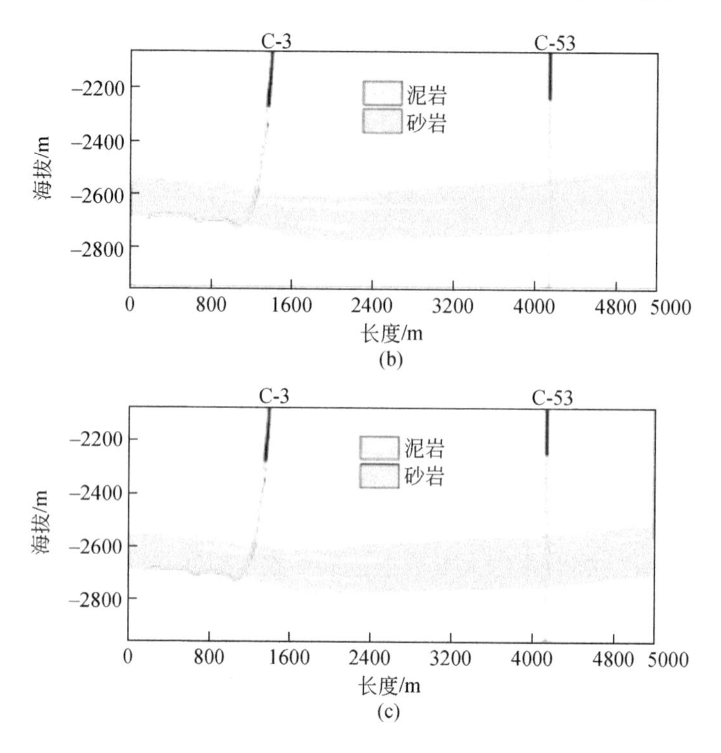

图 5-7　直井和水平井岩相模拟剖面

（a）直井；（b）水平井；（c）直井+水平井

2. 沉积微相分布

这里的研究利用地震波阻抗数据体作为约束，利用直井、水平井、直井+水平井数据进行沉积相建模并对比其结果的微相比例（图 5-8，表 5-2）。可以看出，直井数据模拟结果的分流河道微相所占比例最小，水平井数据模拟结果的分流河道微相所占比例最大，直井+水平井数据模拟结果的分流河道微相所占比例介于前两者之间。因为水平井数据中砂岩所占比例明显比直井数据高，而砂岩发育的主要微相是分流河道，所以利用水平井数据进行沉积微相建模会造成河道微相所占比例偏高。

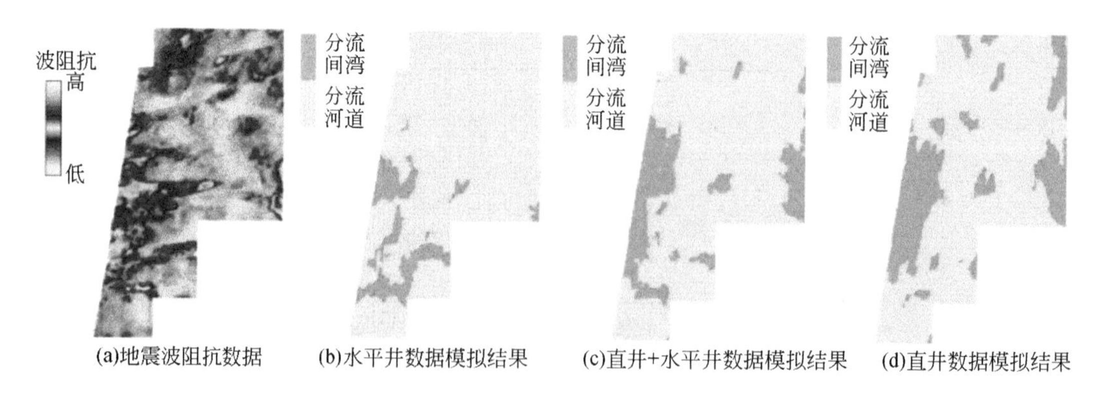

图 5-8　不同类型井数据模拟的沉积微相分布图

表 5-2　不同井数据模拟的微相分布

井型	分流河道比例/%	分流间湾比例/%
直井	78.3	21.7
直井+水平井	81.4	18.6
水平井	86.8	13.2

5.4.2　物性建模误区

研究区的沉积微相空间分布模型，在相同的相模型约束下，利用序贯高斯方法，分别采用直井、直井+水平井、水平井的资料模拟物性参数的空间分布。

比较不同井数据建立的孔隙度和含油饱和度模型的数据分布区间可以看出，直井、水平井以及直井+水平井数据相应的孔隙度以及含油饱和度建模结果的直方图形态大致相近(图5-9和图5-10)，但在孔隙度为32%～35%以及含油饱和度为88%～92%的区间内，水平井建模对应的数值最大，直井建模对应的数值最小，直井+水平井建模的数值与水平井建模的数值差异较小，这说明由于水平井数据量占绝对优势，对数据分布规律起主要控制作用。同时，从直井、直井+水平井、水平井所建立的物性模型的平均值（表5-3）可以看出，用后两种模式的井数据建模得到的孔隙度和含油饱和度平均值与直井建模相比均呈明显增大的趋势。这说明，即使在相同的相模型约束下，水平井数据依然给属性模型带来了明显影响，总体造成属性值偏高的现象。因此，为反映沉积相对物性的影响，本次建模采用直井信息进行变差函数分析。

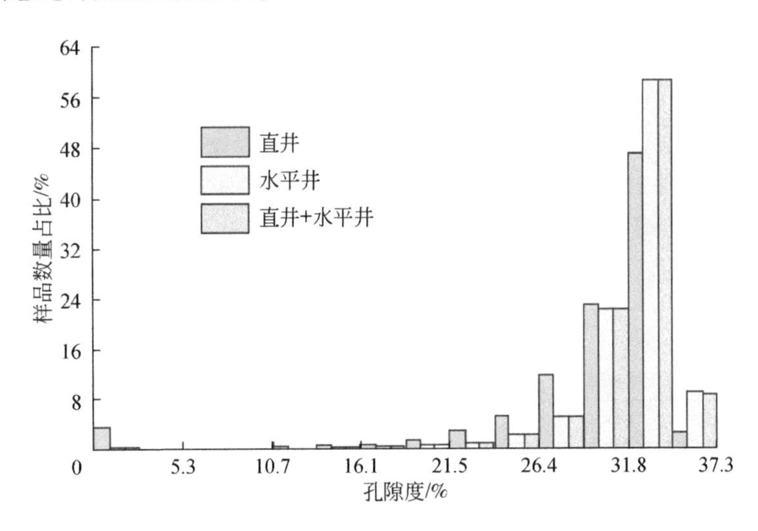

图5-9　孔隙度模拟结果

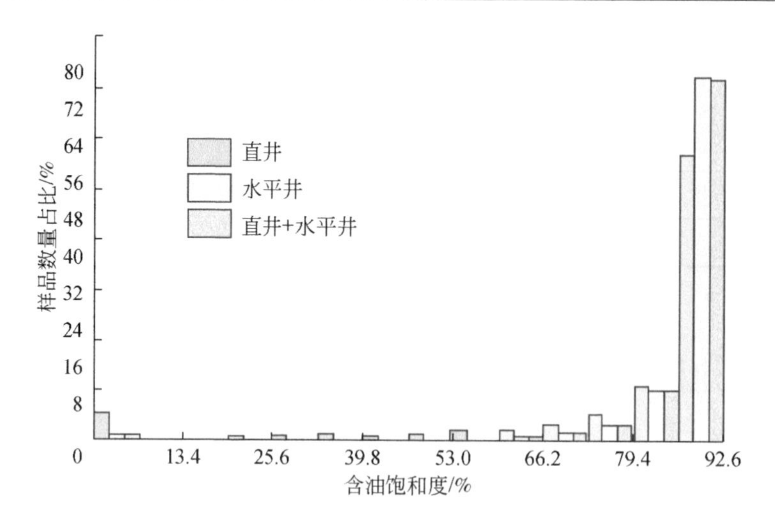

图 5-10　含油饱和度模拟结果

表 5-3　不同井数据模拟的物性参数

井型	孔隙度/%	含油饱和度/%
直井	29.56	77.31
直井+水平井	31.89	85.77
水平井	31.92	85.84

5.4.3　概率储量预测误区

研究孔隙度、含油饱和度的空间分布后，可以计算油气概率储量，采用不同建模结果分别计算得到目的层12个平台储量（表5-4）。其中，水平井求得的概率储量 P_{50} 比直井求得的概率储量 P_{50} 增加了约9%，水平井+直井求得的概率储量 P_{50} 比直井求得的概率储量 P_{50} 增加了约4%。水平井数据求得的概率储量与直井、直井+水平井求得的概率储量进行比较，前者明显大于后两者。

表 5-4　不同井数据计算的概率储量

井型	$P_{90}/10^9$t	$P_{50}/10^9$t	$P_{10}/10^9$t	$(P_{10}-P_{90})/10^9$t
直井	3.675	3.689	3.700	0.025
水平井	3.995	4.017	4.029	0.034
直井+水平井	3.823	3.832	3.840	0.017

注：P_{10}，P_{50}，P_{90} 表示累计概率为10%，50%，90%的储量

5.5　水平井建模策略

由于储集层内部水平段数据大量增加，与直井相比，在水平段轨迹附近模型精度和分

辨率提高，这是常规直井和地震资料难以达到的。但是如前所述，由于研究区水平井在特定方向具有大数据信息，建模时若直接利用水平井数据进行数据统计分析，则会产生大数据误区。针对这一情况，采取如下储集层建模策略：考虑到水平井反映的沉积微相信息比较弱，岩相的信息比较强，因此储集层建模时在地震资料与沉积相带模式的约束下，首先建立岩相模型而非沉积微相模型，然后在岩相模型的控制下，进行物性建模；最后再进行储量计算，这样可以得到更为可靠的储集层建模结果。

5.5.1　岩相模型的建立

1. 地震约束建立岩相框架模型

本区主要是砂质辫状河-三角洲平原沉积，虽然存在一些不同的岩相，但总体粒度相对比较细，因此本次建模进行了简化，把砂岩类的岩相统一归并为砂岩类，偏泥岩类的岩相统一归为泥岩类，仅建立简单的砂泥岩两种岩相模型。建立相模型时应用地震资料做岩性概率分布约束，充分利用地震数据中具有井间确定性的岩性反演数据，降低井间砂体模拟的不确定性，以规避水平井在特定方向大数据信息产生的统计误区。本区地震反演资料主频为40～50Hz，地震层速度约2600m/s，可以识别有效厚度为15m以上的砂体。研究区主力层砂体厚度大于20m，并且分布连续。因此，利用反演资料能够有效识别砂体的空间展布形态。根据岩石物理学分析得到砂泥岩波阻抗截断值为5.5×10^6kg/(m^2·s)，大于此值为砂岩，反之为泥岩。将时深转换后的地震岩性反演数据进行合理截断，以体现沉积格局为原则，得到作为约束条件的岩相框架模型，该模型能够更加真实地反映岩相的空间分布特征。

2. 岩相框架模型约束建立岩相精细模型

由于受到地震反演体分辨率的限制，岩相框架模型仅能够反映砂岩空间展布趋势，无法准确刻画薄层和隔夹层的空间形态。这种情况下充分利用水平井储集层内部隔夹层分辨率高的特点，以岩相框架模型为约束，采用岩性指示模拟方法得到岩相精细模型。此外，水平井数据参与岩相模拟，但不参与分流河道砂体分布数据分析与变差函数计算；因为分流河道中隔夹层本身相对不太发育，且延伸距离短，水平井恰恰能够反映这一问题，所以水平井信息参与分流河道中泥质隔夹层数据分析，实际得到的泥质隔夹层主变程为1275m，次变程为825m（图5-11），变程明显低于前述直井数据模拟分流河道砂体的变程，说明隔夹层在分流河道砂体内部发生变化。

岩性在空间变化上遵从直井统计的数据分布，客观反映了地层的沉积特征，避免了水平井建模时大数据量造成统计结果不符合地质实际的情况。模拟结果在井点处忠实于井点信息，井间受岩相框架模型的约束，同时由于水平井数据参与了泥质隔夹层变差函数分析与建模，精细刻画了薄层和隔夹层的形态，使储集层内部分辨率明显提高（图5-12）。

在充分考虑水平井大数据信息对相建模的影响，并在误区分析的基础之上，将采取相控的序贯高斯模拟的方法建模，具体步骤如下。

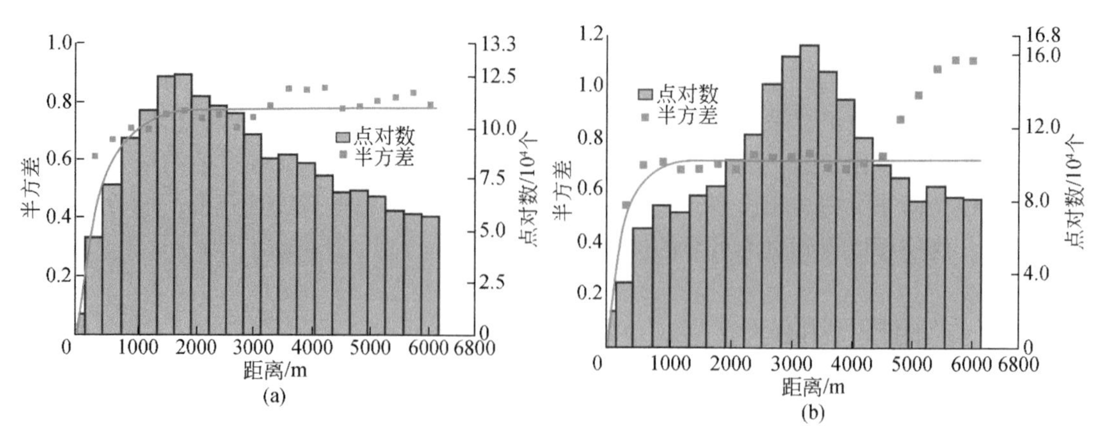

图 5-11　水平井+直井泥质隔夹层变差函数分析

（a）主变程；（b）次变程

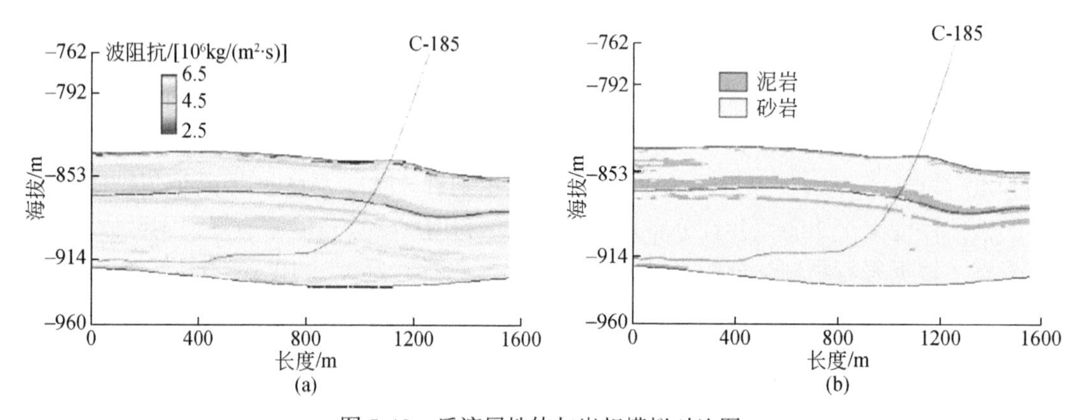

图 5-12　反演属性体与岩相模拟对比图

（a）地质反演属性体；（b）岩相框架模型

第一步：沉积相模型建立。

因为岩相的分类主要参照储层的孔渗数值，而孔渗的值则直接反映了沉积微相的类型，所以应用沉积相控岩相建模比较比较合理。根据早期研究的沉积相平面分布图，按照微相类型将沉积微相电子化（图 5-13）。

第二步：井数据网格化，将单井上的曲线粗化到对应的网格中小层沉积微相。

第三步：在本次建模过程中，根据沉积相研究成果及前人关于河道砂体宽厚比的经验公式，并参考计算得到变差函数，给定变差函数的参数，主要是变程和方位角。变程的主方向大体为主流线方向，主变程大体相当于单砂体的长度，次变程大体相当于单砂体的宽度，而垂向变程大体相当于一个单一沉积单元的厚度。因为研究区各小层河道砂体规模变化较大，所以实际相建模过程中根据统计的各小层各相厚度，分别赋予不同的主变程、次变程及垂向变程，并参考各小层平面相图上河道的流向给定方位角。

第四步：相控约束下的序贯高斯模拟岩相建模，以目的层段 O-12s-1 小层为例，该小层微相类型主要为辫状河道、心滩、泛滥平原及辫曲转换河道。各微相都代表各自特定范围的孔渗范围，而岩相的划分则主要根据孔渗的数值不同进行划分，因此通过相控的趋势

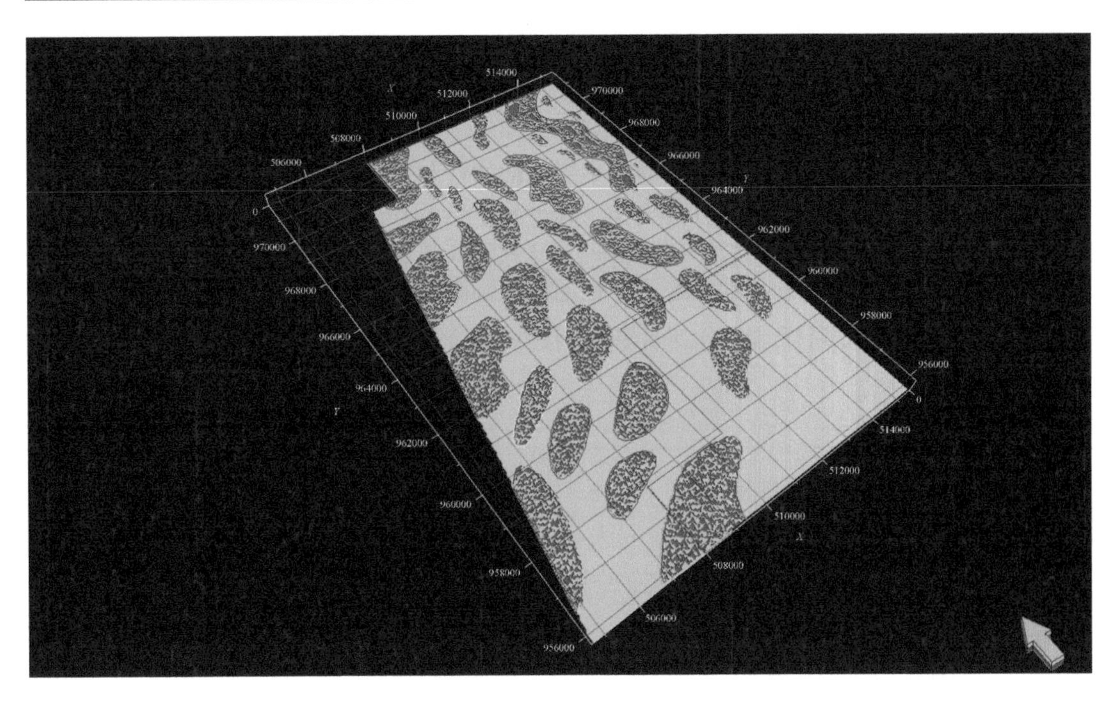

图5-13　小层沉积微相电子化图版（O-12s-1）

面建模之后，岩相的模拟结果在平面上分布更为合理（图5-14），如代表辫曲转换部分的岩相主要分布于研究区东北部，代表心滩的高孔渗岩相主要分布于研究区的中西部等，与早期沉积微相的研究结果较为一致。

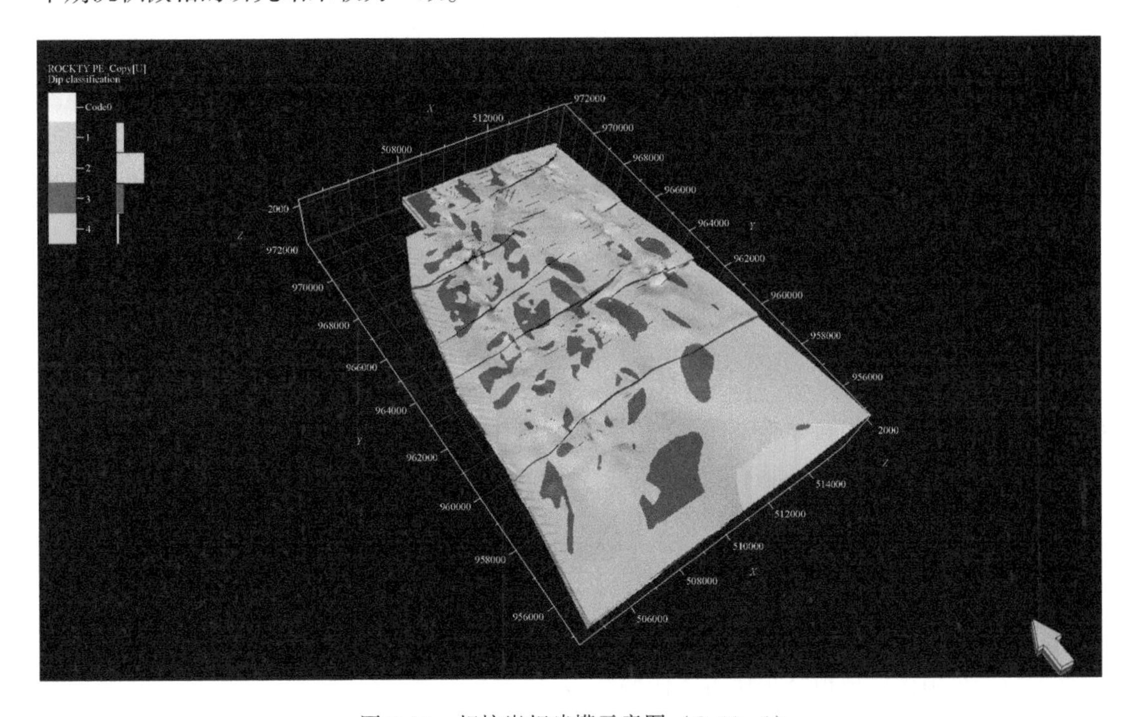

图5-14　相控岩相建模示意图（O-12s-1）

5.5.2　物性模型的建立

利用水平井参与建模可以明显提高储集层内部物性和非均质性的描述精度。建模过程中，在岩相模型的约束下，首先分析岩相与物性的相关关系，仅利用直井采样点求取储集层物性参数概率分布和变差函数，然后将水平井和直井数据共同用于建模过程，既在垂向上保持了砂体韵律特征，又充分发挥了水平井精细刻画储集层内部物性分布的特点。水平井和直井相比，模型的孔隙度在水平井轨迹附近变化较快，能真实地反映储集层内部物性变化（图5-15）。

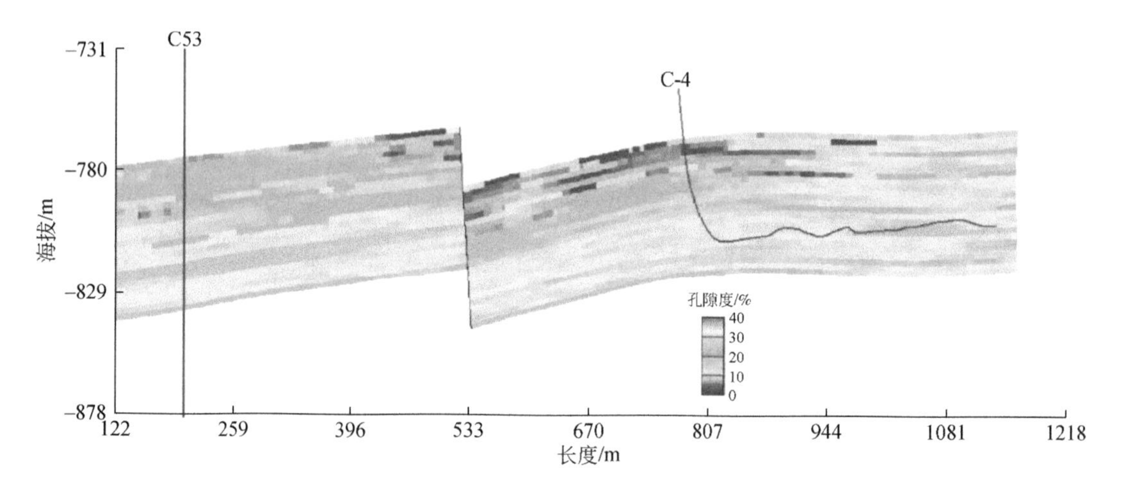

图5-15　直井+水平井孔隙度模拟剖面

在充分分析与考虑水平井大数据特征给物性模拟带来变差函数及孔隙度模拟结果的影响之后，提出以下建模方法。建模过程中，在岩相模型的约束下，首先分析岩相与物性的相关关系，然后仅利用直井采样点求取储层物性参数概率分布和变差函数，之后水平井和直井数据共同参与建模过程，充分发挥水平井精细刻画储层内部物性分布的特点，能够显著提高储层描述精度。水平井和直井相比，模型的孔隙度在水平井轨迹附近更加具有变化，更能够真实地反映平面物性的变化规律（图5-16和图5-17）。

由于水平井数据的影响，总体会造成属性值呈现偏高的现象，但是通过改进本次物性建模的方法后，从建模结果分析来看（图5-18和图5-19），对于孔隙度，其主要分布于0.33~0.36，但是该区间其模拟结果偏小，而在0.1~0.32的区间内，其模拟的结果却偏大；渗透率的分析结果同样具有相似的特征。分析其原因主要为：在主频区内物性模拟的结果有所降低是因为在求取建模变差函数时，仅利用直井采样点求取储层物性参数概率分布和变差函数，之后水平井和直井数据共同参与建模过程，这样就降低了由水平井大数据造成的建模结果偏大的影响；另外，在低值区建模结果偏大主要是因为，在研究区东南部区域，由于井位较少，可控制因素较少，导致模拟时该区域被赋予物性的低值，从而导致物性分析的低值区的模拟结果所占比例偏高。

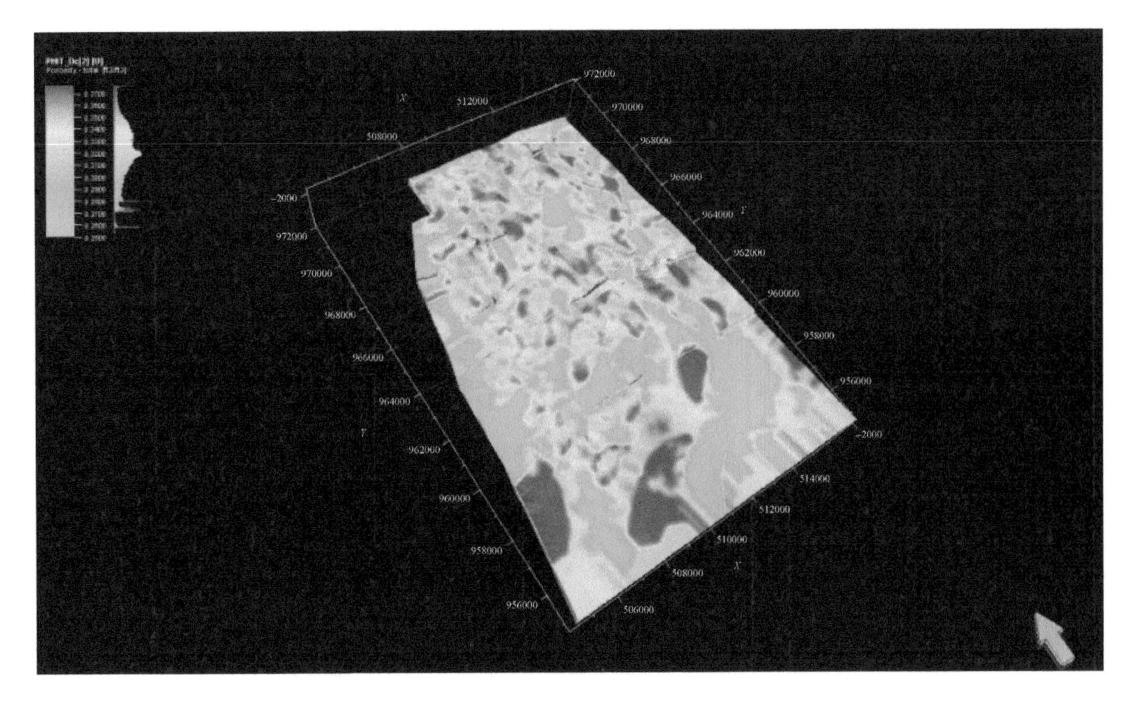

图5-16　孔隙度模型（O-12s-1）

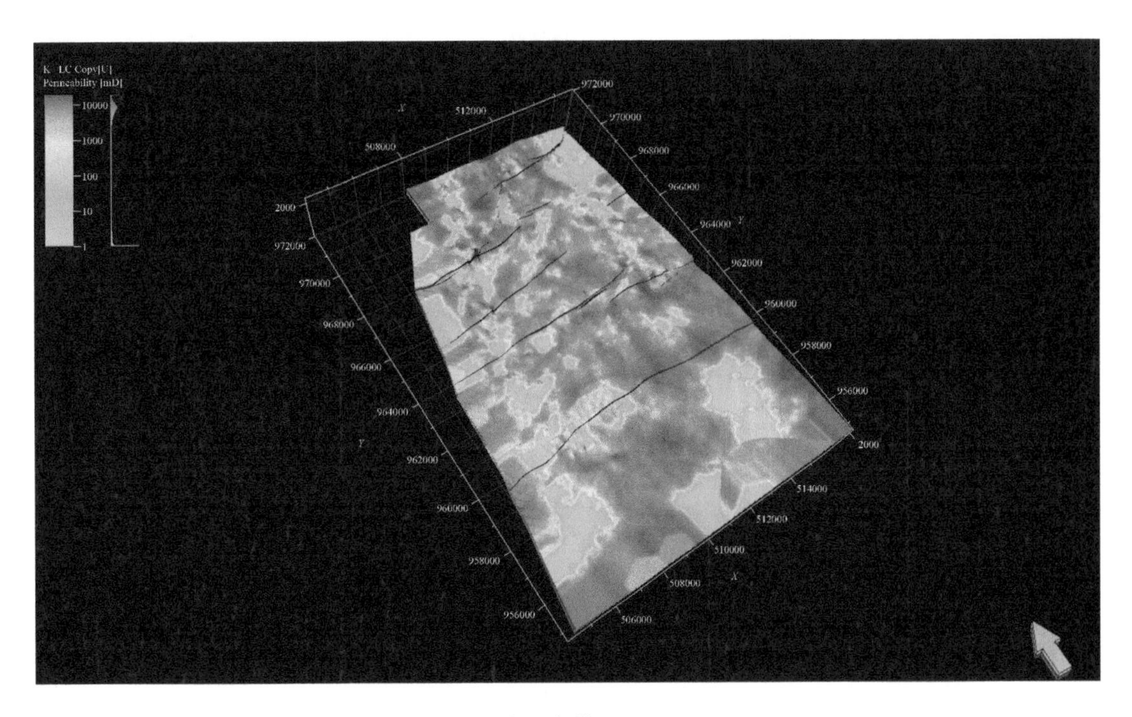

图5-17　渗透率模型（O-12s-1）

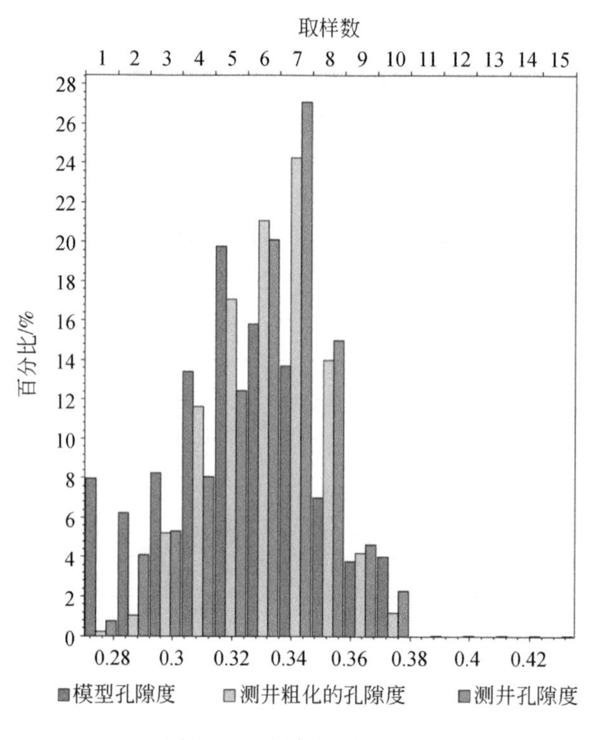

图 5-18　孔隙度分析结果

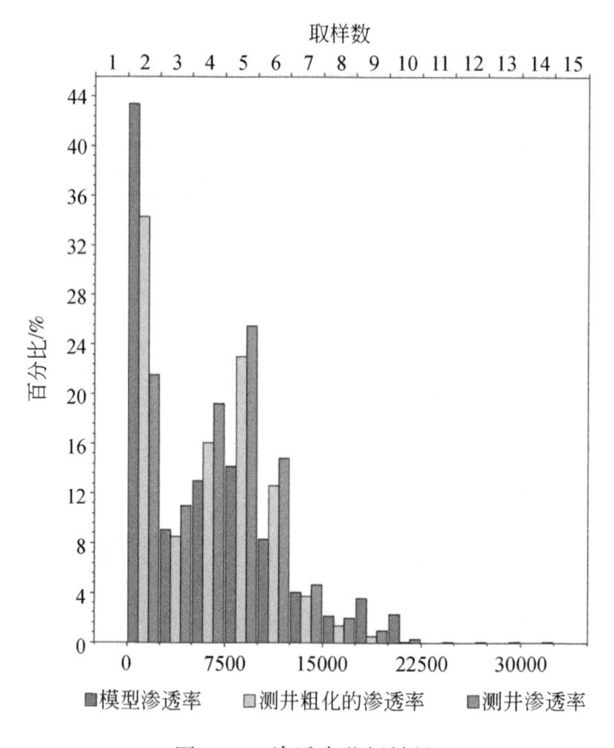

图 5-19　渗透率分析结果

5.6 储量计算

由于水平井集中分布在各钻井平台范围内，大量的数据点能够精细地描述储集层内部物性、含油性的分布特征。利用上述特点，通过分平台建模，可以精细描述单个平台或多个连续平台的储集层分布特征，更准确地计算每个钻井平台所控制的地质储量，然后进行叠加就可以得到总的地质储量，这样可以满足美国证券交易委员会（United States Securities and Exchange Commission，SEC）储量申报和精细数模的要求。

以开发区内3号平台为例（图5-1中的红色框内的区域）说明单一钻井平台建模过程。该平台面积4.31 km^2，有2口直井，12口水平井，平均水平段长度为980 m。建模过程中，首先利用全区范围内的岩相模型切割出该平台范围的岩相模型；然后基于全区范围内的直井变差函数分析得到主、次变程及方位角；再根据该平台范围内的直井和水平井在建模层段的近似垂直段（井斜小于80°），统计孔隙度及含油饱和度的数据分布；最后利用该平台内所有井（水平井+直井）数据分别完成孔隙度、含油饱和度模型建立。利用该方法计算该平台控制的地质储量为0.71×10^9t，而采用全区模型计算该平台控制的地质储量为0.69×10^9t。分平台模拟是在满足区域沉积特征的前提下，仅利用该平台井数据参与建模，用此方法建立的模型对单一平台储集层物性的描述更加精细，与利用全区模型计算的平台控制储量相比，结果更加准确。

5.7 小　结

通过本章水平井在储层建模过程中应用的研究，最大限度规避了非储集层和差储集层段，有效提高了储集层的钻遇率。但由于数据点集中于特定方向，且砂岩数据点明显多于泥岩数据点，直接采用水平井数据进行建模就会在沉积、储集层等多个方面产生统计偏差，导致砂泥比、孔隙度、渗透率、含油饱和度、概率储量等平均值明显高于仅用直井进行建模的结果。水平井数据信息量大，这是常规直井和地震资料难以达到的，所以在利用水平井资料建模的过程中，采用地震约束岩相模型，根据岩相类型采用不同井型数据进行变差函数分析，进而建立岩相模型，然后分平台建立相应的属性模型并计算储量。这样，既可以充分利用全区变差函数分布规律，又可以发挥水平井数据精细描述局部区域储集层内部特征的特点，在更真实反映储集层地质特征的前提下，提高储集层模型与储量计算的精度。

参考文献

韩德金，王永卓，战剑飞，等.2014. 大庆油田致密油藏井网优化技术及应用效果［J］. 大庆石油地质与开发，33（5）：30-35.

郝建明，吴健，张宏伟.2009. 应用水平井资料开展精细油藏建模及剩余油分布研究［J］. 石油勘探与开发，36（6）：730-736.

黄文松，王家华，陈和平，等.2017. 基于水平井资料进行地质建模的大数据误区分析与应对策略［J］. 石油勘探与开发，44（6）：939-947.

刘合，兰中孝，王素玲，等. 2015. 水平井定面射孔条件下水力裂缝起裂机理［J］. 石油勘探与开发，42（6）：794-800.

汪志明，杨健康，张权，等. 2015. 基于大尺寸实验的水平井筒压降预测模型评价［J］. 石油勘探与开发，42（2）：238-241.

王伟. 2012. 水平井资料在精细油藏建模中的应用［J］. 岩性油气藏，24（3）：79-82.

赵继勇，樊建明，何永宏，等. 2015. 超低渗-致密油藏水平井开发注采参数优化实践：以鄂尔多斯盆地长庆油田为例［J］. 石油勘探与开发，42（1）：68-75.

Ait-Ettajer T, Fontanelli L, Diaz-Aguado A. 2014. Integration of horizontal wells in the modeling of carbonates reservoir. Upscaling and economical assessment challenges [C] //the Offshore Technology Conference, Houston.

Capen E C. 2001. Probabilistic reserves! Here at last? [J]. SPE Reservoir Evaluation & Engineering, 4 (5): 387-394.

Doligez B, Chen L. 2000. Quantification of uncertainties on volumes in place using geostatistical approaches [C] // International Oil and Gas Conference and Exhibition in China, Beijing.

Junker H, Plas L, Dose T, et al. 2006. Modern approach to estimation of uncertainty of predictions with dynamic reservoir simulation: A case study of a German Rotliegend Gas Field [C] //SPE Annual Technical Conference and Exhibition, San Antorio.

Ma X, AL-Harbi M, Datta-Gupta A, et al. 2008. An efficient two-stage sampling method for uncertainty quantification in history matching geological models [J]. SPE 102476.

Ma Y Z, Pointe P, 2010. Uncertainty Analysis and Reservoir Modeling [M]. Tulsa: American Association of Petroleum Geologists Memoir 96.

Muda P H, Wu L, Navpreet S, et al. 2013. Integrating horizontal wells in 3D geological model using sequence stratigraphic framework in braided channel complex of the changbei gas field, Ordos Basin, China [C] // IPTC 16801, International Petroleum Technology Conference, Beijing.

Polyakov V, Omeragic D, Shetty S, et al. 2013. 3D reservoir characterization workflow integrating high angle and horizontal well log interpretation with geological models [C] //IPTC 16828, the International Petroleum Technology Conference, Beijing.

Rodriguez R, Solano K, Guevara S, et al. 2007. Integration of subsurface, surface and economics under uncertainty in Orocual Field [C]. Latin American & Carbbean Petroleum Engineering Conference Buenos Aires, Argentina.

Suta I, Osisanya S. 2004. Geological modelling provides best horizontal well positioning in geologically complex reservoirs [C] //the Petroleum Society's 5th Canadian International Petroleum Conference (55th Annual Technical Meeting), Calgary.

Tsyganova E F. 2011. Horizontal Well Modeling in Case of Highly Heterogeneous Anisotropic Reservoir [C] //The SPE Reservoir Characterisation and Simulation Conference and Exhibition, Abu Dhabi.